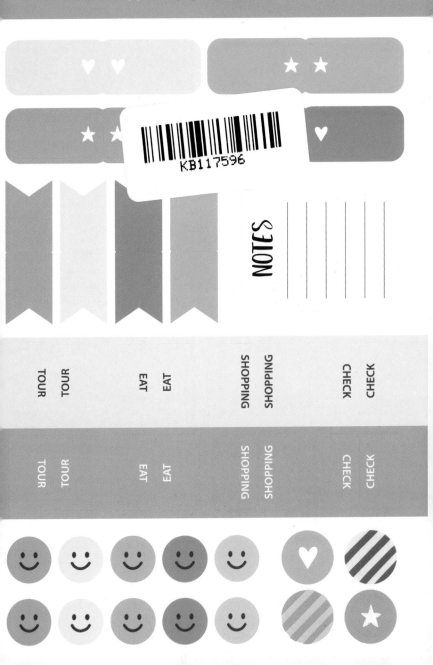

모바일
지도 서비스

여행 가이드북 〈지금, 시리즈〉에 수록된 관광 명소들이
구글맵 속으로 쏙 들어갔다.

http://map.nexusbook.com/now/menu.asp?no=1

**" 지금 QR 코드를 스캔하면
여행이 훨씬 더 가벼워진다. "**

플래닝북스에서 제공하는 모바일 지도 서비스는
구글맵을 연동하여 서비스를 제공합니다.
구글을 서비스하지 않는 지역에서는 사용이 제한될 수 있습니다.

지도 서비스 사용 방법

QR 코드를 스캔 후
정보가 필요한
지역을 클릭!

1 지역 목록 보기

2 관광명소 목록 보기

3 친구와 지도 공유하기

4 지도 전체 화면

5 구글 지도앱으로 연동하여
지도 서비스 이용하기

〈지금 시리즈〉 독자에게
'여행 길잡이'에서 제공하는 해외 여행 필수품

해외 여행자 보험 할인 서비스

1,000원 할인

사용 기간 회원 가입일 기준 1년(최대 2인 적용)
사용 방법 여행길잡이 홈페이지에서 여행자 보험 예약 후 비고 사항에
〈지금 시리즈〉 가이드북 뒤표지에 있는 ISBN 번호를 기재해 주시기 바랍니다.

〈지금 시리즈〉 독자에게
시간제 수행 기사 서비스 '모시러'에서 제공하는

공항 픽업, 샌딩 서비스

2시간 이용권

유효 기간 2020. 12. 31 서비스 문의 예약 센터 1522-4556(운영 시간 10:00~19:00, 주말 및 공휴일 휴무)
이용 가능 지역 서울, 경기 출발 지역에 한해 가능

TRAVEL PACKING CHECKLIST

Item	Check
여권	■
항공권	■
여권 복사본	■
여권 사진	■
호텔 바우처	■
현금, 신용카드	■
여행자 보험	■
필기도구	■
세면도구	■
화장품	■
상비약	■
휴지, 물티슈	■
수건	■
카메라	■
전원 콘센트 · 변환 플러그	■
일회용 팩	■
주머니	■
우산	■
기타	■

지금, 싱가포르

지금, 싱가포르

지은이 최동석
펴낸이 임상진
펴낸곳 (주)넥서스

초판 1쇄 발행 2016년 5월 10일
초판 6쇄 발행 2017년 2월 20일

2판 1쇄 발행 2018년 8월 10일
2판 4쇄 발행 2019년 5월 3일

3판 1쇄 발행 2020년 3월 26일
3판 2쇄 발행 2020년 3월 30일

출판신고 1992년 4월 3일 제311-2002-2호
10880 경기도 파주시 지목로 5(신촌동)
Tel (02)330-5500 Fax (02)330-5555

ISBN   979-11-6165-936-7 13980

www.nexusbook.com

Explore the City   지금, 싱가포르   Travel guide

04

Now
Singapore

최동석 지음

플래닝
북스

내가 싱가포르에 처음으로 매력을 느낀 이유는 세계에서 유일하다는 나이트 사파리 때문이었다. 나이트 사파리 하나만을 생각하고 싱가포르 여행을 시작했다. 처음 들어선 공항에서는 여타 동남아 국가처럼 후덥지근함만이 느껴졌다. 그러나 낯선 도시에서 시내버스를 타고 시내로 들어가면서, 눈에 보이는 모든 곳이 공원 같았다. 싱가포르 강과 클락 키, 올드 시티, 마리나 베이, 차이나타운, 부기스, 리틀 인디아 곳곳을 걸어 다니며, 익숙하면서도 익숙하지 않은 문화에 긴장하고 흥분했다. 이후 싱가포르의 매력에 빠져 많은 자료를 찾아보게 되면서, 싱가포르에 대한 이 모든 관심은 이제 어느새 편안함으로 바뀌었다. 항상 변화하면서 새로움을 주는 곳이 바로 싱가포르라는 인식이 어느덧 내 마음속에 자리 잡고 있기 때문이다.

싱가포르는 여러 문화가 혼재되어 있어, 짧은 역사이지만 여행자들에게 흥미로움을 주고 있다. 초기 싱가포르는 말레이시아의 일부 영토로 황무지나 다름없었다. 1819년 영국이 아시아로 진출하면서 싱가포르를 동남아 상거래 무역의 중심지로 발전시키기 위한 프로젝트를 시작했다. 많은 싱가포리안(Singaporean)들은 비록 대영제국의 식민지일지라도, 싱가포르 프로젝트를 시작한 래플스 경을 영웅으로 인식하고 있다. 싱가포르 프로젝트가 시작되면서 주변 각국의 이민자들이 싱가포르로 몰려들었고, 이에 따른 다양한 민족과 종교는 현재 싱가포르를 상징하고 대표하는 문화로 자리 잡으며, 싱가포르 여행의 중요한 포인트가 되었다.

이러한 역사를 겪어 온 나라여서 그런지 싱가포르는 항상 트렌디하고 다이내믹한 모습을 보여 주고 있다. 특히 1965년 말레이시아로부터 독립하며 한 해가 다르게 변화하고 발전하고 있다. 필자만 해도 오래전 싱가포르 첫 여행 시에는 부기스의 허름한 게스트하우스에 머물며, 독특한 것만 찾아서 여행을 했다. 그 당시에는 나이트 사파리, 주롱 새공원, 센토사 섬 정도가 싱가포르를 대표하는 여행 아이템이었다. 그런데 어느새 유니버설 스튜디오가 문을 열며 싱가포르 여행의 대명사로 자리 잡았고, 최근에는 마리나 베이 샌즈를 필두로 한 스카이라인이 싱가포르 관광 포인트로 대두되며 여행의 즐거움을 주고 있다. 또한 곳곳에 독특한 건물들과 녹색 정원이 어우러져 관광객들에게 도시 자체의 아름다움도 선사하고 있다.

필자는 싱가포르를 사랑하는 만큼 10년 넘게 싱가포르 여행 커뮤니티인 '싱가폴사랑'(이하 싱사)를 운영하였다. 카페 회원과 주변 지인에게 수없이 관광지를 추천하고 여행 설명회도 해 오던 중, 출판사에서는 가이드북 제작을 제안했다. 싱가포르를 사랑하고 커뮤니티도 운영하는 만큼, 지속적으로 그 지역을 접하며, 회원들과 함께 여행 정보를 업데이트하고, 여행자들에게 필요한 여행 정보와 여행 코스를 보다 잘 만들 것이라고 기대해 주었다. 논문도 써 보는 등 그간의 경험을 통해 글을 쓰고 책을 만드는 과정은 아주 힘들 것이라는 걸 알고 고민했다. 그러나 내 인생의 버킷리스트 3위가 여행작가가 되는 것이었기에 이번에 이렇게 도전했다.

싱가포르 가이드북 저자이자 커뮤니티 운영자로서 싱가포르라는 나라의 추천사를 이렇게 쓰고 싶다. 안전함을 기본으로, 도심 속 여행에서 느낄 수 있는 세련미와 휴양지에서 느낄 수 있는 여유로움을 동시에 갖추고 있고, 다양한 볼거리가 넘치는 테마파크가 있고, 도시의 다이내믹함이 지루함을 주지 않는 나라라고. 가족, 연인, 친구 그 누구와 함께라도 만족할 수 있는 여행지라고.

최동석

Special Thanks to
가이드북 제작 제안부터 마지막 정리까지 힘써 주신 넥서스 출판사 관계자분들에게 진심으로 감사드립니다.
현지 정보 수집에 많은 도움을 주신 하나투어 싱가포르 지사 관계자님, 호텔 관련 정보와 팁을 많이 주신 호텔패스 김다혜 대리님, 그리고 이번 취재에 동행하여 많은 도움을 준 싱사 운영진 '곱게자랐어요'님과 '히카루'님 감사합니다.
현지 생활과 여행 경험으로 양질의 정보를 나눠 주신 싱사 운영진 '문가이버'님과 '지구별여행자'님, 항상 싱사를 지켜 주는 운영진이자 보안관 '실버'님, 싱사 최고의 '정보나눔이'이자 스마트폰 관련 팁을 많이 나눠 주신 '제주마야'님, 기꺼이 사진을 제공해 주신 블로거 '찌니스북'님, '가에팝'님, '랄버'님, '오늘도내일도혼자'님, 싱사에서 설문 응답도 해 주시고, 제게 늘 동기 부여와 영감을 부여해 주고 열심히 싱사 활동을 해 주시는 싱사 회원님 모두에게 진심으로 감사드립니다.
마지막으로, 저의 부족한 부분을 채워 주고, 응원해주고, 이 책이 완성될 때까지 함께 호흡해 준 아내에게 평생 감사드리겠습니다.

하이라이트

지금 싱가포르에서 보고, 먹고, 놀아야 할 것들을 모았다. 싱가포르의 매력 포인트를 하나하나 확인하면서 싱가포르를 미리 여행하는 기분을 만끽해 보자.

테마별 추천 코스

지금 누구와 떠나든 모두를 만족시킬 수 있는 여행 코스를 제시하였다. 자신의 여행 스타일에 맞는 코스를 골라 하기만 해도 만족도, 편안함도 두 배가 될 것이다.

지역 여행

지금 여행 트렌드에 맞춰 싱가포르를 10개의 지역으로 나눠 지역별 핵심 코스와 관광지를 소개한다. 자신의 스타일대로 좀 더 머물고 싶은 곳, 그냥 지나치고 싶은 곳을 찾아보자.

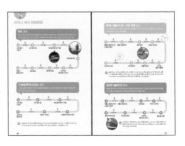

지도 보기 각 지역의 주요 관광지와 맛집, 호텔 등을 표시해 두었다. 종이 지도의 한계를 넘어서, 디지털의 편리함을 이용하고자 하는 사람은 해당 지도 옆 QR코드를 활용하자.

팁 활용하기 직접 다녀온 사람만이 충고해 줄 수 있고, 여러 번 다녀온 사람만이 말해 줄 수 있는 알짜배기 노하우를 담았다.

추천 숙소

지금 싱가포르는 호텔에 머물러 수영하며 기념사진 찍는 것이 여행의 주 목적이 될 만큼 이색적인 호텔, 호스텔이 많다. 어디에 머무느냐에 따라 놀 수 있는 곳도, 볼 수 있는 스카이라인도 달라진다. 지역별 핵심 호텔, 호스텔만 모았다.

여행 노하우

초보자를 위한 여행 준비하기 7단계, 스마트하게 여행하기, 싱가포르 출입국하기, 위기 상황 극복하기 등 여행의 처음부터 끝까지 필요한 노하우를 담았다.

지도 및 본문에서 사용된 아이콘

🅰 관광 명소	🛍 쇼핑	🍴 식당	☕ 카페	🍸 클럽 & 바
🏨 호텔	🚉 거리	🏛 박물관, 미술관	🌳 공원	🎭 공연장
🎡 놀이 기구	🚠 케이블카	🏢 기타 랜드마크	ℹ 인포메이션 및 티케팅	

contents

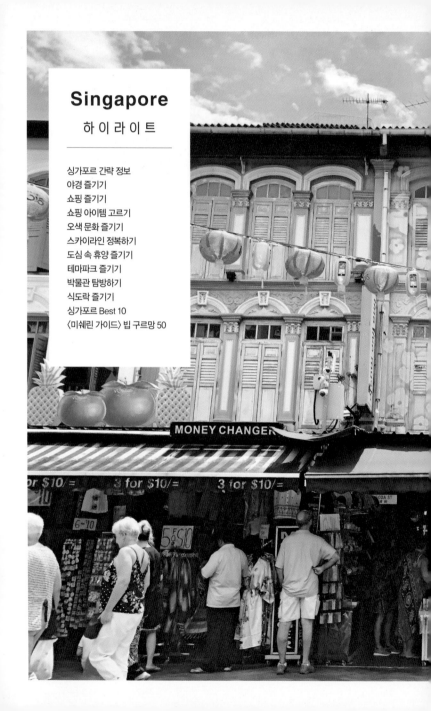

Singapore
하 이 라 이 트

싱가포르 간략 정보

국명
싱가포르 공화국
Republic of Singapore

수도
싱가포르
Singapore

역사
- 16~19세기 말레이시아 조호르 술탄국의 일부 영토
- 1819년 영국의 동인도 회사가 항구로 개발
- 1867년 대영제국의 식민지로 편입
- 1942년 2월 15일 제2차 세계 대전으로 일본의 식민지로 편입
- 1945년 9월 12일 영국의 식민지로 재탈환
- 1959년 싱가포르 자치주로 개편
- 1963년 말레이시아로 합병
- 1965년 8월 9일 말레이시아로부터 독립

인구
586만 명(2019년 기준)

면적
710km² (서울시 605.5km²)

민족 구성
중국계(74%, 페라나칸 포함), 말레이계(13%), 인도계(9%), 기타(4%)

종교
불교(33%), 기독교(18%), 이슬람교(14%), 도교(10%), 힌두교(5%) 등

언어
영어, 중국어, 말레이어, 타밀어

기후

고온 다습의 열대성 기후
연평균 기온 24~31℃로 사계절 여름이며,
11~1월의 강수량이 높음

국가번호

65번(현지에서 자신의 휴대 전화로 통화하는 방법
은 각 통신사에 사전 확인)

시차

한국보다 1시간 느림(예를 들어 한국이 아침 9시
면 싱가포르는 아침 8시)

비자

대한민국 여권(잔여 유효 기간 6개월 이상)과 출
국 항공권을 보유한 여행자는 90일 무비자
입국

전압

기본적으로 우리나라와 콘센트 모양이 달라
어댑터가 필요하지만, 대부분의 호텔과 숙소
에는 멀티 콘센트가 설치돼 있어 어댑터가 필
요 없음. 전압은 220~240V, 50Hz로, 한국
에서 쓰는 전자 제품 그대로 사용 가능

통화

- 싱가포르 달러(S$ / SGD)
  (2020년 기준 1달러 = 약 840~880원)
- 지폐: 2불, 5불, 10불, 20불, 50불, 100불,
  1,000불, 10,000불
- 동전: 1센트, 5센트, 10센트, 20센트, 50
  센트, 1불

야경 즐기기

싱가포르에서는 아름다운 야경을 곳곳에서 만날 수 있다. 특히 하루 일정을 마무리하는 저녁 시간에 황홀한 야경과 맥주 한잔을 즐기고 있으면, '내가 싱가포르 여행을 왔구나'라는 실감이 들기도 한다. 마리나 베이를 중심으로 곳곳에서 최고의 야경을 즐겨 보자.

마리나 베이 샌즈 호텔

마리나 베이 샌즈 호텔 쇼핑몰의 야외 공연장인 이벤트 플라자 광장에 가면 스펙트라 레이저 분수 쇼를 바로 앞에서 볼 수 있다. 시티 쪽으로 플러튼 헤리티지의 아름다운 야경을 감상할 수 있는 것 은 보너스다.

에스플러네이드 극장의 루프 테라스

열대 과일인 두리안 모양으로 지어진 에스플러네이드 극장의 루프 테라스에서는 마리나 베이 샌즈 레이저 쇼를 무료로 볼 수 있다. 극장 앞 야외 공연장에서도 야간 공연을 무료로 즐길 수 있으며, 그 옆의 마칸수트라에서는 야경의 즐거움을 한층 업그레이드해 줄 야식 과 맥주를 함께 즐길 수 있다.

랜턴 바

랜턴 바는 분위기 있는 야경을 즐길 수 있는 곳으로, 최고급 호텔인 플러튼 베이 호텔의 루프톱 수영장 옆에 있다. 밤이 되면 마리나 베이의 아름다운 조명과 은은한 랜턴 바의 분위기가 조화를 이루어 더욱 아름다움을 느낄 수 있는 장소다.

머라이언 파크

머라이언 파크

머라이언 파크는 마리나 베이 중심에 위치해 있다. 야간에 싱가포르강을 산책하거나 라우 파 삿에서 식사를 하고 난 후에도 쉽게 갈 수 있다. 플러튼 헤리티지의 아름다운 야경과 마리나 베이 샌즈의 레이저 쇼를 보기에도 좋다.

가든스 바이 더 베이

마리나 베이 샌즈에 숙박하든 안 하든 가든스 바이 더 베이의 야경은 꼭 봐야 한다. 영화 〈아바타〉의 배경 속으로 들어온 듯한 신비로운 야경을 놓쳐서는 안 되기 때문이다. 특히 야간에만 하는 슈퍼트리 쇼는 싱가포르의 어느 쇼나 야경보다도 더욱 황홀함을 맛볼 수 있다.

리드 브리지

1889년에 지어진 다리로, 클락 키 센트럴 쇼핑몰부터 리드 브리지까지 걷다 보면 클락 키의 화려한 야경을 볼 수 있다. 다양한 길거리 공연과 간식도 맛볼 수 있어, 여행자들에게 즐거움을 주는 야경 명소다.

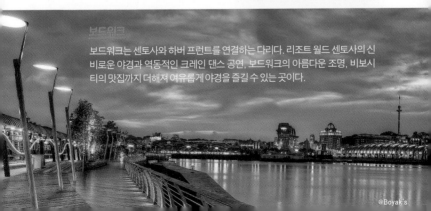

보드워크

보드워크는 센토사와 하버 프런트를 연결하는 다리다. 리조트 월드 센토사의 신비로운 야경과 역동적인 크레인 댄스 공연, 보드워크의 아름다운 조명, 비보시티의 맛집까지 더해져 여유롭게 야경을 즐길 수 있는 곳이다.

쇼핑 즐기기

싱가포르만큼 쇼핑하기에 좋은 나라가 없다. 그러나 사전 정보가 없다면, 원하는 아이템을 찾는 데 시간을 낭비하거나 한국에서도 쉽게 구할 수 있는 아이템만 왕창 사 올 수 있다. 특별한 쇼핑 계획 없이도 여행의 추억을 남기기 위해 나만을 위한 선물을 사 보자.

차이나타운 스트리트 마켓

차이나타운 스트리트 마켓

차이나타운의 파고다 스트리트는 싱가포르에 있는 스트리트 마켓 중에서 최강자다. 저렴한 기념품을 구입할 수 있고, 가격 부담 없이 먹을 수 있는 맛집들이 즐비하다. 또한 쇼핑의 피로를 풀어 주는 마사지도 저렴하게 받을 수 있어서 모든 여행자가 꼭 가 봐야 할 쇼핑 관광지로 추천한다.

아이온 오차드

오차드역과 바로 연결되는 오차드 로드 중심부에 있는 명품 쇼핑몰이다. 300개 이상의 상점과 트렌디한 맛집이 즐비해 명품 쇼핑을 원하는 여행자들에게는 더할 나위 없이 좋은 장소다. 또한 오차드의 56층에 있는 아이온 스카이 전망대는 빠뜨릴 수 없는 필수 관광 코스다.

니안 시티

니안 시티(다카시마야)는 오차드 로드에 있는 최대 쇼핑몰로, 일본식 쇼핑 아이템을 볼 수 있다. 전통 맛집이 많이 입점해 있어 쇼핑하다 출출해진 배를 달랠 수도 있다. 다양한 생활용품과 마트 쇼핑을 즐기기에도 충분한 규모를 갖추고 있다.

래플즈 시티

시티 홀역과 바로 연결돼 접근이 용이하며 주변 직장인들이 많이 찾는 쇼핑몰이다. 20~30대가 좋아할 만한 맛집들과 트렌디한 패션 브랜드, 아기자기한 소품 숍까지 즐비해 쇼핑하는 즐거움이 있다. 마트 쇼핑을 하기에도 충분한 규모를 갖추고 있다.

무스타파 센터

무스타파 센터는 싱가포르 쇼핑의 대명사 격인 마트형 종합 쇼핑몰이다. 가격이 저렴하고 24시간 쇼핑할 수 있다는 장점 때문에 한국 여행자들이 가장 좋아하는 쇼핑몰이다. 하지만 24시간 쇼핑할 수 있다는 장점 이면에 소매치기가 많이 있다는 단점도 있으니 항상 조심해야 한다.

비보시티

싱가포르에서 가장 큰 복합 쇼핑몰로, 한국인들이 좋아하는 브랜드와 국내에서는 보기 힘든 쇼핑 아이템을 구입할 수 있다. 마트 쇼핑부터 맛있는 식사까지 모두 한곳에서 편리하게 즐길 수 있다. 야경을 즐기기에도 좋아 싱가포르에서 가장 추천하는 쇼핑 장소니 마음껏 싱가포르를 누려 보자.

쇼핑 아이템 고르기

여행이 끝나갈 때 가장 고민하는 것이 쇼핑 아이템이다. 나 자신과 주변 사람들에게 선물할 센스 만점 아이템을 찾고 싶다면 싱가포르 여행 선배들의 추천 아이템을 참고해 자신만의 쇼핑 리스트를 작성해 보자. 최근 쇼핑 트렌드는 마트 쇼핑이라는 점을 잊지 말고 취향에 따라 골라 보자.

기념품

머그컵, 텀블러, 티셔츠, 볼펜, 인형, 머라이언 초콜릿 등 가격면에서도 부담 없고, 싱가포르 색채가 강한 것을 골라 추억을 남겨 보자. 싱가포르를 대표하는 기념품을 가장 저렴하게 구입할 수 있는 곳은 차이나타운이라는 것도 잊지 말고 일정을 짜 보자.

부엉이 커피

싱가포르에서 마트 쇼핑을 할 때 지나치지 말아야 할 최고의 아이템은 바로 부엉이 커피다. 달달하고 진한 맛의 믹스 커피인 부엉이 커피는 여름에 아이스커피로 먹기 딱이다. 현재 우리나라 온라인에서도 구입할 수 있지만, 이왕이면 현지에서 저렴한 가격에 구입하는 것이 좋으니 마트에 들러 꼭 구입하자.

TWG

TWG는 싱가포르에서 만든 세계적인 고급 차다. 싱가포르 여행이 끝난 후 돌아오는 비행기를 타기 전, 많은 사람이 이 브랜드의 쇼핑백을 들고 다니는 것을 심심치 않게 볼 수 있다. 그만큼 유명하다. 우리나라에서는 놀랄 정도로 비싸기 때문에 신경 써야 하는 지인에게 선물하기 좋다. TWG에서 제일 유명한 차는 '실버문'이며, 티백 세트로 S$25 내외고, 찻잎으로 무게를 재서 50g을 S$8.5에 판매하고 있다.

킨더 해피 히포 초콜릿

깜찍하고 귀여운 아기 하마 모양의 초콜릿 비스킷이다. 맛도 좋아서 어른, 아이 모두 즐겨 먹을 수 있으며, 가격도 우리나라 돈 2천 원 이하로 구매할 수 있어 선물하기에도 부담 없는 핫 아이템이다. 시내 마트나 캔디숍에서 구매할 수 있으며, 리틀 인디아의 무스타파 센터에서 저렴하게 살 수 있기로 유명하다.

히말라야 수분 크림

현재 우리나라에서도 온라인으로 판매되고 있으나 현지에서 좀 더 저렴하게 구매할 수 있다. 수분 크림은 150ml 기준으로 국내에서는 약 1만 원이라면 무스타파 센터에서 구매하면 2개에 약 S$8 내외다. 수분 크림을 저렴하게 구매할 수 있는 곳으로는 무스타파 센터가 유명하며, 왓슨스나 가디언, 마트에서도 손쉽게 구매할 수 있다.

야쿤 카야 잼

싱가포르를 여행하면서 카야 토스트를 먹어 보았다면 우리나라에 돌아와서도 가끔 생각날 것이다. 우리나라에서는 쉽게 먹을 수 없는 음식이지만 야쿤 카야 잼이 있다면 만들기 쉬운 음식이다. 선물하기도 좋고 자신이 먹으려고 사기에도 좋은 아이템이다. 시내 야쿤 카야 매장 곳곳에서 구매할 수 있지만 무게로 인해 대량 구매는 쉽지 않다. 290g 한 병에 포장 박스 유무에 따라 S$5 미만과 이상으로 나뉜다.

찰스 앤 키스

다양한 패션 관련 제품을 갖추고 있어 여전히 인기 있는 쇼핑 아이템이다. 시내 곳곳에 찰스 앤 키스 매장이 있으며 매장별로 전시해 놓은 상품이 다르니, 돌아다니다 한 번쯤 들러 나만의 패션 아이템을 찾아보자.

달리 치약

미백 치약으로 유명한 달리 치약은 천연 성분이 함유돼 있으며 향과 맛이 다양해 고르는 재미가 있는 아이템이다. 집에 오랫동안 보관하며 사용할 수 있어서 지인들에게 선물하기도 좋다. 애플민트향이 가장 인기가 좋은데 다양한 향으로 구매해 집에서도 쓰고 선물도 해 보자. 160g에 S$2.5 내외로 저렴하다.

오색 문화 즐기기

다민족 국가인 싱가포르는 국민의 70% 이상을 차지하는 중국계 문화, 이 땅의 원주민이었던 말레이계 이슬람 문화, 인구가 많은 인도계 힌두 문화 그리고 영국 식민지 시대의 영향을 받은 영국계 문화, 중국계와 말레이계 사이에서 태어난 싱가포르만의 페라나칸 문화가 있다.

중국계 문화

영국의 식민지로, 점점 개발돼 가는 싱가포르에 여러 나라의 노동자가 몰려들면서 새로운 문화가 형성되기 시작했다. 그 첫 번째가 중국에서 온 이주 노동자들이 텔록 에이어에 자리 잡으면서 확장, 형성된 차이나타운이다. 차이나타운을 중심으로 형성된 중국 문화는 싱가포르만의 중국계 문화로 지금까지 이어져 오고 있다.

영국계 문화

말레이 반도의 한 어촌 마을에서 시작한 싱가포르는 1819년 영국과의 조약을 통해 영국의 식민지이자 동남아 상거래의 중심지로 본격적으로 개발됐다. 그래서 마리나 베이와 싱가포르강을 따라서 식민지 시대의 클래식한 건축물이 즐비해 있다. 영국의 제도와 문화도 싱가포르 사회 속에 상당 부분 남아 있다.

말레이계 이슬람 문화

이민자들이 몰려들기 전에 현재 싱가포르 지역에는 말레이 부족 왕이 살고 있었다. 그곳이 바로 예전에는 왕궁이었던, 아랍 스트리트의 말레이 헤리티지 센터. 아랍 스트리트가 이슬람 문화를 가진 말레이 문화의 중심지가 되면서 이후 아랍계 이주 노동자들도 이슬람 문화를 가지고 이 지역으로 유입됐다. 오늘날에도 아랍 스트리트는 이슬람 문화의 중심지로 유지돼 오고 있다.

인도계 힌두 문화

이주 노동자들 중 인도에서 온 노동자들은 텔록 에이어에 자리 잡은 후, 그 수가 점차 늘어났다. 이에 싱가포르는 그들을 현재의 리틀 인디아로 이주시켰다. 이곳에서 인도 이주민들의 색채가 더욱 뚜렷해져 지금까지도 인도 문화, 힌두 문화의 전통을 유지해 오고 있다.

페라나칸 문화

식민지 시대 이전에 중국계 무역상들이 말레이 반도에 정착하면서 현지의 말레이계 여성들과 결혼해 가정을 꾸리게 됐다. 두 문화가 합쳐서 탄생된 새로운 문화가 페라나칸 문화다. 싱가포르 국민 중에는 페라나칸 출신들이 꽤 있는데 음식, 의복과 같은 각종 생활 속에 페라나칸 문화가 남아 있다. 현재 동부의 카통 지역과 올드 시티의 페라나칸 박물관에서 그 문화와 역사를 엿볼 수 있다.

스카이라인 정복하기

싱가포르 여행에서 빠뜨릴 수 없는 것이 스카이라인 감상이다. 무엇보다 싱가포르는 항상 여름 날씨이기 때문에 스카이라인의 멋진 풍경을 유리벽 없이 만끽할 수 있다.

마리나 베이 샌즈 호텔의 스카이파크

이제는 싱가포르를 오는 이유가 되어 버린 마리나 베이 샌즈 호텔은 더 이상 말이 필요 없는 스카이라인 감상 명소다. 총 200m 높이에 축구장 3개 크기로 이루어진 스카이파크에서는 시티 뷰와 오션 뷰를 한번에 즐길 수 있다.

싱가포르 플라이어

세계 2위의 높이를 자랑하는 관람차, 싱가포르 플라이어를 타면 최대 높이 165m에서 360도 전경을 관람할 수 있다. 관람차 내부는 제법 넓어서 그 안에서 저녁 식사 및 고공 프러포즈와 같은 각종 이벤트도 할 수 있다.

피나클 덕스톤의 스카이 브리지

탄종 파가에 있는 피나클 덕스톤은 156m 높이의 50층짜리 공공 아파트다. 싱가포르에 있는 주거용 건물들 중에서 가장 높은데, 건물과 건물을 연결하는 500m 길이의 스카이 브리지가 새롭게 떠오르는 탄종 파가의 명소다. 피나클 덕스톤이 위치한 탄종 파가에는 2016년 문을 연 높이 290m로 싱가포르에서 가장 높은 64층 빌딩인 탄종 파가 센터가 있어 최근 많은 관심이 집중되는 곳이다.

바루즈 싱가포르

스위소텔 스탬포드의 바루즈 싱가포르는 71층에 226m 높이에 위치해 있으며, 전통적으로 유명한 스카이라인 감상 명소다. 시티 홀역에서 바로 연결돼 접근성도 좋고 신나는 분위기 속에서 야경도 즐길 수 있다.

아이온 스카이

오차드 로드의 대표 전망대, 아이온 스카이는 218m 높이의 56층짜리로, 시티 안쪽에서는 가장 높은 전망대다. 이곳이 가장 매력적인 점은 무료라는 사실이다. 오차드 로드에서는 반드시 가봐야 할 명소니 꼭 챙겨서 들르자.

원 알티튜드

현재 싱가포르에서 두 번째로 높은 건물인 래플즈 플레이스 빌딩의 63층, 280m 높이에 위치한 원 알티튜드는 싱가포르의 가장 높은 곳에서 마리나 베이 샌즈를 볼 수 있는 명소다. 원 알티튜드의 특징은 마리나 베이의 스카이라인뿐만 아니라 시티의 스카이라인까지도 함께 관람할 수 있다는 것이다.

도심 속 휴양 즐기기

도시에 있는데 휴양지에 있는 것 같은 느낌을 주는 곳이 싱가포르다. 사계절 모두 여름이기 때문에 언제라도 수영장과 해변에서 망중한을 즐길 수 있고, 걷기 좋은 거리에서 산책하며 여유를 느낄 수 있다.

마리나 베이 샌즈 호텔 수영장

호텔 수영장

싱가포르는 수영장 시설이 잘 되어 있는 호텔이 많다. 수영을 즐기면서 선베드에 누워 빌딩 숲에서 휴식을 취할 수 있다. 아울러 호텔 옆 쇼핑몰 맛집에서 다양한 음식도 편하게 즐길 수 있다.

아름다운 산책로

싱가포르는 가든 시티라고 불릴 정도로 자연과 어우러진 곳이기에 다양한 산책 코스가 마련돼 있다. 아침에는 포트 캐닝 공원에서 다양한 나무의 울창함을 만끽할 수 있다. 야간에는 싱가포르강을 따라 산책하면서 이국적인 야경을 즐긴다면 시간에 쫓기며 보냈던 일상 속 잃어버린 시간을 다시 되돌려 받는 느낌이 들 것이다.

자연을 닮은 정원

싱가포르에는 공원이 많이 있지만 보태닉 가든과 주롱 새 공원은 다른 곳에 비해 덜 복잡하고 접근하기도 쉽다. 보태닉 가든은 열대 기후의 기운을 받은 울창한 나무와 신기한 식물들이 있어 쉬엄쉬엄 즐기기 좋으며, 주롱 새 공원은 자연 속에서 새들이 살아가는 모습을 보며 여유로움을 가질 수 있다. 충분한 시간적 여유를 가지고 와야 웰빙 여행을 만끽할 수 있다.

센토사 비치

태양의 열기가 가장 뜨거워지는 낮에는 호텔을 벗어나 센토사섬의 탄종 비치나 실로소 비치, 팔라완 비치에서 여유를 만끽해 보자. 센토사섬 안에는 무료로 운행되는 트램이 있어 이동하기도 좋고, 주변에 편의 시설도 잘 갖춰져 있어 이국적인 느낌의 해변을 충분히 만끽할 수 있다.

테마파크 즐기기

싱가포르에는 우리나라에서 접하기 어려운 다양한 테마파크가 있다. 다양한 동식물 테마파크부터 영화 테마파크까지, 관심에 따라 테마파크를 찾아서 잃어버린 동심을 다시 떠올려 보자.

유니버설 스튜디오

싱가포르의 가장 대표적인 테마파크는 영화를 바탕으로 구성된 유니버설 스튜디오다. 싱가포르 여행자 중 유니버설 스튜디오에 가지 않은 사람이 거의 없을 정도로 꼭 들르는 곳이다. 여행자뿐 아니라 현지인들도 많이 놀러 가는 곳이라 싱가포르 명절이나 공휴일에 가면 인산인해로 인해 사람을 더 많이 구경할 수 있다.

어드벤처 코브 워터 파크

우리나라에서 여름만 되면 사람들이 물밀듯이 몰려가는 캐러비안 베이나 오션월드와 같은 곳이 바로 어드벤처 코브 워터 파크다. 우리나라 것에 비해 규모는 작지만 다양한 시설과 프로그램들이 훨씬 더 알차게 준비돼 있다. 또한 가격도 저렴해 일찍 들어가서 충분히 즐기면 본전 이상은 뽑을 수 있다.

싱가포르 동물원

애니멀 테마파크인 싱가포르 동물원에는 희귀 동물도 많고, 철창 없는 자연 친화적 동물원이라 동물들을 바로 옆에서 볼 수 있다. 갇혀서 잠만 자는 동물이 아니라 살아서 움직이고 교감을 나눌 수 있는 동물들이 다양하게 있으니 아이부터 어른까지 색다른 경험을 할 수 있다. 다양한 동물 쇼도 시간에 맞춰 진행되니 자신이 좋아하는 동물을 찾아 꼭 보도록 하자.

나이트 사파리

나이트 사파리는 세계 최초의 야간 동물원으로, 그 이름만으로도 흥미가 생기는 곳이다. 밤에 움직임이 적은 동물들이 많아서 단순히 보는 것만으로는 지루함을 느낄 수 있으나, 야행 동물 쇼나 불 쇼 등 특색 있는 쇼를 관람할 수 있다.

리버 사파리

리버 사파리는 가장 최근에 생긴 애니멀 테마파크로, 전 세계의 강을 옮겨 놓은 콘셉트 덕분에 수많은 매체의 스포트라이트를 받기도 했다. 미시시피, 콩고, 나일, 갠지스, 메콩, 양쯔 등의 강에 서식하는 수중 및 육상 동물들을 이곳에 모두 옮겨 놓아 교육적인 의미에서도 좋다.

주롱 새 공원

주롱 새 공원은 새를 테마로 한 동물원으로, 공원 전체가 하나의 큰 정원처럼 느껴진다. 부담 없이 산책하면서 화려한 몸짓을 보여 주는 새들을 관찰할 수 있다.

보태닉 가든

보태닉 가든은 식물 테마파크로, 수많은 식물을 관찰할 수 있다. 특히 오키드 가든에는 유명인들의 이름을 붙인 난들이 있으니 한 번 구경해 보자.

가든스 바이 더 베이

가든스 바이 더 베이는 식물 테마파크로, 단순히 산책하는 정원이라기보다 다양한 볼거리가 있는 곳이다. 플라워 돔과 클라우드 포레스트는 시원한 실내에서 관람이 가능하고 야간에는 슈퍼 트리 쇼를 감상할 수 있다.

박물관 탐방하기

싱가포르의 역사와 문화를 알 수 있는 박물관 여행은 점점 인기를 끌고 있다. 최근 도슨트(박물관 해설사)의 한국어 해설이 생기고, 여행자들의 지적 호기심도 많아졌기 때문이다. 싱가포르에는 흥미로운 박물관이 많으니, 꼭 한 곳 이상은 둘러보자.

싱가포르 국립 박물관

싱가포르 국립 박물관은 싱가포르에서 가장 오랜 역사를 가지고 있는 곳으로, 싱가포르의 역사와 생활 문화를 최신식 관람 시스템으로 즐길 수 있다. 건물에서도 고풍스러움을 느낄 수 있으며, 아이들의 체험 공간도 마련돼 있어 아이들이 놀면서 체험하고 학습하는 공간이다.

싱가포르 아트 뮤지엄

국립 박물관 바로 앞에 위치한 아트 뮤지엄은 동남아 최대의 국제 현대 예술 박물관으로 의미가 있는 곳이다. 아트 뮤지엄은 아이들 혹은 일부 관광객에게는 조금 지루하거나 어려울 수 있으니 성향을 판단해서 관람 여부를 결정하는 것이 좋다. 이곳은 자신의 예술 감각을 살리고 문화 수준을 높일 수 있는 곳이다.

싱가포르 우표 박물관

우표 박물관은 동남아시아 최초로 다양한 우표와 우체국의 역사를 관람할 수 있는 곳으로, 아담하고 예쁜 건물이 눈에 띈다. 1800년대의 우표부터 최신 캐릭터 우표까지 세계 각국의 다양한 우표가 전시돼 있다. 우표 이외에도 예전 생활과 문화를 보여 주는 자료들도 전시돼 있어 다양한 볼거리를 제공한다.

싱가포르 국립 미술관

싱가포르 국립 미술관은 싱가포르뿐만 아니라 동남아시아 현대 미술 작품을 전시한 동남아시아에서 가장 큰 미술관이다. 올드 시티 안에 위치해 박물관과 미술관 투어를 할 때 같이 보아도 좋고, 과거 시청과 대법원을 탈바꿈한 건축물만 감상해도 좋다. 잠시 더위를 식힐 수 있는 것은 덤이다.

페라나칸 박물관

페라나칸은 말레이계와 중국계 사이에서 생겨난 혼혈 문화를 의미한다. 싱가포르가 중국, 동남아, 인도, 아랍, 유럽인 등 다양한 혼혈이 존재하는 다민족 국가이기 때문에 싱가포르를 더 잘 이해하려면 페라나칸 박물관을 관람하면 된다. 영국의 귀족 집처럼 생긴 이 박물관에서는 페라나칸의 주거문화부터 복식, 결혼식 문화와 같은 전반적인 삶을 엿볼 수 있다.

아시아 문명 박물관

아시아 문명 박물관은 아시아의 문화유산을 집약해서 전시한 곳으로, 동남아시아를 중심으로 한 아시아 전반의 역사와 문화의 발전 과정을 볼 수 있다. 대부분이 중국과 인도의 유물인데, 우리나라의 유물과 비교하며 본다면 흥미로운 관람이 될 것이다.

아트사이언스 뮤지엄

마리나 베이 샌즈 쇼핑몰에 붙어 있는 아트사이언스 뮤지엄은 전 세계적으로 유명한 예술 과학 작품들이 전시돼 있다. 아이들에게는 드림웍스 영상관으로 인기가 많다. 입장료가 비싼 편이지만 흥미로운 곳이니 한 번 둘러보자. 자신의 여행 일정에 맞춰 어떤 전시가 진행되는지 미리 찾아보고 간다면 더 좋다.

레드 도트 디자인 뮤지엄

싱가포르뿐만 아니라 전 세계적으로 매우 의미 있는 박물관이긴 하나 탄종 파가에서 이전 후 쇼핑숍 같은 분위기로 인해 특별히 관심이 있는 사람들에게만 추천하는 곳이다.

식도락 즐기기

식도락은 싱가포르 여행에서 빼놓을 수 없는 즐거움이다. 여기에서는 싱가포르의 대표 음식이라 불릴 정도로 유명한 칠리 크랩부터 한국인 여행자들이 사랑하는 음식들을 소개한다. 여기 소개된 음식 외에도 피시 헤드 커리, 망고 빙수, 두리안 아이스크림, 애프터눈 티도 여행자들이 추천하는 음식이다.

칠리크랩

온라인에서 싱가포르 추천 음식을 검색하면 가장 대표적으로 등장하는 음식이 바로 칠리 크랩이다. 매콤달콤한 소스에 속이 통통한 머드 크랩을, 기름에 튀긴 빵인 번이나 볶음밥과 함께 먹으면 그야말로 환상적인 맛이다. 크랩을 먹고 남은 소스에 볶음밥을 비벼 먹으면 그것 또한 색다르다.

사떼

동남아 여행은 대부분 더운 날씨 속에서 일정을 소화해야 하기 때문에 저녁에는 시원한 맥주가 생각나기 마련이다. 이때 맥주와 어울릴 만한 요리가 바로 꼬치 요리인 사떼다. 사떼는 소고기, 돼지고기, 닭고기, 새우 꼬치를 숯불에 구운 후, 고소한 땅콩 소스에 찍어 먹는 말레이시아 스타일의 요리다. 우리나라에서는 닭꼬치가 독보적으로 유명하지만 땀을 많이 흘리는 동남아시아는 영양을 보충할 다양한 고기를 꼬치에 끼워 구워 먹는다.

바쿠테

바쿠테는 우리나라의 갈비탕과 비슷하다. 마늘과 후추 등 각종 재료에 두툼한 돼지갈비를 넣어 푹 우린 국물 요리다. 종류에 따라 허브와 향신료를 넣은 진한 색의 바쿠테도 있으나, 갈비탕에 길들여진 한국인에게는 맑은 국물의 바쿠테가 더 잘 맞으며 남녀노소 누구나 좋아한다. 특히 전날 여행의 마무리를 술로 했다면 해장으로 추천할 만한 음식이다. 주문할 때 밥 한 공기를 함께 주문해 국물은 밥과 함께 먹고 돼지갈비는 블랙소스에 찍어서 먹으면 좋다.

무르타박

무르타박은 인도식 무슬림 요리로, 계란과 양파, 각종 야채와 다진 고기를 볶아 로띠 같은 팬케이크로 감싸서 나오는 요리다. 한국식 만두 맛이 느껴져서 부담 없이 먹을 수 있으며, 적절히 매콤하게 먹을 수 있는 커리 맛이 출출함을 해소할 간식용 요리로 제격이다. 무르타박으로 유명한 맛집은 단 한 곳, 아랍 스트리트에 있는 잠잠 레스토랑을 추천한다. 우리나라에서는 흔히 접할 수 없는 음식이니 아랍 스트리트를 구경하며 꼭 먹어 보자.

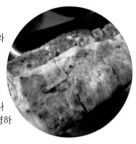

치킨라이스

싱가포르 현지인들이 가장 많이 찾는 음식이 하이난식 치킨라이스다. 치킨라이스는 각종 양념에 삶아 낸 닭고기를 먹기 좋게 잘라 그 위에 소스를 뿌려, 닭고기 육수로 만든 흰쌀밥과 닭고기 국물과 함께 먹는 한 끼 식사다. 손꼽는 맛집으로는 맥스웰 호커 센터의 티엔티엔과 아타이 하이난 치킨라이스가 있고, 그 밖에 시내 쇼핑몰이나 호커 센터 여기저기에서도 맛볼 수 있다. 현지인이 많이 찾는 음식인 만큼 기다리는 줄이 긴 곳이라면 맛에 실패할 확률이 적다.

프라운 미

세계 어느 나라나 빠지지 않고 거론되는 추천 음식에는 항상 국수 요리가 있다. 프라운 미는 새우가 들어가는 국수 요리로, 국물이 있는 국수와 국물이 별도로 나오는 비빔형 두 가지가 있다. 프라운 미의 진한 새우 향은 한국에서 먹던 웬만한 새우 향과는 차원이 다르다. 새우 향이 진하게 밴 국물은 여행의 피로를 날려 버리거나 해장을 하는 데 최고다. 아무리 더워도 뜨끈한 국물이 시원하게 느껴지는 날이 있듯 쌓인 여독을 음식으로 풀고 싶을 때 추천할 만한 음식이다.

카야 토스트

카야 잼과 버터를 발라 바삭하게 구운 토스트는 싱가포르의 대표적인 간식이다. 카야 토스트로 유명한 맛집인 야쿤 카야 토스트에서는 계란 반숙을 찍어 먹을 수 있게 제공한다. 함께 나온 동남아식 블랙커피와 함께 달콤한 카야 토스트를 즐겨 보자. 싱가포르 여행 선물 목록 중에 카야 잼이 있다는 점도 잊지 말자.

> **TIP** 카야 토스트는 크게 3가지로 나뉘는데, 빵을 바삭하게 구워 카야 잼과 버터를 살짝 넣은 것과 바삭한 빵에 버터를 두껍게 넣고 카야 잼을 바른 것, 부드러운 빵에 버터를 살짝 넣은 것 등 종류가 다르니 다양한 스타일을 맛보도록 하자.

'싱가폴 사랑' 카페 회원들이 추천하는
싱가포르 Best 10

30만 회원이 있는 네이버 대표 카페인 '싱가폴 사랑'에서 회원들을 대상으로 설문 조사했다. 싱가포르 여행자들이 추천하는 최고의 관광지, 음식, 쇼핑 그리고 꼭 해야 할 버킷리스트를 참고해 일정을 짜 보자.

Best spot

1위 마리나 베이 샌즈 호텔

2위 유니버설 스튜디오
3위 머라이언 파크
4위 센토사
5위 차이나타운
6위 아랍 스트리트
7위 가든스 바이 더 베이
8위 하지레인
9위 동물원
10위 올드 시티 역사 명소

Best to do

1위 도심 야경 감상하기

2위 마리나 베이 샌즈 호텔의
    야외 인피니티 풀에서 수영하기
3위 테마파크에서 놀이 기구 타기
    (유니버설 스튜디오와 어드벤처 코브 워터 파크)
4위 현지 맛집 투어하기
5위 센토사에서 루지 타기
6위 호텔에서 릴렉스 하기 (호캉스, 호텔에서의 휴가)
7위 나이트라이프 즐기기 (클럽이나 라이브 바)
8위 박물관, 미술관 감상하기
9위 야간 쇼 즐기기 (슈퍼 트리 쇼나 스펙트라 쇼)
10위 나만의 쇼핑 즐기기

1위 칠리 크랩

2위 바쿠테
3위 프라운 미
4위 치킨라이스
5위 사떼
6위 카야 토스트
7위 무르타박
8위 페퍼 크랩
9위 딤섬
10위 타이거 맥주

1위 싱가포르 기념품

2위 부엉이 커피
3위 찰스 앤 키스 가방과 구두
4위 킨더 해피 히포 초콜릿
5위 TWG 차
6위 야쿤 카야 잼
7위 유니버셜 스튜디오 기념품
8위 페드로 가방과 구두
9위 벵가완 솔로 쿠키
10위 히말라야 수분 크림

냉장고 자석, 네임 태그, 책갈피, 열쇠고리,
머그컵, 텀블러, 머라이언 초콜릿 등

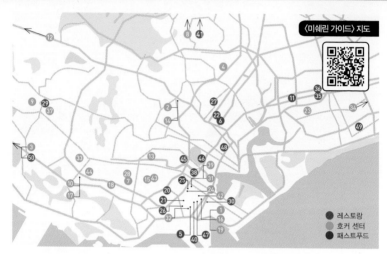

〈미쉐린 가이드〉 지도

● 레스토랑
● 호커 센터
● 패스트푸드

No.	상호명	형태	유명 메뉴	위치(지역 구분)
1	어 누들 스토리 (A Noodle Story)	호커 센터	싱가포르식 국수	텔록 에이어, 아모이 스트리트 푸드 코트
2	얼라이언스 시푸드 (Alliance Seafood)	호커 센터	시푸드, 칠리 크랩	뉴튼, 뉴튼 호커 센터 27번집
3	아 얼 수프 (Ar Er Soup)	호커 센터	수프와 호박밥	서부 주롱 지역
4	발레스티어 로드 후버 로작 (Balestier Road Hoover Rojak)	호커 센터	로작, 샐러드 요리	발레스티어, 왐포아 마칸 플레이스
5	바-로크 그릴 (Bar-Roque Grill)	레스토랑	웨스턴 스타일 육류 요리	탄종 파가
6	비스밀라 비르야니 (Bismillah Biryani)	레스토랑	비리야니 (인도식 쌀 요리)	리틀 인디아, 던롭 스트리트
7	차이 추안 토양 로 탕 (Chai Chuan Tou Yang Rou Tang)	호커 센터	고깃국 요리	부킷 메라, 부킷 메라 호커 센터
8	치 수아 캐롯 케이크 (Chey Sua Carrot Cake)	호커 센터	캐롯 케이크	토아파요, 토아파요 웨스트 푸드마켓 푸드 센터
9	추안 키 보느리스 브레이즈드 덕 (Chuan Kee Boneless Braised Duck)	호커 센터	오리 요리	부킷 티마
10	디닷 로드 전 산 메이 클레이 팟 락사 (Depot Road Zhen Shan Mei Claypot Laksa)	호커 센터	락사	부킷 메라, 알렉산드라 빌리지 푸드 센터
11	에미넌트 프로그 포리지 & 시푸드 (Eminent Frog Porridge & Seafood)	레스토랑	개구리 죽	겔랑
12	페이머스 선게이 로드 트라이쇼 락사 (Famous Sungei Road Trishaw Laksa)	호커 센터	락사	차이나타운, 홍림 푸드 센터
13	프레시 테이스트 빅 프라운 누들 (Fresh Taste Big Prawn Noodle)	호커 센터	새우 국수	리버밸리, 지온 리버사이드 푸드 센터
14	헹 (Heng)	호커 센터	캐롯 케이크, 굴 요리	뉴튼, 뉴튼 호커 센터 28번집
15	홍 헝 프라이드 소탕 프론 미 (Hong Heng Fried Sotong Prawn Mee)	호커 센터	프라이드 누들	티옹바루, 티옹바루 마켓
16	홍 키 비프 누들 (Hong Kee Beef Noodle)	호커 센터	소고기 국수	텔록 에이어, 아모이 스트리트 푸드 코트
17	홍콩 야미 수프 (Hong Kong Yummy Soup)	호커 센터	국물 요리	부킷 메라, 알렌사이드라 빌리지 푸드 센터
18	후 키 박창 (Hoo Kee Bak Chang)	호커 센터	라이스 덤플링 (주먹밥)	텔록 에이어, 아모이 스트리트 푸드 코트
19	J2 페이머스 크리스피 커리 퍼프 (J2 Famous Crispy Curry Puff)	호커 센터	커리 퍼프 (말레이식 파이)	텔록 에이어, 아모이 스트리트 푸드 코트

No.	상호명	형태	유명 메뉴	위치(지역 구분)
20	카 소 (Ka Soh)	레스토랑	싱가포르식	오트램, 킬리지 로드
21	쿡 센 (Kok Sen)	레스토랑	싱가포르식	탄중 파가, 케옹색 로드
22	라그나아 (Lagnaa)	레스토랑	인도식	리틀 인디아, 세랑군 로드
23	라오 푸 지 프라이드 퀘이 띠오 (Lao Fu Zi Fried Kway Teow)	호커 센터	볶음 국수 요리	겔랑, 올드 에어포트 로드
24	리안 히 벤 지 클레이팟 (Lian He Ben Ji Claypot)	호커 센터	돌솥 고기밥	차이나타운
25	라오 판 호커 찬 (Liao Fan Hawker Chan)	패스트푸드	닭고기 조림 국수 & 밥	차이나타운, 스미스 스트리트
26	만만 (Man Man)	레스토랑	일본식 그릴 요리	탄중 파가, 피나클 덕스톤 앞
27	무트스 커리 (Muthu's Curry)	레스토랑	인도 요리	리틀 인디아, 레이스코드
28	나나 커리 (Na Na Curry)	호커 센터	피시 헤드 커리	부킷 메라, 부킷 메라 호커 센터
29	뉴 럭키 클레이팟 라이스 (New Lucky Claypot Rice)	레스토랑	돌솥 고기밥	홀랜드 빌리지
30	앵글로 인디안 (Anglo Indian (Shenton Way)	레스토랑	인도 음식점	부킷 티마
31	오트램 파크 프라이드 퀘이 띠오 (Outram Park Fried Kway Teow)	호커 센터	국수 요리	차이나타운, 홍림 푸드 센터
32	비치로드 피쉬 헤드 비훈 (Beach Road Fish Head Bee Hoon)	호커 센터	생선 국수	원포아
33	시 후이 위안 (Shi Hui Yuan)	호커 센터	닭, 오리 국수	퀸스 타운, 메이 링 마켓 & 푸드 센터
34	베독 추이 퀘(Bedok Chwee Kueh)	호커 센터	떡 음식으로 조식 대용	베독
35	식 바오 신 (Sik Bao Sin) (데스몬드 크리에이션 Desmond's Creation)	레스토랑	중국식 요리, 꿔바로우	겔랑
36	신 후앗 이팅 하우스 (Sin Huat Eating House)	레스토랑	크랩 누들	겔랑 로드
37	신 키 페이머스 광둥니스 치킨라이스 (Sin Kee Famous Cantonese Chicken Rice)	호커 센터	치킨라이스	부오나 비스타
38	송 파 바쿠테 (Song Fa Bak Kut The)	레스토랑	바쿠테 (돼지 갈비탕)	클락 키, 뉴브리지 로드
39	타이 와 포크 누들 (Tai Wah Pork Noodle)	호커 센터	국수 요리	차이나타운, 홍림 푸드 센터
40	더 블루 진저 (The Blue Ginger)	레스토랑	페라나칸식	탄중 파가
41	셰프 강스 누들 하우스 (Chef Kang's Noodle House)	레스토랑	돼지고기 국수	토아파요
42	티안 티안 하이나니스 치킨라이스 (Tian Tian Hainanese Chicken Rice)	호커 센터	치킨라이스	탄중 파가, 맥스웰 호커 센터
43	티옹 바루 하이나니스 본리스 치킨라이스 (Tiong Bahru Hainanese Boneless Chicken Rice)	호커 센터	치킨라이스	티옹바루, 티옹바루 마켓
44	티옹 바루 이 셍 프라이드 호키엔 프라운 미 (Tiong Bahru Yi Sheng Fried Hokkien Prawn Mee)	호커 센터	새우 국수	부킷 메라
45	토리타마 시로카네 (Toritama Shirokane)	레스토랑	일본식 꼬치구이	리버벨리, 로버슨 워크 내
46	트루 블루 진저 (True Blue Cuisine)	레스토랑	페라나칸식	올드 시티, 페라나칸 박물관 옆
47	홀 어스 (Whole Earth)	레스토랑	채식주의 스타일	탄중 파가, 펙 세아 스트리트
48	양타이 팔레스 (Yingthai Palace)	레스토랑	타이식	부기스, 퍼버스 스트리트
49	제프론 키친 (Zaffron Kitchen) (이스트 코스트 East Coast)	레스토랑	인도식	카통, 112 카통 쇼핑몰 근처
50	자이 쉰 커리 피시 헤드 (Zai Shun Curry Fish Head)	레스토랑	생선 요리	주롱 이스트

※빕 구르망(Bib Gourmand): 별점을 받기는 어려워도, 합리적인 가격에 추천할 만한 맛집
※영문 상호명으로 구글맵에서 위치 검색 가능 ※2019년 〈미쉐린 가이드〉 기준
※그밖의 미쉐린 가이드 추천 맛집 guide.michelin.com/sg/restaurants

TIP 글로벌 푸드를 먹자!

싱가포르는 '세계인의 주방'이라 표현할 정도로 다양한 나라의 음식이 있다. 그래서인지 싱가포르 사람들은 음식을 거의 만들어 먹지 않고, 주변 호커 센터나 쇼핑몰 지하 푸드 코트에서 음식을 사다 먹는다고 한다. 여행하는 동안 매일매일 테마를 정해 다양한 나라의 음식을 맛보도록 하자.

호커 센터를 가 보자!

호커 센터는 예전 길거리 노점들을 한데 모아서 건물을 지어 주고 그 안에서 장사할 수 있게 한 곳이다. 호커 센터의 가장 큰 장점은 다양한 종류의 음식을 맛볼 수 있다는 점과 가격이 저렴하다는 것이다. 하지만 호커 센터와 레스토랑의 차이를 말하자면 바로 에어컨의 유무로, 더운 시간이나 현지인들이 많이 오는 시간은 조금 피하는 것이 좋다.

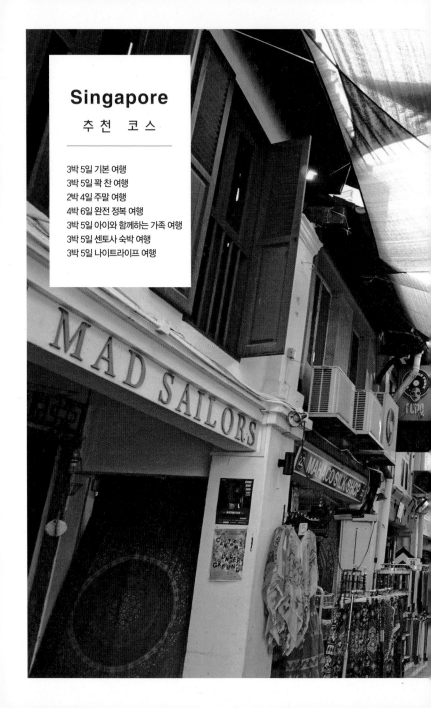

Singapore
추 천 코 스

3박 5일 기본 여행

밤 도착 – 밤 출발

싱가포르 여행 베스트 관광지로 짜인 싱가포르 대표 여행 일정이다.
짧은 여행임에도 싱가포르의 핵심을 놓치지 않는다.
싱가포르 여행의 주 목적이 되어 버린 마리나 베이 샌즈에서의 1박을 넣음으로써
휴식도 함께 추구할 수 있는 알짜배기 일정이다.

DAY 1

싱가포르 입국

택시
40분

숙소 체크인

DAY 2

10:00
유니버설 스튜디오
즐기기

도보
5분

13:00
리조트 월드 센토사
식당가에서 점심 식사

모노레일
10분

14:30
루지, 실로소 비치 등
센토사 즐기기

모노레일
10분

20:30
머라이언 파크
산책하기

야경을 즐기고
라우파삿이나마칸수
트라에서 사테와 맥주
한잔으로 하루 일정을
마무리하자!

MRT
30분

18:30
비보시티에서
저녁 식사

17:30
비보시티로 이동해
휴식 및 쇼핑

10:00
숙소 체크아웃 후
마리나 베이 샌즈 호텔에
짐 맡기기

MRT
20분

10:30
래플즈 석상 등
플러튼 헤리티지
관광하기

도보
10분

12:30
라우 파 삿에서
점심 식사

MRT
20분

15:00
마리나 베이 샌즈 호텔
체크인 후 호텔 즐기기

도보
10분

인피니티 풀이나 세
라비 클럽에서 여행자의 특
권을 살려 신나게 놀아 보자. 모
르는 사람들 틈에 섞여, 눈치 볼
것 없이 논다면 스트레스가
날아갈 것이다.

도보
10분

14:00
마리나 베이 샌즈 쇼핑몰
구경하기

도보
10분

18:00
마리나 베이 샌즈 쇼핑몰
에서 저녁 식사

도보
10분

19:45
야간 슈퍼트리 쇼
감상하기

도보
10분

20:30
마리나 베이 샌즈 호텔을
즐기며 하루 마무리하기

DAY 4

9:00
마리나 베이 샌즈 호텔
즐기기 p

11:00
숙소 체크아웃 후
짐 맡기기

MRT
20분

12:00
차이나타운에서
점심 식사

호텔에서 짐 찾은 후
공항 이동 및 출국

MRT
30분

18:00
클락 키에서
칠리 크랩으로 저녁 식사

도보
20분

13:00
차이나타운 관광하기

밤에 출국하는 스케줄이라면 짐은 호텔에 맡기고 근처에서 관광을 하거나 기념품을 사고 저녁도 즐긴 후, 다시 호텔에 들러 짐을 찾아 공항으로 이동하면 된다. 짐을 싸기 전에 기념품 넣을 자리를 살짝 남겨 둔다면, 얼른 가방에 넣고 공항으로 출발할 수 있다.

DAY 5

한국 도착

3박 5일 꽉 찬 여행

아침 도착 – 아침 출발

유니버설 스튜디오와 시내 관광, 무스타파 쇼핑, 스카이라인 클럽까지 알차게 즐길 수 있는 일정이다.
특히 차이나타운 지역 전체를 하루 일정으로 넣어서, 탄종 파가와 티옹 바루까지 즐길 수 있다.
여행 중 쇼핑의 즐거움을 느끼기에 적합한 일정이다.

DAY 1

MRT
40분

오전에 휴식을 취하면
서 근처 마트에 들러 타이거 맥
주를 사다가 냉장고에 넣어 두자. 하
루 일정을 마치고 들어와 하루 동안의
여독을 풀며 가볍게 즐기는 맥주를 마다
할 사람이 있을까? 시원하고 저렴
하게 즐기려면 약간의 수고로움
을 감수하도록 하자.

MRT
30분

8:00
싱가포르 입국

10:00
숙소 체크인하고 휴식하기

도보
5분

모노레일
10분

노레일
0분

18:00
리조트 월드 센토사 식당가
에서 저녁 식사

13:30
유니버설 스튜디오
즐기기

12:00
비보시티에서
점심 식사

도보
30분

19:40
윙즈 오브 타임
관람하기

20:30
비보시티까지 야경 감상하며
산책 후 숙소로 이동

DAY 2

9:00
올드 시티 관광하기

도보
10분

12:30
래플즈 시티에서
점심 식사

도보
20분

14:00
아랍 스트리트의 하지 레인,
술탄 모스크 관광하기

도보
20분

20:00
머라이언 파크에서
산책하기

MRT
20분

18:00
부기스의 훙후 레스토랑
또는 사브어에서 저녁 식
사하기

16:00
부기스의
국립 도서관, 재래시장,
쇼핑몰 등 관광하기

DAY 3

10:00
탄종 파가 관광하기

버스
10분

13:00
티옹 바루 베이커리에서
점심 식사

버스
10분

15:00
차이나타운 관광하기

도보
20분

다음 날 일정을 위해 일
찍 잠을 청하는 것도 좋지만 하
루쯤은 그 나라의 밤문화를 즐겨보
자. 드레스 코드를 맞춰 입고 전망 좋
은 클럽(세라비, 원알티튜드 등)
에 가서 마음껏 즐기며 스트
레스를 날려 보자.

22:00
드레스 코드 맞춰 입고
야경이 멋진 클럽 즐기기

MRT
30분

19:00
클락 키에서 저녁 식사 후
숙소로 이동하기

DAY 4

도보
10분

MRT
20분

9:00
가든스 바이 더 베이
관광하기

12:00
마리나 베이 샌즈 쇼핑몰
에서 휴식 겸 쇼핑하기

13:00
라우 파 삿에서 점심 식사

도보
10분

MRT
20분

MRT
20분

21:00
리틀 인디아 야간 쇼핑 후
숙소로 이동하기

18:00
클락 키에서
칠리 크랩으로
저녁 식사

14:00
플러튼 헤리티지 관광하기

출국 전날에는 선물이나 기념품을 사야 한다는 생각을 많이 하게 된다. 한번 갔
던 곳은 다시 가기 힘드니 틈틈이 사야 하며, 특히 마지막 날에는 지금까지 보고
다닌 것을 바탕으로 무거운 것들을 중심으로 물건을 구매하면 좋다.

플러튼 헤리티지 ⓒ EDXIII

DAY 5

숙소 체크아웃 후
공항 이동 및 출국

한국 도착

2박 4일 주말 여행

밤 도착 – 밤 출발

스톱오버 또는 주말을 이용해 짧게 여행할 수밖에 없는 여행자들을 위한
2박 4일 속성 일정이다. 짧지만 싱가포르의 랜드마크 머라이언 파크,
맛집으로 유명한 부기스와 아랍 스트리트, 스카이라인까지 즐길 수 있는 일정이다.
단, 속성인 만큼 각 지역의 핵심 명소만 보고 가야 한다.

DAY 1

셔틀버스
또는
택시
40분

싱가포르 입국

숙소 체크인

DAY 2

도보
10분

MRT
20분

9:00
플러튼 헤리티지
관광하기

13:00
라우 파 삿에서
점심 식사

14:30
차이나타운 관광하기

MRT
30분

22:00
드레스 코드 맞춰 입고 야경이 멋진 클럽 즐기기

18:00
차이나타운에서 저녁 식사
후 숙소로 이동하기

DAY 3

숙소 체크아웃 후
짐 맡기기

MRT
20분

9:00
부기스 관광하기

도보
20분

11:00
아랍 스트리트의 하지 레
인, 술탄 모스크 관광하기

MRT
10분

17:30
뉴튼 푸드 센터에서
칠리 크랩으로 저녁 식사

MRT
20분

14:30
오차드에서 쇼핑하고
아이온 스카이 관광하기

13:00
아랍 스트리트에서
점심 식사

MRT
30분

숙소에서 짐 찾은 후
공항 이동 및 출국

DAY 4

한국 도착

전날 늦게까지 놀았
다면, 오전에 일정을 축소
해 체크아웃한 후 바로 아랍
스트리트로 가서 프라운 미
로 해장을 하는 것도 좋
다.

오차드의 니안 시티

4박 6일 완전 정복 여행

밤 도착 – 밤 출발

베스트 관광지뿐만 아니라 세계 최초의 나이트 사파리까지 포함한 일정이다.
마리나 베이 샌즈를 제외하고는 시내 모든 지역을 여행할 수 있다.

DAY 1

셔틀버스
또는
택시
40분

싱가포르 입국

숙소로 체크인

DAY 2

도보
10분

MRT
10분

도보
20분

9:00
올드 시티 관광하기

13:00
래플즈 시티에서
점심 식사

14:30
플러튼 헤리티지
관광하기

16:00
레벨 33에서
맥주 한잔하며
스카이라인 감상하기

셔틀버스
60분

MRT와 버스
80분

23:00
숙소 도착

19:00
나이트 사파리
즐기기

18:30
나이트 사파리에서
저녁 식사

DAY 3

모노레일
10분

모노레일
10분

10:00
유니버설 스튜디오 즐기기

13:00
유니버설 스튜디오 내에서
점심 식사

14:30
루지, 실로소 비치 등
센토사 즐기기

모노레일
10분

19:40
윙즈 오브 타임 관람하기

모노레일과 MRT
60분

18:00
리조트 월드 센토사
식당가에서 저녁 식사

21:30
마리나 베이 야경 즐기기

47

DAY 4

9:00
부기스 관광하기

도보
20분

11:00
아랍 스트리트의 하지 레인,
술탄 모스크 관광하기

13:00
아랍 스트리트에서
점심 식사

MRT
30분

18:00
오차드 맛집에서
저녁 식사

MRT
10분

14:30
리틀 인디아의 힌두 사원 관광 및 무스타파 쇼핑하기

MRT
30분

19:45
가든스 바이 더 베이의 야간 슈퍼트리 쇼,
마리나 베이 샌즈의 원더 풀 쇼 감상 후 숙소로 이동하기

무스타파에서 쇼핑을
많이 했으면, 가든스 바이
더 베이 가기 전 잠시 호텔
에 들러 짐을 두고 이동하
는 것도 요령이다.

DAY 5

숙소 체크아웃 후
짐 맡기기

> 숙소에서 체크아웃을 먼저 하고 나면 짐을 들고
> 다니기 힘들다. 짐은 숙소에 이야기해서 잠시
> 맡겨 두고 마지막 날의 일정을 소화하자.

MRT
20분

10:00
탄종 파가 관광하기

버스
10분

13:00
티옹 바루 베이커리에서
점심 식사

버스
10분

숙소에서 짐 찾은 후
공항 이동 및 출국

MRT
20분

18:00
클락 키에서
칠리 크랩으로
저녁 식사

도보
20분

15:00
차이나타운 관광하기

> 마지막 날이니 차이
> 나타운에서 아기자기
> 한 소품과 지인들 선
> 물을 구입하자.

DAY 6

한국 도착

3박 5일
아이와 함께하는 가족 여행

밤 도착 – 밤 출발

아이가 있는 가족을 위한 추천 일정으로 아이들이 지루해하지 않고,
교육적으로 도움이 되는 일정이다. 단, 아이가 많이 어리다면 도보 이동이 필요한
시내 관광 부분을 줄이고 호텔 수영장에서 휴식을 추가하며 여유롭게 여행하기를 추천한다.

DAY 1

싱가포르 입국

숙소 체크인

> 아이들이 비행기에서 많이 잤기 때문에 오히려 쉽게 잠을 자지 못하는 경우도 있다. 이때 주변 편의점에서 우유를 사서 따뜻하게 데워 먹이면 좋다. 먹기 싫어하는 아이들을 위해서 꿀이나 시럽을 조금 넣어 약간 달달하게 먹이면 속이 따뜻해져 잘 수 있다. 아이들과 여행할 때는 여러 상황에 대해 미리 준비해야 탈 없이 즐거운 여행을 할 수 있다.

DAY 2

모노레일
10분

10:00
유니버설 스튜디오
즐기기

MRT
30분

13:30
비보시티에서
점심 식사

MRT
20분

15:00
플러튼 헤리티지 관광하기

> 아이들은 어릴수록 익숙한 음식만 먹는 경향이 있다. 여행지에서 낯선 음식을 잘 먹지 않는다면 일단 먹도록 유도해 보고 그래도 잘 먹지 않는다면 잘 먹는 과일이나 볶음밥 같은 종류를 시켜 주자.

©Everything

MRT
20분

17:00
마리나 베이 샌즈 스카이
파크에서 스카이라인 감상
하기

19:00
클락 키에서 칠리 크랩으로
저녁 식사를 한 후 숙소로
이동하기

이날 하루를 테마파크
가는 일정으로 바꾸고 싶다면
오전에는 주롱 새 공원, 오후에는
오차드에서 식사와 아이온 스카
이 감상, 저녁에는 나이트
사파리를 가면 된다.

DAY 3

서틀버스
60분

10:00
싱가포르 동물원 즐기기

13:00
동물원 내에서 점심 식사

15:00
숙소로 이동해 휴식하기

MRT
20분

MRT
20분

18:00
차이나타운에서
저녁 식사

16:00
차이나타운에서 관광, 쇼핑하기

19:45
가든스 바이 더 베이의 야간 슈퍼트리 쇼,
마리나 베이 샌즈 호텔의 원더플 쇼 감상 후 숙소로 이동하기

동물원에서 시작하는 이 일
정은 아이들이 구경을 많이 하고 직
접 즐기는 일정이다. 아이들이 땀을 많
이 흘리게 되므로 중간중간 물을 계속 마실
수 있도록 신경 써야 한다. 아이들이 쏟아
내는 수분을 제때 채워 주지 못하면 일정
이 끝나고 숙소에 돌아갔을 때 아픈
경우가 많으므로 돌아다닐 때
꼭 챙기도록 하자.

51

DAY 4

숙소 체크아웃 후
짐 맡기기

도보
10분

9:00
올드 시티의 박물관과
성당, 부기스의
국립 도서관 관광하기

13:00
래플즈 시티에서
점심 식사

MRT
20분

MRT
20분

숙소에서 짐 찾은 후
공항 이동 및 출국

도보
10분

18:00
마리나 베이 샌즈 쇼핑몰
에서 저녁 식사

14:30
가든스 바이 더 베이
즐기기

> 좀 큰 아이가 있다면 박물관이나 도서관을 다니면서 외국의 문화를 경험하도록 하
> 고 아이가 많이 어리다면 숙소에서 멀지 않은 곳에서 일정을 소화하는 것이 좋다.
> 아이가 어리거나 박물관이나 도서관을 좋아하지 않으면 오전의 박물관과 도서관
> 일정보다는 가든스 바이 더 베이에 갔다가 마리나 베이 샌즈 쇼핑몰에서 휴식을
> 취하고 오후에는 차이나타운에서 관광하며 맛집을 다니는 것도 좋다.

DAY 5

한국 도착

3박 5일 센토사 숙박 여행

밤 도착 – 밤 출발

센토사의 리조트 월드 센토사나 샹그릴라 리조트에 숙박하는 경우가 많다.
2박은 센토사 내에서, 1박은 시티에 숙박하는 경우에 추천하는 일정이다.
특히, 물놀이 때문에 센토사 내에 숙박을 한다면,
어드벤처 코브 워터파크는 반드시 가 보길 바란다.

DAY 1

싱가포르 입국

택시
40분

센토사 숙소 체크인

DAY 2

10:00
어드벤처 코브 워터파크
즐기기

도보
10분

리조트 월드 센토사
식당가에서 점심 식사

13:00
리조트 월드 센토사
식당가에서 점심 식사

모노레일
10분

14:00
루지, 실로소 비치 등
센토사 즐기기

모노레일
10분

아이들 중에서 물놀이를
싫어하는 경우는 거의 없으니
이 일정도 아이들과 함께하면 좋
다. 물놀이도 하고 센토사에서 다
양한 놀이 기구를 즐기면 아이들
도 즐거워할 만한 풍족한 하
루가 될 것이다.

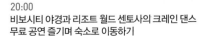

20:00
비보시티 야경과 리조트 월드 센토사의 크레인 댄스
무료 공연 즐기며 숙소로 이동하기

도보
20분

18:30
비보시티에서
저녁 식사

53

DAY 3

센토사 숙소 체크아웃 후
짐 맡기기

10:00
유니버설 스튜디오 즐기기

13:00
유니버설 스튜디오 내에서
점심 식사

택시
30분

MRT
30분

18:00
뉴튼 푸드 센터에서 칠리 크랩으로 저녁 식사

15:00
센토사 숙소에서 짐 찾은
후 시티 숙소로 이동해 체
크인 및 휴식하기

MRT
20분

20:00
머라이언 파크 산책하기

마칸수트라

DAY 4

숙소 체크아웃 후
짐 맡기기

9:00
가든스 바이 더 베이
관광하기

도보
10분

12:00
마리나 베이 샌즈
쇼핑몰에서 휴식 겸
쇼핑하기

MRT
20분

14:00
차이나타운 관광하기

도보
20분

13:00
차이나타운에서
점심 식사

18:00
클락 키에서 저녁 식사

MRT
20분

숙소에서 짐 찾은 후
공항 이동 및 출국

DAY 5

한국 도착

3박 5일 나이트라이프 여행

밤 도착 – 밤 출발

여행을 가서 클럽을 즐기는 문화는 이제 대중화됐다.
그렇게 밤을 즐겁게 보내기 위해 낮에는 여유롭게 관광하는 코스다.
어느 나라라도 밤에는 긴장을 풀지 말고, 항상 조심 또 조심해야 한다는 것을 잊지 말자.

DAY 1

셔틀버스
또는
택시로
40분

싱가포르 입국

숙소 체크인

조금은 피곤할 수 있지만, 조금 이른 밤이나 주말 밤에 도착했다면, 클락 키로 향하거나 완알티 튜드 또는 세라비 같은 클럽으로 가서 분위기에 살짝 취해 보는 것도 좋다. 간단히 맥주를 하고 싶다면 차이나타운이나 라우 파 삿으로 가자.

DAY 2

MRT
30분

오전 숙소에서 휴식

12:00
아랍 스트리트에서
점심 식사

13:00
아랍 스트리트의 하지 레
인, 술탄 모스크 관광하기

도보
20분

낮에는 휴식을 좀 취하고 관광을 한 후 숙소에서 마음껏 꾸미고 클럽으로 향하자. 클럽 오픈 요일과 시간, 프로모션 행사 등을 사전에 홈페이지에서 확인하자.

MRT
30분

22:00
드레스 코드 맞춰 입고
야경이 멋진 클럽 즐기기

17:00
부기스에서 저녁 식사 후
숙소로 이동하기

15:00
부기스 관광하기

DAY 3

10:00
탄종 파가 관광하기

버스
10분

13:00
티옹 바루 베이커리에서
점심 식사

버스
10분

15:00
차이나타운
관광하기

아기자기한 소품을 구매
하는 것도 여행의 재미다. 그
나라의 느낌이 물씬 풍기며 나
중에도 그 나라를 추억할 수 있
는 소품을 사면서 여유롭게
시간을 보내자.

22:00
드레스 코드 맞춰 입고 클락 키 클럽 즐기기

MRT
30분

17:00
차이나타운에서
저녁 식사 및 맥주 한잔 후
숙소로 이동하기

DAY 4

숙소에서 오전 휴식 후
체크아웃하고 짐 맡기기

MRT
20분

12:00
라우 파 삿에서
점심 식사

도보
10분

13:00
플러튼 헤리티지 관광하기

MRT
30분

DAY 5

싱가포르에서의 마지막 일
정이지만 오후에 클럽을 갈 수 없
으니 이 날만큼은 관광에 집중하자. 전
날 늦게까지 클럽에서 즐겼으니 오전은
휴식을 취하다 숙소에서 체크아웃하고
짐을 맡기고 머라이언 파크나 비보
시티에서 관광을 하며 여행
을 마무리하자.

한국 도착

숙소에서 짐 찾은 후
공항 이동 및 출국

MRT
30분

16:00
비보시티에서 쇼핑 후
저녁 식사

N O W
지 역   여 행

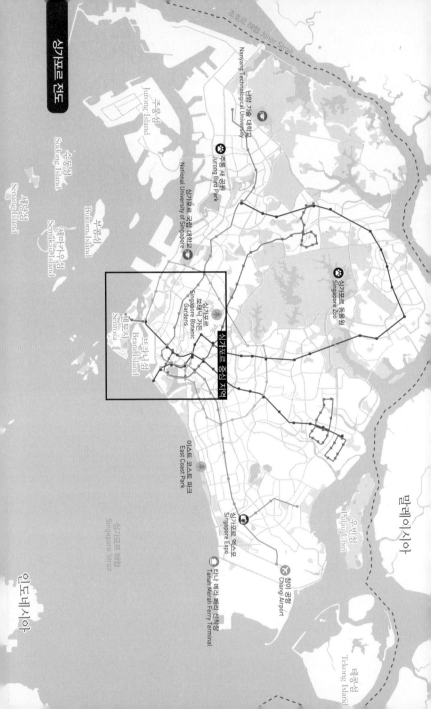

조호르 해협 Johor Strait

Nanyang Technological University
난양 기술 대학교

주롱섬
Jurong Island

수통섬
Sutong Island

세막카우섬
Semakau Island

부콤섬
Bukom Island

싱가포르 국립 대학교
National University of Singapore

주롱 새 공원
Jurong Bird Park

싱가포르 동물원
Singapore Zoo

싱가포르 보타닉 가든
Singapore Botanic Gardens

싱가포르 중심 지역

브라니섬
Brani Island

센토사
Sentosa

이스트 코스트 파크
East Coast Park

싱가포르 엑스포
Singapore Expo

차이 공항
Changi Airport

타나 메라 페리 선착장
Tanah Merah Ferry Terminal

싱가포르 해협
Singapore Strait

우빈섬
Pulau Ubin

말레이시아

테콩섬
Tekong Island

인도네시아

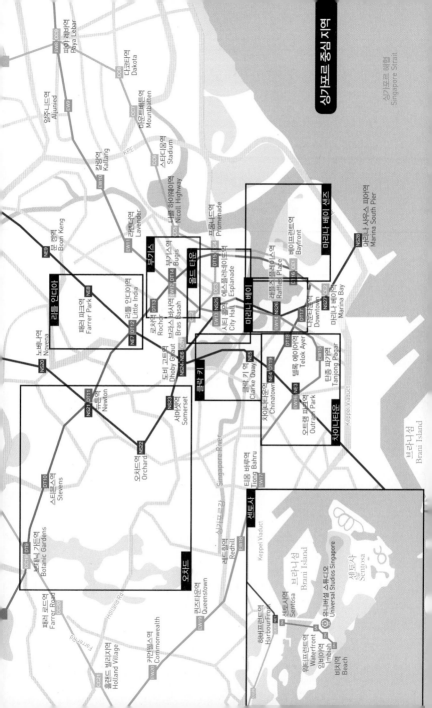

싱가포르 시내 교통

교통카드

이지링크 카드(EZ Link Card)

이지링크 카드는 우리나라의 교통카드라고 보면 된다. 카드 한 장으로 지하철, 버스, 택시, 센토사 입장 시에도 사용할 수 있다. MRT역이나 버스 환승처에서 구매할 수 있으며, 최초 S$12(보증금 S$5+잔액 S$7)가 필요하다. 이후 재충전 시에는 지하철역 매표기에서 최소 S$10 이상 충전해 사용할 수 있다. 단, 출국 시 충전 금액은 환불되나 보증금 S$5은 환불되지 않는다. 환불하지 말고 기념으로 갖고 있거나, 다음 여행시 사용하자.

홈페이지 www.ezlink.com.sg

스탠다드 티켓(Standard Ticket)

스탠다드 티켓은 우리나라로 치면 MRT역에 있는 1회용 지하철 카드다. 10센트의 보증금이 있으며, 3회까지 재충전해 사용하고 나면 10센트의 보증금이 환급된다. 최대 6회까지 재충전 사용이 가능하며, 이때는 10센트가 할인된다. 도보 이동이 많거나, 시내버스를 이용하지 않는 여행자에게 효율적인 교통카드다. 다만 매번 MRT역에서 목적지를 선택하고 재충전 사용해야 하는 번거로움이 있다.

홈페이지 www.transitlink.com.sg

싱가포르 투어리스트 패스 (Singapore Tourist Pass)

여행자 전용 싱가포르 교통 패스이다. 1일권이 S$10이고, 2일권은 S$16, 3일권은 S$20이며, S$10의 보증금을 추가하여 구매할 수 있다. 패스 구매와 보증금 환급은 MRT 역 창구(TransitLink Ticket Offices)에서 이루어지며, 싱가포르 내 모든 공공 교통수단은 다 이용할 수 있다. 사용 종료일이 되면, 이지링크 카드로도 사용할 수 있는 장점도 있다. 시내에만 있는 경우 S$10 이상 사용하기 어렵기 때문에 아쉬움이 남고, 동물원, 주롱 새 공원 등 교외로 갈 때 그 빛을 발휘하는 카드다.

홈페이지 www.thesingaporetouristpass.com.sg

싱가포르 익스플로러 패스 (Singapore Explorer Pass)

싱가포르 항공 탑승객에게만 구매 기회가 주어지는 특별한 패스다. 대중교통 이용과 관광 명소를 입장할 수 있는 패스며, 성인 기준 1일권 S$60, 2일권 S$96, 3일권 S$125이다. 출국 전 국내 싱가포르 항공사에 전화해 신청과 함께 비용 지불 후 바우처를 받고, 창이 공항에 도착해서 시아홀리데이 데스크에서 패스를 수령하면 된다. 대중교통 이용의 목적보다 짧은 기간 안에 많은 관광 명소를 보고자 한다면 매우 경제적인 패스다.

홈페이지 www.singaporeair.com/ko_https://www.singaporeair.com/ko_KR/kr/plan-travel/packages/singapore-explorer-pass/

교통수단

MRT(Mass Rapid Transit)

싱가포르에는 총 5개의 MRT 노선과 3개의 LRT 노선이 있다. 서비스 운영은 SMRT와 SBS Transit에서 나눠서 하고 있다. 싱가포르는 MRT 노선을 새로 만들거나 연장하는 공사를 계속하고 있으며, 싱가포르 곳곳에서 버스와 연계하는 대중교통 시스템도 갖추고 있다. MRT는 교통카드인 이지링크 카드와 1회용 교통카드인 스탠다드 티켓으로 이용할 수 있다. 이용 방법도 우리나라와 거의 동일해, 크게 어렵지 않게 이용할 수 있다. 다만 싱가포르는 법이 많고 엄격한 나라인 만큼 MRT에서 음식물 섭취 시 S$500의 벌금이 있으니 주의하자.

홈페이지 www.smrt.com.sg, www.transitlink.com.sg

시내버스(Local Bus)

싱가포르 버스는 MRT 못지않게 매우 편리하다. 다만 초보 여행자의 경우 안내 방송도 없고, 방향 감각도 없으니 어렵게 느낄 수 있다. 구글맵과 버스 어플을 이용해 버스도 효율적으로 활용해 보자. 저렴한 비용으로 2층 버스를 이용할 수 있고, 버스 창밖의 이국적인 풍경을 보는 즐거움을 누릴 수 있는 기회를 놓치지 말자. 현금 탑승 시 거스름돈을 주지 않으니 되도록 이지링크 카드를 사용하고, 하차 시에도 카드를 한 번 더 찍어야 한다. 버스와 버스, 버스와 MRT를 30분 내 이용하면 환승 할인도 받을 수 있다.

홈페이지 www.sbstransit.com.sg, www.smrt.com.sg

택시

길을 잘 모를 때, 시간도 늦었고 피곤할 때, 인원이 많을 때 등 주로 택시를 이용하게 된다. 그러나 길거리에서 택시 잡기란 쉽지 않다. 그럴 때는 쇼핑몰이나 호텔로 가서 들어오는 택시를 타는 것이 좋다. 반면 스마트한 여행자들은 어플을 이용해 택시를 호출하기도 한다. 가장 대표적인 어플로 그랩(Grap), 컴포트델그로(ComfortDelGro)를 많이 사용하며, 그랩(Grap)은 국내에서 설치하고 계정을 만들면, 현지 유심으로 교체해도 사용할 수 있다. 택시 기본 요금은 S$3부터이지만 택시 종류에 따라 가격 차이가 나며, 도로 통행료는 별도다. 요금도 복잡한 할증 체계에 따라 목적지 도착 후 가산되는 경우가 많다. 택시 창문에 표시된 카드 결제 가능 여부에 따라 이지링크 카드와 일반 신용카드로도 결제할 수 있으며, 그랩 페이를 이용해 미리 등록한 신용카드로도 자동 결제할 수 있다.

콜택시 번호(예약비 추가됨)

Comfort & CityCab (65)6552-1111
SMRT Taxis (65)6555-8888
Trans-Cab Services (65)6555-3333
Premier Taxis (65)6363-6888
Prime Car Rental & Taxi Services (65)6778-0808

SAEx 셔틀버스

싱가포르를 여행할 때 동물원, 나이트 사파리, 리버 사파리, 주룽 새 공원 중에 한 곳은 가 볼 것이다. 그때 이동 시간도 단축하고 편리하고 저렴하게 가려면 셔틀버스를 이용하는 것이 좋다. 한국 여행자들에게 가장 잘 알려지고, 인기 좋은 셔틀버스는 SAEx 버스다. 시내의 오차드, 시티 홀의 비치 로드를 출발점으로, 시내 곳곳에서 탑승객을 태워 애니멀 파크로 향한다. 요금은 편도로 성인 기준 S$6이며, 아동은 S$4이고, 셔틀버스(또는 봉고차) 탑승 후 기사에게 지불하면 된다. 각 애니멀 파크에서 출발할 때 탑승객이 적은 경우 가끔 절반 요금으로 즉석에서 할인 프로모션을 하기도 한다. 현재 주룽 새 공원 셔틀버스는 중단되어 동물원, 리버사파리, 나이트 사파리로만 운행을 한다. 홈페이지를 통해 내 주변에서 SAEx 버스를 언제, 어디서 탈 수 있는지 미리 확인하자.

홈페이지 www.saex.com.sg

덕 투어 & 히포 버스 투어 센터

주소 3 Temasek Blvd,#01-330 Suntec Shopping Mall,Suntec City Mall, S 038987 전화 (65)6338-6877 홈페이지 www.ducktours.com.sg 위치 에스 플러네이드역 A 출구로 나와서 바로 선택 컨벤션 센터 1층 야외에 덕 투어, 히포 버스 및 각종 현지 투어 출발 센터가 있음.

덕 투어(Duck Tour)

시간 10:00~18:00(1시간 간격 정시 출발) 요금 S$43(성인), S$33(어린이), S$10(3세 미만)

덕 투어는 오리 모양을 닮은 거대한 수륙양용차를 타고 올드 시티와 마리나 베이의 강변 곳곳을 누비는 투어이다. 우리나라에서 경험하기 힘든 수륙양용차를 탑승할 수 있다는 것과 오리차가 물속으로 빠질 때의 스릴감이 있어, 어린이와 여성 여행자들에게 인기가 좋다. 사전 예약 구매를 통해 원하는 시간에 덕 투어를 즐겨 보자.

빅 버스 & 홉 온 홉 오프 투어(Big Bus Singapore Hop-on Hop-off Tour)

시간 8:30~마지막 탑승 18:00(전후 노선별 다름), 나이트 사파리는 야간 운행 요금 1일 클래식 S$47(성인), S$37(어린이 3~12세), 무료(2세 이하)

빅 버스는 덕 투어와 같은 회사에서 운영하는 시티 투어 2층 버스이다. 티켓을 구매하면 6개의 노선(40개 이상의 정거장)을 이용할 수 있는데 4개의 홉 온 홉 오프 투어와 2개의 사파리 셔틀을 이용할 수 있다. 아이온 오차드, 다카시마야, 국립미술관, 국립박물관, 마리나 베이 샌즈와 같은 시내 관광지와 싱가포르 동물원, 센토사, 유니버설 스튜디오, 나이트 사파리, 리버 사파리와 같은 근교 관광지 정거장을 구매한 기간에 따라 무제한으로 승하차할 수 있다.

버스 안에는 12개 언어의 오디오 해설이 준비되어 있다. 1일 클래식 티켓은 성인 S$47, 어린이 S$37이고 2일 프리미엄 티켓은 차이나타운과 리틀 인디아 도보 여행이 포함되어 있으며 성인 S$57, 어린이 S$47이고, 2일 디럭스 티켓은 2일 도보 여행과 야간 시티 투어가 포함되어 있고 성인 S$77, 어린이 S$67이다. 만약 시내 관광만 이용할 거라면 홉 온 홉 오프 투어를 선택하면 되고 2개의 노선(43개의 정거장)을 따라 사용할 수 있다. 1일 패스는 성인 S$43, 어린이 S$33이고, 2일 패스는 성인 S$53, 어린이 S$34이다.

티켓 구매

티켓 구매는 홈페이지, 여행사, 주요 탑승처 판매소, 버스 탑승 시 운전사에게 직접 구매할 수 있으며, 2일권은 보다 저렴하게 이용할 수 있다. 하루 정도 시내 곳곳을 보다 편안하게 구경하기 위한 단기 여행자이거나, 보태닉 가든이나 동물원, 나이트 사파리, 주롱 새 공원 관광까지 계획하고 있다면 히포 버스를 이용하는 것도 좋다. 자세한 노선은 홈페이지를 통해 확인해 보자.

올드 시티
OLD CITY

싱가포르의 역사와 문화적 발자취가 남아 있는 곳

시티 홀역을 중심으로 한 올드 시티 지역은 영국 식민지 시대의 고전적 건축물들이 많이 남아 있는 역사적인 장소다. 싱가포르를 움직이는 시청, 대법원, 국회 의사당이 위치한 정치·행정의 중심이자, 호텔과 박물관, 역사 유적지, 레스토랑들이 즐비한 싱가포르 관광의 기본 코스이기도 하다. 특히 시티 홀역에서 지하로 연결된 선텍 시티는 국제 컨벤션을 비롯해 특급 호텔과 쇼핑몰, 레스토랑 등으로 이루어진 복합 단지이자 각종 투어가 출발하는 원스톱 여행지다. 올드 시티 지역에서는 싱가포르의 역사와 박물관이라는 테마를 가지고 싱가포르의 어제와 오늘을 이해해 보자.

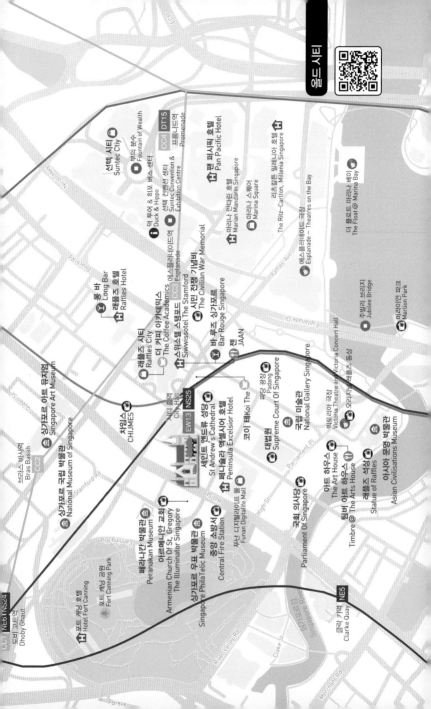

올드 시티

CC1 | NE6 | NS24 도비 고트 Dhoby Ghaut

포트 캐닝 호텔 Hotel Fort Canning
포트 캐닝 공원 Fort Canning Park

브라스 바사 역 Bras Basah
CC2

싱가포르 아트 뮤지엄 Singapore Art Museum

싱가포르 국립 박물관 National Museum of Singapore

페라나칸 박물관 Peranakan Museum

아르메니안 교회 Armenian Church Of St. Gregory The Illuminator Singapore

싱가포르 우표 박물관 Singapore PhilaTelic Museum

중앙 소방서 Central Fire Station

차임스 CHIJMES

래플즈 시티 Raffles City

더 커피 아카데믹스 The Coffee Academics

스위소텔 더 스탬포드 Swissotel The Stamford

세인트 앤드루스 성당 St Andrew's Cathedral

페닌슐라 엑셀시어 호텔 Peninsula Excelsior Hotel

푸난 디지털라이프 몰 Funan Digitalife Mall

국회 의사당 Parliament Of Singapore

아트 하우스 The Art House

팀버 아트 하우스 Timbre @ The Arts House

래플즈 석상 Statue of Raffles

아시아 문명 박물관 Asian Civilisations Museum

클락 키 역 NE5 Clarke Quay

시티 홀 역 City Hall
EW13 NS25

코이 테北 Koi The

대법원 Supreme Court Of Singapore

국립 미술관 National Gallery Singapore

빅토리아 극장 Victoria Theatre and Victoria Concert Hall

오리지널 래플즈 동상

롱 바 Long Bar

래플즈 호텔 Raffles Hotel

바 루즈 싱가포르 Bar Rouge Singapore

젠 JAAN

파당 광장 Padang

선텍 시티 Suntec City

부의 분수 Fountain of Wealth
DT15

덕 투어 & 히포 버스 센터 Duck & Hippo

선텍 컨벤션 & 엑시비션 센터 Suntec Convention & Exhibition Centre

프롬나드 Promenade
CC4

에스플러네이드 Esplanade
CC3

시민 전쟁 기념비 The Civilian War Memorial

팬 퍼시픽 호텔 Pan Pacific Hotel

마리나 만다린 호텔 Marian Mandarin Singapore

마리나 스퀘어 Marina Square

리츠칼튼 밀레니아 싱가포르 The Ritz-Carlton, Millenia Singapore

에스플러네이드 극장 Esplanade - Theatres on the Bay

주빌리 브리지 Jubilee Bridge

더 플로트 마리나 베이 The Float @ Marina Bay

머라이언 파크 Merlion Park

올드 시티 COURSE

초보자 코스

싱가포르를 처음 방문한 사람도 무난히 소화할 수 있다. 오전, 오후 언제 가도 좋고 중간중간 쇼핑몰이 있어 식사하기도 좋다. 박물관과 역사적인 건물을 중심으로 4시간여의 여행을 즐겨 보자.

브라스 바사역 C 출구 → 도보 3분 → 싱가포르 국립 박물관 → 도보 3분 → 싱가포르 아트 뮤지엄 → 도보 5분 → 차임스

래플즈 시티 ← 도보 3분 ← 세인트 앤드류 성당 ← 도보 10분 ← 래플즈 호텔 ← 도보 3분 ←

TIP 오후에 이 코스를 둘러보았다면 남은 시간에는 야경을 보기 좋은 싱가포르강 근처나 래플즈 호텔의 롱 바와 같은 나이트라이프를 즐길 수 있는 곳에 머물자.

핵심 랜드마크 기본 코스

역사적 건축물, 랜드마크, 박물관도 함께 보는 코스다. 총 3시간 정도 소요되는데 더위를 피할 수 있는 곳이 적다. 에어컨이 나오는 건물에서 휴식을 취하면서 움직이자.

시티 홀역 B 출구 → 도보 1분 → 세인트 앤드류 성당 → 도보 1분 → 국립 미술관 → 도보 3분 → 대법원

아시아 문명 박물관 ← 도보 1분 ← 래플즈 동상 ← 도보 1분 ← 아트 하우스 ← 도보 5분 ← 국회 의사당 ← 도보 3분 ←

TIP 이후 연결 코스로 카베나 브리지를 건너 풀러튼 호텔과 머라이언 파크로 가는 코스와 강 하구를 따라 에스플러네이드 극장으로 이동하는 코스, 강 상류를 따라 MICA 빌딩으로 이동해서 클락 키로 가는 코스도 가능하다.

아이들과 함께하는 코스

아이들과 함께 둘러보기 좋은 역사 중심의 코스다. 총 소요 시간은 5시간 정도로, 아이들의 체력에 따라 시간을 안배하자.

⭐ 브라스 바사역
C 출구

도보 3분⋯

⭐ 싱가포르
국립 박물관

도보 3분⋯

⭐ 싱가포르
아트 뮤지엄

도보 3분⋯

클락 키로
이동

⭐ MICA 빌딩

⋯도보 5분

⭐ 중앙 소방서

⋯도보 1분

⭐ 아르메니안
교회

⋯도보 1분

⭐ 우표 박물관

올드 시티부터 부기스 연결 코스

올드 시티와 부기스를 연결한 핵심 코스로서 관광과 쇼핑, 맛집을 한 번에 즐길 수 있다. 총 3시간 정도 소요된다.

⭐ 시티 홀역
B 출구

도보 1분⋯

⭐ 세인트 앤드류 성당

도보 4분⋯

⭐ 차임스

도보 3분⋯

부기스로
이동

⭐ 국립 도서관

⋯도보 3분

⭐ 민트 토이
뮤지엄

⋯도보 3분

⭐ 래플즈 호텔

> **TIP** 이후 연결 코스로 부기스 정션과 부기스 플러스, 부기스 재래시장을 함께 즐기는 것을 추천한다. 아랍 스트리트나 국립 박물관으로 이동을 해도 좋다. 식사는 부기스 맛집을 이용해 보도록 하자.

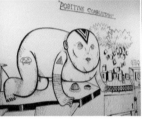

싱가포르를 대표하는 가장 오래된 박물관

싱가포르 국립 박물관 National Museum of Singapore

주소 93 Stamford Rd, S 178897　**위치** 브라스 바사역 C 출구 싱가포르 경영대 방면으로 나와 작은 공원의 앞 길을 건너 도보 3분　**시간** 10:00~19:00(입장 마감 18:30)　**요금** S\$15(성인), S\$10(학생 및 60세 이상, 학생증 및 신분증 지참), 무료(6세 미만)　**홈페이지** www.nationalmuseum.sg　**전화** (65)6332-3659

국립 박물관은 싱가포르에서 가장 오래된 박물관이다. 1887년에 지어진 구관에 이어 2006년 에 신관이 지어짐으로써 지금의 모습을 갖추게 됐다. 싱가포르의 문화와 건축의 랜드마크로, 싱가포르의 역사를 알고자 하는 여행객이나 아이들과 함께하는 가족 여행객에게 인기다. 국립 박물관은 크게 두 영역으로 나뉜다. 하나는 역사를 주제로 한 곳이고, 또 다른 곳은 생활·문화 에 대해 알 수 있는 곳이다. 어린 자녀와 동반했다면 무게감 있는 역사보다는 쉽게 다가갈 수 있 는 생활·문화 영역을 관람해 보자. 또한 박물관에서 놓치지 말아야 할 11가지 국보와 함께 고 전적인 건물 내에서 펼쳐지는 최신식의 전시, 관람 방식도 직접 체험하자.

> **TIP 박물관 패스**
> 싱가포르 내 한인 도슨트 모임에서 매월 몇 차례 무료 박물관 투어를 하니, 여행 전에 '싱가폴 사랑' 커뮤니티에 서 일정을 확인하고 참여해 보자.

동남아 최대의 국제 현대 예술 박물관

싱가포르 아트 뮤지엄 Singapore Art Museum (SAM)

주소 71 Bras Basah Rd, S 189555 **위치** 브라스 바사역 A, D, E 출구에서 앞 길 건너 바로 **시간** 10:00~19:00(토~목), 10:00~21:00(금요일, 18시부터 무료 입장) **요금** S$6(성인), S$3(학생 및 60세 이상, 학생증 및 신분증 지참), 무료(6세 미만) **홈페이지** www.singaporeartmuseum.sg **전화** (65)6589-9580

동남아 최대의 국제 현대 예술 박물관으로서 1996년에 개관했다. 회화, 영상, 조각, 디지털 아트 등 각종 작품들이 전시돼 있다. 싱가포르 아트 뮤지엄은 'SAM'이라고 불리기도 하며, 본 건물 뒤쪽에 아트 뮤지엄의 분관인 Sam at 8Q 전시관도 있다. 홈페이지를 통해 이곳의 전시 프로그램을 미리 확인할 수 있다. 한국어 서비스가 없어 작품 이해가 어려울 수 있으나, 각자의 느낌으로 작품을 감상하는 데는 지장이 없다. 하지만 아쉽게도 지금은 리모델링 공사 중이고 2023년 재오픈할 예정이다.

🔖 **TIP 싱가포르 경영대에서 쉬어 가기**

싱가포르 경영대(SMU)는 싱가포르 국립 대학교(NUS), 난양 기술 대학교(NTU)와 함께 3대 국립 대학교로 꼽힌다. 국립 박물관과 아트 뮤지엄 사이에 있는 담장 없는 공원이 싱가포르 경영대 캠퍼스다. 혹시 휴식을 취하고 싶다면, 이 건물에 붙어 있는 식당과 매점을 이용해 보자.

로맨틱한 분위기가 가득한 곳
차임스 CHIJMES

주소 30 Victoria St, S 187996 **위치 ①** 시티 홀역 B 출구로 나와 교차로를 대각선으로 건너 도보 3분 **②** 아트 뮤지엄에서 도보 5분 **시간** 10:00~24:00(매장마다 다름) **요금** 무료입장 **홈페이지** www.chijmes.com.sg **전화** (65)6337-7810

'아기 예수의 수도원'임을 뜻하는 차임스는 과거에는 수도원이었다가, 현재는 멋진 레스토랑으로 자리 잡았다. 1850년에 세워진 유럽식 건축물이라서 근사하고 로맨틱한 디너 장소나 웨딩 촬영 장소로 인기가 좋다고 한다. 그만큼 예쁜 사진들을 찍을 수 있는 곳이니 지나가는 사람들을 피해서 기념사진을 남겨 보자. 바깥쪽 레스토랑만 보이는 빅토리아 스트리트 또는 노스브리지 로드에서 헤매지 말고, 길을 가로질러 안쪽으로 들어가면 멋진 차임스 건물을 금방 만날 수 있다.

싱가포르 최초이 대형 영국 성공회 성당
세인트 앤드류 성당 St Andrew's Cathedral

주소 11 St Andrew's Rd, S 178959 **위치** 시티 홀역 B 출구에서 바로 **시간** 9:00~17:00/ 무료 가이드 10:30~12:00(월·화·목·금·토), 14:30~16:00(월~금요일) **요금** 무료 **홈페이지** www.livingstreams.org.sg **전화** (65)6337-6104

싱가포르에서 최초로 지어졌고, 규모도 가장 큰 영국 성공회 성당이다. 1834년 만들어진 후 번개를 맞고 붕괴됐다가, 1862년 인도 죄수들이 동원돼 수리해서 현재의 건물로 완성됐다. 영국 고딕 양식의 건물로 웅장한 맛과 함께 정원이 곁들여져 있으니, 멋진 기념사진을 남겨 보자. 성당이 높아서 정원 끝에서 찍어야 성당 전체가 나오는 각을 잡을 수 있다. 밤에는 조명이 비춰 더욱 아름다우니, 오후 늦게 방문했다면 일찍 나오지 말고 여유를 즐기며 조금 기다려 보는 것도 좋다. 성당 미사와 무료 가이드 투어도 있으니, 영국 성공회를 경험해 보고 싶다면 홈페이지에서 미리 일정을 확인한 후 참여해 봐도 좋다.

싱가포르 최고급 브랜드 호텔

래플즈 호텔 Raffles Hotel

주소 1 Beach Rd, S 189673 **위치** 시티 홀역 A 또는 B 출구에서 래플즈 시티를 가로질러 도보 5분 **시간** 24시간 **요금** 무료 **홈페이지** www.raffles.com/singapore **전화** (65)6337-1886

싱가포르를 대표하는 브랜드 '래플즈'는 1819년 싱가포르 산업의 근간을 만든 스탬포드 래플즈 경의 성을 딴 호텔이다. 래플즈 호텔 건물은 1887년에 세워진 건물로 고전적인 분위기가 물씬 풍긴다. 찰리 채플린이나 마이클 잭슨과 같은 유명인이 머물다 간 곳이라서 더 유명해졌다고 한다. 목조로 만들어진 엘리베이터가 인상 깊고, 시크교 복장의 도어맨이 아라비안나이트에서 방금 튀어나온 듯하다. 싱가포르에서 사진을 가장 많이 찍히는 사람으로도 유명하니 함께 사진 찍자고 권해보자. 1층에는 기념품점 외에 티파니, 루이비통 등의 명품점, 래플즈만의 고급 기념품이 있는 작은 숍들이 즐비하니 시원한 실내에서 눈요기를 해 보자. 2017년부터 리모델링을 시작해 2019년 8월 세심한 복원 작업 끝에 재개장하여 19세기 호텔의 고급스러움을 고스란히 느낄 수 있다.

★ 인사이드 래플즈 호텔

롱 바 Long Bar

위치 래플즈 호텔 2층 **시간** 11:00~24:30(일~목), 13:00~다음 날 1:30(금~토) **가격** S$33(싱가포르 슬링, 세금 포함 약 S$38, 땅콩 무제한 제공) **홈페이지** www.raffles.com/singapore/dining/long-bar/

래플즈 호텔을 대표하는 것 중에서 하나는 오리지널 싱가포르 슬링을 마실 수 있는 롱 바다. 싱가포르 슬링은 남쪽 나라의 분위기가 물씬 느껴지는 달콤하고 신선한 과일 맛이 나고 보기에도 예뻐서 남성보다는 여성이 더 선호하는 칵테일이다. 싱가포르 슬링의 발상지인 롱 바에서 먹는 칵테일은 원조 집답게 풍부한 맛을 자랑한다. 이 호텔에 숙박하지 않아도 일부러 롱 바에 오는 여행객들이 많을 정도로 유명하다. 라이브 공연도 하고, 외국인들도 많고, 직원들도 친절하고, 매우 친근한 분위기다. 싱가포르 슬링을 시키면 나오는 땅콩의 껍질을 바닥에 마음껏 버려도 되는 점이 재미있다.

> 💧 **TIP** 다른 곳에서 슬링 맛보기
> 슬링 가격이 부담스러우면, 클락 키의 바에서 S$20 내외로 가격 대비 괜찮은 슬링을 마실 수 있다.(옥타파스[Octapas], www.octapasasia.com)

싱가포르의 대표 쇼핑 타운
래플즈 시티 Raffles City

주소 252 North Bridge Rd, S 179103 **위치** 시티 홀역 A 출구에서 바로 **시간** 10:00~22:00(매장마다 다름)
홈페이지 www.rafflescity.com.sg **전화** (65)6338-7766

싱가포르를 대표하는 쇼핑몰로, 우리나라로 치면 서울 명동의 롯데 백화점이라고 할 수 있다. 스탬포드 호텔과도 연결되어 있다. 지하에 딘타이펑을 비롯한 다양한 프랜차이즈 식당과 뷔페, 티옹 바루 베이커리, 쿠키 뮤지엄, 예쁜 케이크가 있는 디저트 카페도 있다. 규모가 제법 큰 마트도 있어 장을 보기에도 편리하다. 3층에는 어린이를 위한 매장들이 많은데, 그중 미니어처를 판매하는 매장은 구경하기도 좋고 S$100 미만의 기념품을 구매하기에도 좋다. 참고로, 시티 홀역은 래플즈 시티 외에도 선텍 시티와 에스플러네이드역, 에스플러네이드 몰과 지하로 연결되어 있어 거대한 쇼핑 타운을 형성하고 있다. 이 지하 연결 통로에는 시티 링크 몰이라는 쇼핑몰이 있어 지루할 틈이 없다. 초반에는 약간 복잡하다고 느낄 수 있으나, 익숙해지면 매우 편리하다. 특히 시티 링크 몰의 가렛 팝콘 매장을 추천한다.

 인사이드 래플즈 시티

더 커피 아카데믹스 The Coffee Academics

위치 래플즈 시티 쇼핑몰 지하 **시간** 9:00~22:00(월~목), 9:00~22:30(금~토), 9:00~21:30(일) **가격** S$6~8(커피) **홈페이지** the-coffeeacademics.com **전화** (65) 6266-0560

홍콩에서 온 '죽기 전에 꼭 가봐야 할 카페 25'로 선정된 곳이다. 래플즈 시티 지하1층에 있으며 후추 커피와 오키나와 커피가 유명하다. 공간은 그리 크지 않으나 커피 맛을 아는 사람들은 여기에서 마신다고 하니 쇼핑하다 쉬면서 들르면 좋다. 커피 말고도 브런치나 간단한 음식을 즐길 수도 있지만, 주변에 먹을 곳이 많으니 음식은 다른 식당을 이용하는 것이 좋을 것 같다. 이곳은 2호점이고 1호점은 오차드에 스캇 스퀘어 2층에 있으며 1호점은 공간이 잘 꾸며져 있으니 천천히 구경하면서 커피를 마시고 싶다면 1호점으로 가는 것도 좋다. 매월 서로 다른 나라의 특색 있는 커피를 제공하니 쇼핑하다 힘들면 들려서 맛있는 커피를 마시자.

레스토랑 & 푸드 코트	Din Tai Fung (딘 타이 펑)	딤섬 전문 레스토랑	지하 1층 8~10번
	Buffet Town(뷔페 타운)	아시안 스타일을 중심으로 한 인터내셔널 뷔페	지하 1층 44번
	Nam Nam Noodle Bar (남 남 누들 바)	베트남 스타일의 쌀국수 전문점	지하 1층 47번
	Thai Express Bistro (타이 익스프레스 비스트로)	동남아를 대표하는 태국 프랜차이즈 레스토랑	지하 1층 77번
	The Food Place by Food Junction (더 푸드 플레이스 바이 푸드 정션)	푸드 코트 다양한 아시아 음식 제공	3층 15~17번
디저트 & 카페	Bee Cheng Hiang (비 쳉 향)	육포 전문점	지하 1층 59번
	The Cookie Museum (더 쿠키 뮤지엄)	쿠키 전문 판매점	지하 1층 49번
	The Coffee Academics (더 커피 아카데믹스)	커피가 맛있는 곳	지하 1층 12번
	Awfully chocolate (오풀리 초콜릿)	초콜릿, 쿠키, 케이크, 디저트류	지하 1층 52~53번
	Tiong Bahru Bakery (티옹 바루 베이커리)	티옹 바루 베이커리의 래플즈 시티 지점	지하 1층 11~12번
신발 & 잡화	Charles&Keith(찰스 앤 키스)	신발과 가방 등 각종 패션 아이템 판매	3층 31~32번
	Kate Spade New York (케이트 스페이드 뉴욕)	다양한 디자인의 가방, 의류, 패션 아이템 판매	1층 23~24번
	Paper Market(페이퍼 마켓)	톡톡한 문구와 기념품 판매	지하 1층 27번
기타	Raffles City Market Place (래플즈 시티 마켓 플레이스)	마트	지하 1층 1~2번

시원한 음료수가 생각나면 가 봐야 하는 곳

코이 테 Koi The

주소 #B1-66, 1 Raffles Link, S039393 위치 시티 홀역 지하상가 도보 3분 시간 11:00~21:00(월~목), 11:00~22:00(금~토), 11:00~21:00(일) 가격 S\$3~4 홈페이지 www.koithe.com 전화 (65) 6327-9095

싱가포르는 음료수를 먹을 수 있는 곳이 크게 두 가지로 나뉜다. 하나는 카페인데 커피와 함께 토스트, 식사류를 함께 파는 곳, 또 하나는 음료만 파는 곳이다. 코이 밀크티는 음료만 파는 곳으로 싱가포르 여기저기 위치하고 있다. 밀크티 중에서는 골든 버블 밀크티를 추천하는데 공차보다 펄의 사이즈가 더 작은데 쫄깃하고 작아서 먹기에 좋고 편하다. 공차와 마찬가지로 설탕과 얼음의 양을 조절할 수 있으며 싱가포르 곳곳에 있어서 시원한 음료수가 생각날 때 마시면 좋다. 현지인들에게도 인기가 많아서 항상 줄을 서 있는 것을 볼 수 있다. 주의할 점은 가득 담아 주기 때문에 빨대를 살짝 꽂으면 계속 새어 나와서 빨대를 꽂기 힘들다. 한 번에 과감하게 꽂자. 혹시 쇼핑몰을 돌아다니면서 마시려면 비닐에 넣어 달라고 하자. 그러면 마시다가 비닐에 넣어 쇼핑하다 다시 마실 수 있다.

슬픈 전쟁의 역사 속에서 희생된 사람을 추모하는 곳

시민 전쟁 기념비 The Civilian War Memorial

주소 Bras Basah Road & Beach Road intersection, S 189701 위치 ❶ 에스플러네이드역 E 출구 바로 앞 ❷ 시티 홀역 B 출구에서 도보 5분

제2차 세계 대전 당시 싱가포르를 점령한 일본군은 수만 명을 학살했다. 그 참상을 기억하고 희생자를 추모하려 세워진 것이 시민 전쟁 기념비다. 매년 2월 15일에 추모식이 열린다. 기념비는 1967년에 완공돼 공식적으로 공개됐다. 총 높이는 약 61m이고, 탑 아래에는 전쟁 시 희생된 신원 미상의 유골들이 함께 안치돼 있다. 기념비를 이루고 있는 총 4개의 기둥은 최초 싱가포르를 구성한 말레이, 중국, 인도, 유라시아 4개의 민족을 상징한다. 이곳은 올드 시티 여행 중에 들르기 좋으나, 기념비가 있는 전쟁 기념 공원 안에는 그늘이 없어 무더위와 싸워야 하니, 조금 멀리서 기념사진을 남기는 것도 좋은 방법이다.

초고층 특급 호텔이자 스카이라인 감상 포인트

스위소텔 스탬포드
Swissotel The Stamford

주소 2 Stamford Rd, S 178882 **위치 ①** 시티 홀 역 A 출구와 바로 연결 **②** 세인트 앤드류 성당에서 3 분 거리 **시간** 24시간 **홈페이지** www.swissotel. com/hotels/singapore-stamford/ **전화** (65)63 38-8585

래플즈 시티에 연결돼 있는 초고층 특급 호텔 로서 총 높이가 226m다. 마리나 베이 샌즈 호 텔이 생기기 전부터 이곳은 마리나 베이의 스 카이라인 풍경을 즐길 수 있는 곳으로 유명하 다. 래플즈 시티의 1층에서 70층으로 바로 올 라가는 엘리베이터가 별도로 마련돼 있다.

 인사이드 **스위소텔 스탬포드**

바 루즈 싱가포르
Bar Rouge Singapore

위치 스위소텔 스탬포드 71~72층 **시간** 17:00 ~ 요일에 따라 새벽 2~5시 **가격** S$20 내외(맥주), S$20 이상(위스키와 칵테일) **전화** (65)9177-7307

신나는 분위기에서 야경을 즐기고 싶을 때 추천할 만한 곳이다. 마리나 베이 뷰에서 시 티 뷰까지 모두 볼 수 있다는 곳이다. 요일별 로 테마가 있으며, 입장료가 있는 경우도 있 으니 사전에 홈페이지에서 확인하고 가자. 21세 이상만 출입 가능하고 호텔이다 보니 깔끔한 캐주얼의 드레스 코드도 있다.

스칼
SKAL

위치 스위소텔 스탬포드 70층 **시간** 12:00~14:30, 18:00~22:00 **가격** S$150~(창가석 *세금 미포함)

스위소텔 스탬포드 호텔 70층에 위치한 현 대식 그릴 레스토랑으로 최고의 셰프 폴 핼 릿의 요리를 맛볼 수 있다. 싱가포르의 명소 마리나 베이 샌즈 호텔이 보이는 멋진 전망 을 자랑해 창가 자리는 세전 S$150 이상 주 문해야 앉을 수 있다. 홈페이지나 1층 컨시 어지에서 예약이 가능하다.

국제 컨벤션을 위한 대단위 비즈니스 복합 단지

선텍 시티 Suntec Ctiy

주소 3 Temasek Blvd, S 038983 위치 ❶ 에스플러네이드역 A 출구에서 바로 ❷ 프롬나드역 C 출구에서 타워 4와 바로 연결 ❸ 시티 홀역 A 출구에서 래플즈 시티와 지하 시티 링크 몰을 통해 컨벤션 센터까지 도보 약 15분 시간 10:00~22:00(매장마다 다름) 홈페이지 www.sunteccity.com.sg 전화 (65)6822-1537

선텍 시티는 싱가포르를 국제 회의의 중심지로 부상시키는 데 기반이 된 대단위 비즈니스 복합 시설이다. 홍콩의 부호 11명이 1997년 홍콩 반환에 대비해 해외 자본 투자처를 찾던 중, 아시아 4마리 용 중 선두에 있던 싱가포르의 가치를 보고 투자해 1997년에 완공됐다. 총 5개의 빌딩과 1개의 중앙 분수로 이루어져 있는데 5개의 빌딩은 손가락을 상징하고, 빌딩들로 둘러싸인 손바닥에는 부유함을 상징하는 '부의 분수(Foundation of Wealth)'가 있는 형태다. 엄지 손가락을 상징하는 빌딩은 18층이고, 나머지 손가락 4개를 상징하는 빌딩은 각각 45층으로 이루어져 있다. 단지 안에는 대형 전시회와 국제 회의가 열리는 국제 컨벤션 센터를 중심으로, 일반 오피스와 쇼핑몰이 입주해 있다. 쇼핑몰에는 다양한 유명 브랜드 매장을 포함한 400여 개의 숍, 프랜차이즈 레스토랑을 포함한 100여 개의 레스토랑, 매우 큰 규모의 대형 마트가 복합 쇼핑 단지를 이루고 있다. 선텍 시티는 규모가 너무 커서 단지 안에서 방향을 찾기가 쉽지 않다. 근무자와 컨벤션 참가자, 관광객, 현지인 방문객까지 사람도 많아서 길을 잘못 들어서면 예상치 않게 많은 시간을 소비한다. 물론 이러한 몰링을 좋아하는 여행자라면 조금 헤매더라도 마음껏 관광하면 좋겠지만, 잠시 식사나 쇼핑을 하러 간다면 홈페이지에서 내가 가고자 하는 곳의 위치를 미리 확인하고 가자. 나오는 길에는 선텍 시티 중앙에 있는 '부의 분수'에서 잠시 소원도 빌어 보자. 소원을 빌고 싶다면 분수에서 물이 나오는 시간(오전 10~12시, 오후 2~4시, 오후 6시~7시 반)에 오른손을 펴서 물에 손을 대고 소원을 빈 후 화살표 방향을 따라 3번 돌면 된다.

동남아 최초의 우표 전문 박물관

싱가포르 우표 박물관 Singapore Philatelic Museum

주소 23-B Coleman St, S 179807 **위치** ❶ 브라스 바사역 또는 시티 홀역에서 도보 10분 ❷ 브라스 바사역 싱가포르 경영대 출구로 나와 퀸 스트리트와 아르메니안 스트리트 따라 도보 10분 **시간** 10:00~19:00 **요금** S$8(성인), S$6(3~12세) *특정 기념일 무료 입장(홈페이지 확인) **홈페이지** www.spm.org.sg **전화** (65)6337-3888

1995년에 문을 연 동남아시아 최초의 우표 박물관으로 총 2층으로 구성돼 있다. 1830년대부터 현재까지 싱가포르 우표는 물론이고, 전 세계의 우표와 우체국 관련 물품을 전시하고 있다. 또한 싱가포르의 생활 역사에 관한 자료가 어린이 체험 공간 중심으로 전시되고 있어서 어린이 교육 장소로 매우 좋다. 그래서 가끔 어린 학생들이 단체로 관람하는 경우가 있으니, 박물관 앞에 대형 버스가 있다면 학생들을 피해 잠시 쉬었다가 관람하자. 우리나라 우표도 있으니 잘 살펴 보기 바란다. 1층에서는 기념품으로 엽서를 사거나, 한국으로 직접 엽서를 보낼 수도 있다. 하지만 아쉽게도 2019년 3월부터 리모델링 공사에 들어가 2020년 말에 오픈 예정이다.

싱가포르 최초의 유일한 자생 문화 박물관

페라나칸 박물관 Peranakan Museum

주소 39 Armenian St, S 179941 **위치** 브라스 바사역 C 출구 싱가포르 경영대 출구로 나와 퀸 스트리트와 아르메니안 스트리트를 따라 도보 약 7분 **시간** 10:00~19:00(토~목), 10:00~21:00(금) **요금** S\$13(성인), S\$9 (학생 및 60세 이상, 학생증 및 신분증 지참), 무료(6세 이하), S\$39(가족, 최대 5명) **홈페이지** www.peranakanmuseum.org.sg **전화** (65)6332-7591

중국계 남성과 말레이계 여성이 결혼해 탄생한 싱가포르만의 새로운 문화가 바로 페라나칸 문화다. 이 박물관에서는 페라나칸 문화와 역사를 한눈에 볼 수 있다. 한국어 안내 책자가 있지만 조금 지루할 수 있다. 싱가포르의 역사적, 문화적 원조를 찾고 싶거나 우표 박물관에 가는 길에 더위에 지쳤다면 둘러볼 만하다. 페라나칸 박물관에서 우표 박물관까지 3분 거리. 현재 리모델링 공사 중이므로 2021년 이후 오픈 예정일 확인하자.

다운타운에서 우연히 만나는 가장 오래된 교회

아르메니안 교회 Armenian Church Of St. Gregory The Illuminator Singapore

주소 60 Hill St, S 179366 **위치 ❶** 브라스 바사역 또는 시티 홀역에서 도보 10분 **❷** 우표 박물관을 나와 1분 거리의 힐 스트리트에서 좌측은 아르메니안 교회, 우측은 중앙 소방서 **시간** 9:00~18:00 **요금** 무료 **홈페이지** armeniansinasia.org **전화** (65)6334-0141

싱가포르에서 가장 오래된 교회로, 시내에 있는 아담하고 예쁜 교회다. 길을 걷다 우연히 마주치는 알토란 같은 관광지다. 위치가 약간 외곽에 있어서 일부러 찾아가는 관광객이 드문 곳이다. 전형적인 관광객 스타일의 여행보다는 현지에 더 가깝게 다가가는 여행을 하고자 한다면 잠시 들러서 구경하기 좋다. 현지인들은 웨딩 촬영 장소로 많이 활용하는 곳인 만큼 사진 찍기에도 좋은 장소다. 입구 정원과 교회 건물 뒤편 정원에 다양한 조각상들이 있으니, 천천히 둘러보자.

싱가포르의 소방 역사를 보여 주는 곳

중앙 소방서 Central Fire Station

주소 62 Hill St, S 179367 **위치** ❶ 브라스 바사역 또는 시티 홀역에서 도보 10분 ❷ 우표 박물관을 나와 1분 거리의 힐 스트리트에서 좌측은 아르메니안 교회, 우측은 중앙 소방서 **시간** 10:00~17:00(화~일) **요금** 무료입장 **홈페이지** www.scdf.gov.sg/home/community-volunteers/visit-scdf-establishments **전화** (65)6332-3000

고풍스럽게 지어진 빨간색 벽돌 건물이 싱가 포르 중앙 소방서다. 우선 주변과 비교해 독 특한 건물이 기념사진 찍기 좋으며, 월요일 을 제외하고 오전 10시부터 17시까지 싱가 포르 소방 역사에 대한 무료 전시 관람도 가 능하니 관심이 있으면 챙겨 보자.

볼거리, 즐길 거리가 가득한 미술관

국립 미술관(구 시청 & 대법원) National Gallery Singapore

주소 1 St Andrew's Rd, S 178957 **위치** ❶ 시티 홀역 B 출구에서 도보 5분 ❷ 세인트 앤드류 성당 공원에서 도로 하나만 건너면 바로 **시간** 10:00~19:00(토~목), 10:00~21:00(금) **요금** S$20(성인), S$9(학생 및 60 세 이상, 학생증 및 신분증 지참), 무료(6세이하) **홈페이지** www.nationalgallery.sg **전화** (65)6271-7000

넓은 잔디밭 앞에 딱 보기에도 뭔가 유서 깊 은 곳이라는 느낌이 드는 곳이다. 싱가포르 국립 미술관은 싱가포르와 동남아시아 지역 의 예술 작품들을 세계에서 가장 많이 보유 하고 있다고 한다. 또한 유명한 작품이나 유 명 작가의 작품을 자주 전시하기 때문에 시 기만 맞는다면 유럽에서 줄 서서 봐야 하는 전시도 편히 감상할 수 있다. 특히 보기만 하 는 전시가 아니라 전시에 따라 다양한 무료 체험도 가능하기 때문에 들러서 경험해 보는

것도 특별한 경험이 될 것이다. 연중 다양한 축제와 이벤트를 열어 볼거리도 많고 체험할 거리도 많다. 싱가포르를 여행할 예정이라면 미리 홈페이지를 확인해서 어떤 축제가 있는 지 미리 확인해 보고 들르면 즐거운 체험을 할 수 있을 것이다. 위치도 조금만 걸어 내려 가면 앤더슨 브리지를 통해 머라이언 파크에 갈 수 있으니 머라이언 파크를 구경하고 땀 을 식히러 들르기 좋은 곳이다.

법률 역사와 전망대가 있는 곳

대법원 Supreme Court Of Singapore

주소 1 Supreme Court Lane, S 178879 **위치** ❶ 시티 홀역 B 출구에서 도보 10분 ❷ 국립 미술관에서 도보 3분 **시간** 8:30~18:00(월~금) **휴무** 토, 일요일 **요금** 무료입장 **홈페이지** www.supremecourt.gov.sg **전화** (65)6336-0644

올드 시티를 다니다 보면 한 건물 꼭대기에 UFO처럼 생긴 원반이 있는 것이 눈에 띈다. 이 건물은 영국의 유명한 건축가가 설계한 건물로, 현재의 대법원 건물이다. 제2차 세계 대전 때 일본이 항복 서명을 했던 곳이자 영국으로부터 싱가포르가 독립했음을 공표했던 역사적인 장소다. 기념사진을 찍는 것 외에도, 더위를 식히며 전망대에 올라 시내를 내려다보기에 좋은 장소다. 단, 짐 검사를 해야 하고 카메라 촬영은 금지다.

싱가포르 의회 중심지

국회 의사당 Parliament Of Singapore

주소 1 Parliament Pl Parliament House, S 178880 **위치** ❶ 시티 홀역 B 출구에서 도보 10분 ❷ 대법원에서 도보 3분 **시간** 8:30~18:00(월~금) **휴무** 토, 일요일 **요금** 무료입장 **홈페이지** www.parliament.gov.sg **전화** (65)6332-6666

현재 싱가포르의 국회 의사당으로, 1999년 구 국회 의사당인 아트 하우스에서 이곳으로 이사했다. 총 면적 2.2ha의 대지 위에 자리 잡은 좌우 대칭의 건물이 인상적이다. 지붕은 전통적인 붉은빛을 사용했고 외벽은 회색 대리석으로 마감했다. 국회 의사당 안에는 싱가포르 의회 역사에 대한 전시관도 있으나, 왠지 쉽게 들어가기 어려운 분위기다.

싱가포르 역사가 묻어 있는 예술 전시관

아트 하우스 The Art House

주소 1 Old Parliament Lane, S 179429 위치 시티 홀역 B 출구에서 도보 15분 시간 10:00~22:00/ 유료 전시회 10:00~20:00(월~금) 휴관 토~일·공휴일 요금 무료(유료 전시회는 전시마다 다름) 홈페이지 www. theartshouse.sg 전화 (65)6332-6900

구 국회 의사당 건물로, 1827년에 지어져 싱가포르에서 가장 오래된 정부 청사로 이름을 날렸다. 2004년에 문화 전시 및 공연장으로 탈바꿈했다. 무엇보다 흰색과 베이지색으로 마감된 유럽식 건물 외관이 매우 아름답고, 내부에서는 사진, 회화, 설치 예술 등 다양한 장르의 전시회와 공연이 수시로 열린다. 야간에는 아트 하우스 내 팀버 레스토랑에서 공연을 보는 것을 추천한다. 전시회에 관심이 없는 관광객에게도 아트 하우스 1층, 2층 무료 전시장은 조용히 더위를 식히기에 최적의 장소다.

인사이드 아트 하우스

팀버 아트 하우스 Timbre@The Arts House

시간 18:00~다음 날 1:00(월~목), 18:00~다음 날 2:00(금~토), 18:00~24:00(일) 가격 S$50 이상(피자+맥주) 홈페이지 timbregroup.asia/timbresg/ 전화 (65)6336-3386

고풍스러운 아트 하우스 내에 위치한 레스토랑으로, 싱가포르강의 강바람과 함께 멋진 음악을 들으며, 분위기 있게 맥주 한잔을 마실 수 있는 곳이다. 홈페이지에서 라이브 공연 정보를 미리 확인해 보고 시간을 맞추면 더 즐거운 식사를 할 수 있다. 2인이 보통 오리 고기 피자와 맥주 한 잔씩 할 경우 최소 S$50 이상으로 예산을 잡으면 된다.

싱가포르 건국의 아버지
래플즈 동상 Statue of Raffles

주소 Statue of Raffles 9 Empress Pl, S 179556 **위치** ❶ 시티 홀역 B 출구에서 도보 15분 ❷ 아트 하우스 바로 뒤쪽 강변

래플즈는 식민지 시대 자바섬을 통치한 영국 부총독의 이름이다. 전체 이름은 토마스 스탬포드 래플즈며, 1781년 자메이카에서 태어났다. 래플즈 경은 영국의 무역 기지로 개척할 땅을 찾아 동남아시아 말라카 해협의 지형 조사를 마치고, 1819년에 싱가포르에 첫발을 디뎠다. 이후 싱가포르가 동남아 교역의 중심이 되는 데 큰 공헌을 하여 싱가포르 건국의 아버지로 불린다. 현재 '래플즈 상륙지'라고 불리는 강변에 있는 흰색 동상은 싱가포르 건국 150주년이었던 1961년에 만들어진 복제품이며, 원본 동상은 다른 곳에 있다. 비록 복제품이긴 하지만, 흰색 동상이 강변의 높은 빌딩들 사이에 잘 어울린다. 기념 사진을 남기기에 더없이 좋다.

> 🔎 **TIP** 오리지널 래플즈 동상 찾아가기
> - 빅토리아 극장 Victoria Theatre and Victoria Concert Hall
> - 주소: 9 Empress Pl, S 179556
> 흰색 동상보다 더 오래된 원본 동상은 어두운 청동 동상으로, 흰색 동상 바로 뒤편 빅토리아 극장에 위치한다. 흰색 래플즈 동상에서 뒤를 돌아 아트 하우스 맞은편 건물의 반대쪽에 위치하니, 아시안 문명 박물관을 보고 나서 들르는 것을 추천한다.

아시아 역사 문화의 발전사가 있는 곳

아시아 문명 박물관 Asian Civilisations Museum

주소 1 Empress Pl, S 179555 **위치 ❶** 시티 홀역 B 출구 또는 래플즈 플레이스역 A 혹은 B 출구에서 도보 15분 **❷** 래플즈 동상 바로 뒤쪽 나무들 사이 **시간** 10:00~19:00(토~목), 10:00~21:00(금) **요금** S$20(성인), S$15(학생 및 60세 이상, 학생증 및 신분증 지참), 무료(6세 이하), *금요일 밤(19시~21시) 50% 할인 **홈페이지** www.acm.org.sg **전화** (65)6332-7798

아시아 문명 박물관은 동남아시아를 중심으로 아시아 전반의 역사 문화의 발전 과정을 전시해 놓은 박물관으로서, 아직 한국어 안내 서비스는 없다. 박물관 건물은 1865년 법원 청사로 지어진 이후 등기소와 조폐국 건물로도 쓰였으며, 1989년부터 엠프레스 플레이스(Empress Place Museum) 박물관으로 불리우다 2003년부터 아시아 문명 박물관으로 재개관했다. 10개의 갤러리와 1,300여 개의 전시물이 있으며 싱가포르 역사부터 중국, 동남아, 중동 문명까지 다채로운 아시아 문명에 관해 소개하고 있다. 아이들과 함께하는 여행이라면 교육적 측면에서도 좋은 곳이다. 또한 무료 입장 기간도 있으니 이를 잘 활용하자.

마리나 베이
MARINA BAY

싱가포르 대표 랜드마크 여행지

싱가포르의 강과 바다가 만나는 곳에 위치한 마리나 베이는 싱가포르의 대표적인 랜드마크 지역이다. 마리나 베이에는 물을 뿜는 머라이언 석상을 중심으로 과거 우체국이었던 플러튼 호텔, 부두의 역사를 간직한 플러튼 베이 호텔이 있으며, 싱가포르 금융 경제의 중심지인 래플즈 플레이스와 싱가포르의 오페라 하우스 에스플러네이드 극장도 연결돼 있다. 머라이언 파크 주변에서 강 건너편의 마리나 베이 샌즈 호텔을 감상하고, 고풍스러운 건물들과 현대적인 건물들이 어우러진 마리나 베이의 매력을 느껴 보자. 기념사진 찍을 곳이 너무 많아 부지런히 돌아다니느라 지친 몸은 밤에 라우 파 삿에서 사떼와 시원한 맥주로 풀어 보자.

마리나 베이

싱가포르 플라이어 Singapore Flyer

싱가포르 푸드 트레일 Singapore Food Trail

가든스 바이 더 베이 Gardens By The Bay

마리나 베이 Marina Bay

만다린 오리엔탈 호텔 Mandarin Oriental Hotel

리츠칼튼 밀레니아 호텔 The Ritz-Carlton, Millenia Singapore

마칸수트라 글루턴스 베이 Makansutra Gluttons Bay

에스플러네이드 야외 공연장 Esplanade Outdoor Theatre

더 플로트 마리나 베이 The Float @ Marina Bay

마리나 베이 샌즈 호텔 Marina Bay Sands

더 숍스 The Shoppes

베이프런트역 BayFront

에스플러네이드 극장 Esplanade – Theatres on the Bay

노 사인보드 시푸드 레스토랑 No Signboard Seafood Restaurant

오르고 Orgo

주빌리 브리지 Jubilee Bridge

스타벅스 워터보트 하우스 Starbucks The Fullerton Waterboat House

머라이언 파크 Merlion Park

더 풀러튼 호텔 The Fullerton Hotel

더 코트야드 The Courtyard

원 풀러튼 One Fullerton

더 클리포드 피어 The Clifford Pier

더 랜딩 포인트 The Landing Point

랜턴 바 Lantern Bar

킨키 루프톱 바 Kinki Rooftop Bar

풀러튼 베이 호텔 The Fullerton Bay Hotel

풀러튼 헤리티지 The Fullerton Heritage

레벨 33 LeVeL 33

Sheares Ave

Bayfront Ave

Bayfront Ave

Marina Blvd

아트 하우스 The Arts House

아시아 문명 박물관 Asian Civilisations Museum

싱가포르강 Singapore River

앤더슨 브리지 Anderson Bridge

카베나 브리지 Cavenagh Bridge

강변 동상군

더 샐러드 숍 The Salad Shop

원 알티튜드 1-Altitude

래플즈 플레이스역 Raffles Place

래플즈 플레이스 공원 Raffles Place St.

텔록 에이어 Telok Ayer

라우 파 삿 Lau Pa Sat

텔록 에이어 마켓 Telok Ayer Market

Raffles Quay

St Andrew's Rd

Connaught Dr.

Raffles Ave

Hill St.

High St.

Parliament Pl.

마리나 베이 COURSE

대표 코스

싱가포르의 상징 머라이언 파크를 중심으로 호텔에서 차를 마시거나 옛 건축물과 현대적 빌딩이 어우러진 거리를 거닌다. 총 3시간 정도 소요되며 마리나 베이의 다양한 모습을 사진으로 남길 수 있다.

시티 홀역 A 출구 →도보 5분→ 시티 링크 몰 →도보 10분→ 에스플러네이드 극장 →도보 10분→

머라이언 파크

래플즈 플레이스역 ←도보 3분← 강변 동상 ←도보 3분← 플러튼 호텔 ←도보 1분← 스타벅스 워터보트 하우스 ←도보 3분←

스카이라인을 즐기는 코스

싱가포르 플라이어를 타기 위해 시티 홀역에서 출발하는 코스다. 햇빛을 맞으며 제법 먼 거리를 걸어야 한다. 총 2시간 정도 소요된다.

시티 홀역 A 출구 →도보 5분→ 시티 링크 몰 →도보 10분→ 에스플러네이드 극장 →도보 5분→

싱가포르 플라이어 ←도보 5분← 헬릭스 브리지 ←도보 3분← 더 플로트 마리나 베이

TIP 에스플러네이드 극장에서 헬릭스 브리지로 가는 길에 수상 축구장을 볼 수 있다. 바로 '더 플로트 엣 마리나 베이(The Float @ Marina Bay)'다. 따로 관광할 거리는 없지만 유명한 곳이니 눈도장을 찍고 가자.

마리나 베이 & 올드 시티 연계 코스

역사·문화 탐방 코스다. 올드 시티와 마리나 베이를 두루 볼 수 있다. 총 2시간 30분 정도 소요되는데 더위를 피할 수 있는 곳이 많지 않다.

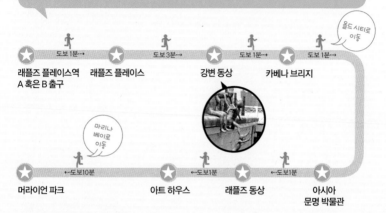

올드 시티로 이동

🚶 도보 1분⋯ 🚶 도보 3분⋯ 🚶 도보 1분⋯ 🚶 도보 1분⋯

⭐ 래플즈 플레이스역 A 혹은 B 출구 ⭐ 래플즈 플레이스 ⭐ 강변 동상 ⭐ 카베나 브리지

마리나 베이로 이동

⭐ 머라이언 파크 ⋯도보10분 ⭐ 아트 하우스 ⋯도보1분 ⭐ 래플즈 동상 ⋯도보1분 ⭐ 아시아 문명 박물관

TIP 래플즈 동상과 아트 하우스를 보고 난 후 계속 올드 시티 지역에 남아서 국립 미술관과 세인트 앤드류 성당, 래플즈 시티를 둘러보는 방법도 있다. 또는 머라이언 파크에서 플러튼 호텔과 워터보트 하우스를 거쳐 라우 파 삿에 가서 식사를 하거나, 싱가포르강을 따라 보트 키를 거쳐 클락 키로 가는 코스도 좋다.

플러튼 헤리티지 코스

플러튼 헤리티지 역사·문화 탐방 코스다. 복장과 포즈를 준비하고 상징적인 건물 앞에서 기념 사진을 남기자. 총 2시간 30분 정도 소요되며 차이나타운으로 이동하기 좋다.

🚶 도보 1분⋯ 🚶 도보 3분⋯ 🚶 도보 1분⋯ 🚶 도보 1분⋯

⭐ 래플즈 플레이스역 A 혹은 B 출구 ⭐ 래플즈 플레이스 ⭐ 강변 동상 ⭐ 카베나 브리지

⭐ 플러튼 베이 호텔 ⋯도보 3분⋯ ⭐ 머라이언 파크 ⋯도보 3분 ⭐ 스타벅스 워터보트 하우스 ⋯도보1분 ⭐ 플러튼 호텔

TIP 다양한 느낌의 인증샷을 찍기 위해서 햇빛을 잘 받을 수 있는 오후 시간을 추천한다. 다 둘러본 후에는 라우 파 삿으로 이동해 식사를 하거나 레벨33으로 가서 수제 맥주와 함께 스카이라인을 감상해도 좋다.

플러튼 헤리티지
Fullerton Heritage

플러튼 지역(플러튼 로드)은 역사적 유산과 현대의 세련된 시설 및 서비스가 조화를 이루고 있어 '플러튼 헤리티지'라는 명칭으로 불리기 시작했다. 마리나 베이 샌즈 호텔을 등지고 머라이언 석상을 찾아 정면으로 바라보면, 머라이언 석상 좌측 방향으로 순서대로 플러튼 헤리티지 관광지들을 확인할 수 있다. 플러튼 헤리티지 웹사이트(thefullertonheritage.com)나 인터넷에서 '클리포드 피어(Clifford Pier)'로 검색해 과거의 사진을 미리 확인하고 간다면, 초창기 동남아 무역항으로 발돋움하던 싱가포르의 역사를 이해하는 데 큰 도움이 된다.

세관 사무소
Customs House

등대 관측소처럼 보이는 작은 타워가 있다. 과거에는 세관 사무소였으며, 현재는 식당들이 즐비하다. 특히 3층에 있는 긴키 루프톱 바가 유명하다.

플러튼 베이 호텔
The Fullerton Bay Hotel

최신 스타일의 특급 호텔로, 6층 루프톱에 있는 랜턴 바가 유명하다.

클리포드 피어
Clifford Pier

과거에는 부두였다. 현재는 플러튼 베이 호텔에서 운영하는 더 클리포드 피어(The Clifford Pier) 레스토랑이다.

© REDXIII

플러튼 파빌리온
The Fullerton Pavilion

유리 돔 구조로, 수상 레스토랑, 바, 클럽이자 수상 전망대 역할도 한다.

원 플러튼
One Fullerton

식당가로, 1층 스타벅스에서 휴식과 함께 풍경을 감상하기 좋으며, 특히 야간에 인기 좋은 휴식처다.

플러튼 호텔
The Fullerton Hotel

1928년에 세워진 건축물로 과거 우체국이자 수출입 사무소, 상공회의소 등 각종 관공서로 사용됐던 곳이다. 현재는 최고급 호텔로 애프터눈 티가 유명하다.

플러튼 워터보트 하우스
Fullerton Waterboat House

과거 선박들의 물 공급처로서 자투리 공간을 활용한 곡선의 미가 돋보이는 건물이다. 현재는 싱가포르 스타벅스 100호점이 입점해 있다.

머라이언 파크
Merlion Park

머라이언은 '바다의 사자'라는 뜻이다. 1972년에 석상이 세워졌으며, 싱가포르를 대표하는 랜드마크다.

©REDXIII

싱가포르 항구 역사를 알려 주는 세련된 특급 호텔

플러튼 베이 호텔 The Fullerton Bay Hotel

주소 80 Collyer Quay, S 049178 **위치** 래플즈 플레이스역 A 혹은 B 출구에서 체인지 앨리(Change Alley) 아케이드 브리지 넘어 도보 5분 **홈페이지** www.fullertonhotels.com **전화** (65)6333-8388

플러튼 베이 호텔은 2010년에 문을 연 특급 호텔로, 건물 전체가 유리로 되어 있다. 마리나 베이 샌즈 호텔이 한눈에 바라다보이는 곳에 위치한 고급 부티크 호텔로서 수차례 세계적인 상을 받은 특급 호텔이다. 최근에 지어진 건물답게 본관 입구부터 실내 곳곳에 이르기까지 세련된 호텔의 모습을 지니고 있다. 인테리어는 현대적인 세련미와 클래식한 전통미가 자연스럽게 조화를 이루고 있다. 호텔 투숙객에게는 마리나 베이 주변 유적지에 대한 무료 가이드 투어를 제공하고 있으니 신청해서 서비스를 즐겨 보자. 투숙객이 아니더라도 호텔 루프톱에 위치한 '랜턴 바'

에서 칵테일을 즐기거나, 1층의 '더 랜딩 포인트' 레스토랑에서 애프터눈 티를 즐기기 위해 찾아오는 관광객이 많다.

인사이드 플러튼 베이 호텔

랜턴 바 Lantern Bar

위치 플러튼 베이 호텔 6층 루프톱 바 **시간** 10:00~
다음 날 1:00(일~목), 10:00~다음 날 2:00(금~토)
가격 S$20~30 **홈페이지** www.fullertonhotels.
com **전화** (65)6597-5299

플러튼 베이 호텔 6층에 위치한 루프톱 바로
10시에 시작해서 요일에 따라 새벽 1시, 2시
까지 운영한다. 예약하면 야경 감상하기 좋
은 자리에 앉을 수 있는데 이왕이면 스펙트
라 쇼하는 시간에 가서 마리나 베이 샌즈 호
텔에서 하는 레이저 쇼를 감상하면 더 좋다.

©Singapore Tourism Board

더 랜딩 포인트 The Landing Point

위치 플러튼 베이 호텔 1층 **시간** 15:00~17:30(주중), 12:00~14:00, 15:00~17:00(주말, 공휴일) **가격** 평
일 S$50(성인), S$25(어린이) / 주말 S$55(성인), S$28(어린이) **홈페이지** www.fullertonhotels.com **전화**
(65)6597-5277

플러튼 베이 호텔 1층에 위치한 이 카페는 애
프터눈 티를 즐길 수 있는 곳으로 유명하다.
애프터눈 티 운영 시간은 주중에는 오후 3시
부터 5시 30분, 주말에는 12시부터 2시, 3시
부터 5시까지이다. 10가지의 TWG 차와 디
저트를 뷔페식으로 즐길 수 있다.

더 랜딩 포인트

역사적 가치가 있는 최고급 호텔

플러튼 호텔 The Fullerton Hotel

주소 Fullerton Square, S 049178 **위치** 래플즈 플레이스역 A 혹은 B 출구에서 강변 쪽으로 도보 약 3분 **홈페이지** www.fullertonhotels.com **전화** (65)6733-8388

싱가포르강의 가장 끝자락에 위치한 플러튼 호텔은 싱가포르의 최고급 호텔 중 하나로 건물 자체로도 역사적 의미가 있는 곳이다. 싱가포르 건국 100주년인 1928년에 완공된 이 건축물은 당시 영국 총독인 클리포트 경이 초대 총독의 이름을 빌려 플러튼으로 정했디. 플러튼 호텔은 건물의 나이만큼 다양한 모습의 역사를 자랑하는데 초기에는 상공회의소 및 수출입 사무소 등의 정부 건물로 사용되다가 제2차 세계 대전 당시에는 영국군의 임시 병원으로도 사용됐다. 이후 중앙 우체국으로 사용되던 건물을 개조해 2001년에 현재의 플러튼 호텔로 새롭게 태어났다. 플러튼 호텔에서 추천할 만한 것은 오랜 역사를 가지고 있는 건물 그 자체이므로 호텔을 배경으로 기념사진을 찍고, 호텔 내에서 애프터눈 티를 맛보자.

더 코트야드 The Courtyard

위치 호텔 아트리움 로비 **시간** 애프터눈 티 15:00~18:00(월~금)/ 14:00~16:00, 16:30~18:00(토~일·공휴일) **가격** 주중 S\$50(성인), S\$25(어린이) / 주말, 공휴일 S\$55(성인), S\$27(어린이) **홈페이지** www.fullertonhotels.com **전화** (65)6877-8129

호텔 아트리움 로비에 있는 더 코트야드는 남쪽과 북쪽 두 구역으로 나누어지는데 호텔 투숙객은 조금 더 조용한 남쪽으로 안내된다. 애프터눈 티가 훌륭한 이곳은 TWG 차와 함께 케이크와 푸딩, 마카롱, 샌드위치 등을 눈과 입으로 즐길 수 있다. 3단 트레이에 담겨 나오는 다양한 디저트를 무제한으로 리필

해먹을 수 있다는 큰 장점이 있는 곳이다.

싱가포르 필수 기념사진 장소

머라이언 파크 Merlion Park

주소 One Fullerton, S 049213 **위치 ❶** 래플즈 플레이스역에서 도보 10분 **❷** 플러튼 호텔에서 마리나 베이 쪽으로 길 건너 주빌리 브리지(Jubilee Bridge)와 바로 연결

상체는 육지 동물인 사자, 하체는 바다 동물인 물고기의 모습을 한 머라이언은 '바다의 사자'라는 의미를 가지고 있는데, 머라이언 파크에서 가장 잘 관람할 수 있다. 머라이언 파크의 머라이언 석상은 1972년에 8.6m의 높이로 세워졌으며, 거대한 물줄기를 뿜는 석상 뒤쪽으로 새끼 머라이언이 숨어 있다. 2009년에 번개에 맞아 수리를 했지만 여전히 그 굳건함을 자랑한다. 싱가포르를 대표하는 랜드마크답게 밤이건 낮이건 항상 사람들이 몰려든다. 여행자들이 가장 즐기는 머라이언 석상과의 기념사진으로는 머라이언이 내뿜는 물을 받아먹는 다소 장난스러운 사진과 마리나 베이 샌즈 호텔과 머라이언 석상을 뒤로 하여 싱가포르 느낌을 충만하게 담은 사진을 꼽을 수 있다. 이 두 가지

기념사진을 필두로 자신만의 신선한 사진을 남겨 보자.

관광, 쇼핑, 커피까지 모두 해결할 수 있는 곳
스타벅스 워터보트 하우스 Starbucks The Fullerton Waterboat House

주소 3 Fullerton Rd #02-01/02/03 Fullerton Waterboat House, S 049215 **위치 ❶** 래플즈 플레이스역에서 도보 7분 **❷** 플러튼 호텔 건너편 **시간** 8:00~23:00(일~목), 8:00~24:00(금~토) **가격** S\$5 내외 **홈페이지** www.starbucks.com.sg **전화** (65)6536-0849

1940년대에 지어진 이 건물은 마리나 베이를 드나들던 배들을 관리하는 사무소였다. 곡선 발코니와 우아한 외관을 갖춘 아르데코 스타일의 건물로, 2014년 발렌타인 데이에 싱가포르 내 100호점이 오픈했다. 지친 몸과 마음을 쉬기에 적당한 곳이지만, 이곳에서만 구입 가능한 100호점 기념 한정판 텀블러가 더 많은 사람을 이끌곤 한다. 이 텀블러는

'한정판'답게 판매 완료가 된 경우가 많다. 그러므로 텀블러가 들어오는 매주 화요일을 잊지 말자.

마리나 베이 샌즈 호텔을 바라보며 즐기는 일본식 클럽
긴키 루프톱 바 Kinki Rooftop Bar

주소 70 Collyer Quay #02-02 Customs House, S 049323 **위치** 래플즈 플레이스역 A 혹은 B 출구에서 체인지 앨리(Change Alley) 아케이드 브리지를 건너 플러튼 베이 호텔을 바라보며 우측으로 도보 2분 **시간** 17:00~24:00(월~목), 17:00~새벽 끝날 때까지(금~토)/ 해피아워 1+1 행사 17:00~20:00(월~금), 18:00~21:00(토) **가격** S\$20 미만(맥주), S\$20 이상(위스키와 칵테일) **홈페이지** www.kinki.com.sg **전화** (65)6533-3471

플러튼 베이 호텔 옆, 과거에는 세관으로 사용되던 건물에 위치하고 있는 긴키는 2층이 일본식 레스토랑, 3층이 루프톱으로 운영된다. 긴키의 루프톱 바가 인기 있는 이유는 바로 마리나 베이를 바라보면서 밤새 즐길 수 있는 클럽이기 때문이다. 그래서인지 여행자들은 보통 2층 레스토랑은 건너뛰고 바로 3층 루프톱 바를 즐기러 간다. 긴키를 찾는 방법은 마리나 베이 강변을 따라가다가 등대처럼 보이는 건물을 찾으면 되는데 그 건물 끝의 안쪽

에 있는 엘리베이터를 이용하면 바로 올라갈 수 있다. 일본식 클럽답게 사케도 있으니 취향에 따라 가볍게 술도 즐겨 보자.

야외 공연장

싱가포르의 오페라 하우스, 문화 예술의 중심지

에스플러네이드 극장 Esplanade - Theatres on the Bay

주소 1 Esplanade Dr, S 038981 **위치** ❶ 시티 홀역 A 출구에서 래플즈 시티 링크 몰을 거쳐 도보 약 15분 ❷ 에스플러네이드역에서 시티 링크 몰을 거쳐 도보 약 10분 ❸ 래플즈 플레이스역 A 혹은 B 출구로 나와 플러톤 호텔과 머라이언 파크를 지나 주빌리 브리지(Jubilee Bridge)를 건너 도보 약 20분 **시간** 10:00~20:00(월~금), 11:00~20:00(토) **요금** 유료 공연 관람 외 무료입장 **홈페이지** www.esplanade.com **전화** (65)6828-8377

두리안이 어떻게 생긴 과일인지 아는 사람이라면 더 흥미를 느끼는 곳이 에스플러네이드 극장이다. 두리안을 닮은 2개의 돔으로 구성됐기 때문이다. 싱가포르의 오페라 하우스이자 우리나라로 치면 예술의 전당과 같은 곳이다. 에스플러네이드 극장은 1970년 초 싱가포르 정부가 문화 강국의 이미지를 보여 주기 위한 프로젝트로 계획했다. 국민들의 심한 반대에도 꿋꿋이 진행돼 결국 2002년에 공식적으로 싱가포르 예술 종합 단지로 개관했다. 현재는 대규모 극장과 콘서트 홀, 갤러리, 도서관이 함께 있는 복합 문화 공간으로 국민들의 사랑을 받고 있으며 여행자들의 필수 코스로 자리매김했다. 건물 외관은 모두 유리를 사용해 자

연광을 유지하는 한편, 적도 지방의 태양열을 적절히 차단하기 위해 유리 위쪽으로 삼각형 모양의 뾰족한 알루미늄판을 덮었다. 이 모양이 멀리서 보면 두리안과 닮았다고 해서 현지 사람들도 두리안 극장이라고 부른다. 건물 3층에 위치한 에스플러네이드 도서관은 현지 도서관 문화를 느끼며, 더위를 식힐 수 있는 공간이다. 야외 공연장은 주로 야간에 대중음악 중심의 무료 공연이 펼쳐지니, 이곳에서 싱가포르의 대중문화도 느끼고, 바로 옆의 마칸수트라에서 식사도 하고, 야경도 편안히 감상할 수 있다. 에스플러네이드의 루프 테라스는 루프톱 클럽이나 바에 가서 야경을 즐기기 부담스러운 여행자들이 비교적 편안하게 높은 위치에서 야경, 레이저 쇼를 무료로 볼 수 있는 공간이다. 마리나 베이를 열심히 걸어 다닌 여행자들은 에어컨이 나오는 실내가 그리워지는데 이때 에스플러네이드 극장에 들러서 땀도 식히고 자신의 문화적 소양도 높여 보자.

루프 테라스

인사이드 애스플러네이드 극장

노 사인보드 시푸드 레스토랑
No Signboard Seafood Restaurant

위치 에스플러네이드 몰 1층 **시간** 11:00~22:30 **가격** S$150이상(2인 기준) **홈페이지** www.nosign boardseafood.com **전화** (65)6336-9959

싱가포르 여행자들이 사랑하는 칠리 크랩의 양대 산맥으로 점보와 노 사인보드를 꼽는다. 에스플러네이드에는 노 사인보드 시푸드 레스토랑이 입점해 있다. 크랩 시세에 따라 가격이 조금씩 바뀌지만 스리랑카산 크랩이 1kg당 S$100 정도, 프라이드 라이스가 S$22~42, 크리스피 시리얼 프라운은 S$5~13, 타이거 맥주 한 잔은 S$9~10 정도이므로 2인이 세금 포함해서 약 S$200이면 풍족한 식사를 할 수 있다. 최근 비싼 알래스카산 크랩을 추천한다는데, 불편하다는 평이 많다.

오르고 Orgo

위치 에스플러네이드 몰 4층 루프 테라스 **시간** 18:00~다음 날 2:00/ 해피 아워 18:00~20:00 **가격** S$20 미만(맥주), S$20 이상(위스키와 칵테일) **홈페이지** www.orgo.sg **전화** (65)6336-9366

루프 테라스 한쪽에 자리 잡고 있는 칵테일 바로, 야경을 즐기기에 좋으며, 칵테일은 S$20 이상, 감자튀김은 S$12 정도로 예산을 잡고 가면 된다.

야경과 함께 저렴하게 식사를 할 수 있는 곳
마칸수트라 글루턴스 베이 Makansutra Gluttons Bay

주소 8 Raffles Ave #01-15 Esplanade, S 039802 **위치** ❶ 시티 홀역에서 도보 15분(지하보도 이용) ❷ 에스플러네이드 몰 야외 공연장을 등지고 우측과 좌측 **시간** 17:00~다음 날 2:00(월~목), 17:00~다음 날 3:00(금~토), 16:00~다음 날 1:00(일) **가격** S$50 내외 **홈페이지** www.makansutra.com **전화** (65)6336-7025

야경으로 유명한 싱가포르에서 마리나 베이의 야경을 바라보며 저렴하게 식사할 수 있는 호커 센터. 이곳은 사떼부터 칠리 크랩, 굴요리, BBQ 및 각종 동남아 요리를 즐기기에 좋다. 인기 메뉴는 BBQ 윙 또는 사떼와 맥주로, 한국식으로 말하자면 '윙맥'과 '사맥'이 인기가 있다. 칠리 크랩은 S$50 정도에 볶음밥과 번도 함께 먹을 수 있다. 단, 몇몇 여행자들에 의하면 호커 센터 크랩은 뉴튼보다 못

하다는 평이 있으니 맛을 중시한다면 한 번쯤 고민해 보자. 경치가 좋은 강가 쪽에 앉으려면 서둘러 가서 자리를 잡아야 한다.

싱가포르에서 가장 오래된 현수교

카베나 브리지 Cavenagh Bridge

주소 1 Fullerton Square, S 049178 **위치** 래플즈 플레이스역 A 혹은 B 출구에서 보트 키 강변 쪽으로 도보 약 3분

시드니에 하버 브리지가 있듯이 싱가포르에는 카베나 브리지가 있다. 1870년 에딘버러 공작의 방문을 기념하여 에딘버러 브리지로 불리다가 이후 영국 제독의 이름을 따서 카베나 브리지라고 불렀다. 싱가포르의 현수교 중에서 가장 오래된 다리로서 총 길이는 79m이다. 경제의 중심지인 플러튼 헤리티지 지역과 관공서가 몰려 있는 올드 시티 지역을 연결해 주는 역할을 하고 있다. 카베나 브리지는 보행자 전용 다리로 편하게 다닐 수 있다. 양쪽의 빌딩 숲 사이에서 빌딩의 야경과 조화를 이루는 카베나 브리지의 야경을 즐겨 보자.

제1 세대 First Generation

강변의 상인들 The River Merchants

싱가포르강의 길거리 전시관

강변 동상

위치 래플즈 플레이스역 A 혹은 B 출구에서 보트 키 강변 쪽으로 도보 약 3분

보트 키에서 싱가포르항 하구 쪽에는 싱가포르의 역사를 느낄 수 있는 다양한 동상들이 있다. UOB 빌딩 앞에 있는 뚱뚱한 새 모양의 동상은 이름이 모양 그대로 '새(Bird)'로, 1990년에 만들어졌다. 평화와 행복, 삶의 즐거움을 나타낸다. 메이 은행(May Bank) 앞에는 2003년에 만들어진 '강변의 상인들(The River Merchants)'이 있다. 다민족 상인들과 노동자들의 동상은 싱가포르가 상거래와 무역의 중심지였음을 보여 준다. 플러튼 호텔 앞에는 이주 역사 초기 어린이들이 강물로 뛰어드는 모습의 동상이 있는데 '제1 세대(First Generation)'며, '클린 싱가포르 리버' 재건 사업의 결실로 2000년에 만들어졌다.

싱가포르의 월 스트리트에서 느끼는 여유

래플즈 플레이스역 공원 Raffles Place St.

위치 래플즈 플레이스역 A, B 출구 **시간** 24시간 **요금** 무료

래플즈 플레이스역은 A와 B 출구가 서로 마주 보고, 그 사이가 작은 공원으로 꾸며져 있다. 한국으로 치면 여의도 금융가 빌딩 숲 사이에 있는 지하철역인데, 어느 출구로 나오든지 쇼핑몰들이 보이고 최고의 스카이 클럽인 원 알티튜드가 자리하고 있다. 주변의 편의 시설뿐만 아니라 이 공원에는 각종 조각상들이 많다. 이 조각상들은 이곳이 싱가포르 경제의 중심지라는 것, 그리고 미래를 위해 발전해 나가자는 의미를 가지고 있다. 이 공원의 또 다른 묘미는 공원에 앉아 바쁘게 움직이는 싱가포르 회사원의 모습을 보면서 바쁜 사람들 사이에서 나만이 여유롭다는 쾌감을 느낄 수 있다는 것이다.

과거 올드 시티와 싱가포르 항구의 연결로

앤더슨 브리지 Anderson Bridge

주소 1B Fullerton Rd, S 049212 **위치** 래플즈 플레이스역 A 혹은 B 출구에서 보트 키 강변 쪽으로 도보 약 10분

앤더슨 브리지는 카베나 브리지가 많은 화물 교통량을 버티기 힘겨워지자 이를 대체하기 위해 1910년에 만든 70m 길이의 다리다. 앤더슨이라는 이름은 당시 고위 관료의 이름을 딴 것이다. 앤더슨 브리지 위에 서면 한쪽은 차들이 씽씽 달리고 한쪽은 유유히 강물이 흐른다. 이곳에서 보는 야경이 아름다워 많은 여행자의 발걸음이 이어졌으나 현재는 차량용 다리로 활용되고 있어 다리를 도보로 건너는 낭만은 사라졌다.

©Singapore Tourism Board

스카이라인 야경 감상 No.1 포인트

원 알티튜드 1-Altitude

주소 1 Raffles Pl, S 048616 **위치** 래플즈 플레이스역 바로 앞 래플즈 플레이스 빌딩 안(올라가는 입구는 건물 외곽에 별도로 구분) **시간** 갤러리 바(63층) 18:00~다음 날 2:00(일~목), 18:00~다음 날 3:00(화), 18:00~다음 날 4:00(수~토, 공휴일)/ 갤러리 관람(63층) 8:30~17:30(입장 마감 17시)/ 얼티메이트 클럽 22:00~다음 날 4:00(금~토) **요금** S\$40(18~21세), S\$50(21세 이후) **홈페이지** www.1-altitude.com **전화** (65)6438-0410

싱가포르의 가장 높은 건물에 위치한 원 알티튜드는 시티의 가장 높은 위치에서 마리나 베이 샌즈를 볼 수 있는 종합 엔터테인먼트 클럽이자 레스토랑이다. 282m 높이의 63층에는 루프톱 야외 갤러리 바가 있으며, 62층에는 스텔라(Stella) 레스토랑, 61층에는 얼티메이트(Altimate) 클럽이 있다. 17시 이전에 갤러리 바에서 전경을 감상하기 위해서는 음료 한 잔이 포함된 S\$25의 입장료를 지불해야 한다. 야간에는 S\$30의 입장료가 포함된 사전 주문을 해야 올라갈 수 있다. 매주 수요일은 레이디 나이트 프로모션으로 여성은 무료입장 후 바에서 각자 마실 음료만 주문하면 되며, 1인당 약 S\$10~20 정도의 예산이면 된다. 63층 갤러리 바는 밤 10시 이후부터 여성은 21세, 남성은 25세 이상만 입장 가능하고, 61층 얼티메이트 클럽은 여성은 18세, 남성은 21세 이상만 입장 가능하다.

가볍게 아침 식사 하기 좋은 곳

더 샐러드 숍 The Salad Shop

주소 80 Raffles Pl, S 048624 **위치** 래플즈 플레이스역 A 혹은 B 출구에서 보트 키 강변쪽으로 도보 약 3분 **시간** 11: 00~20:00(월~금) **휴무** 토~일요일, 공휴일 **가격** S\$9~13 **홈페이지** www.thesaladshop.com.sg **전화** (65)6536-3686

신선한 야채와 과일, 육류와 해산물, 드레싱 종류 등을 종이에 골라서 적은 후 주문하는 곳이다. S\$9를 시작으로 사이즈, 야채, 과일, 육류, 해산물 선택 수, 종류에 따라 가격이 달라진다. 깔끔한 환경과 부담 없는 가격대로 아침 식사 장소로 추천한다.

빌딩 숲 속에서 동남아의 분위기를 즐길 수 있는 곳

라우 파 샷 Lau Pa Sat

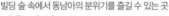

주소 18 Raffles Quay, Lau PA Sat Festival Mkt, S 048582 **위치** 래플즈 플레이스역 E 출구에서 로빈슨 로드 따라 100m 거리 **시간** 24시간(요일마다 파장 시간 다를 수 있음) **가격** 메뉴마다 다름 **전화** (65)6220-2138 **홈페이지** www.laupasat.biz

라우 파 샷은 1825년 형성된 시장으로, 한때 텔록 에이어 마켓으로 불렸으며, 현재는 국가 지정의 호커 센터로 운영되고 있다. 무엇보다 이곳은 야간에 도로를 막아 야외에서 사떼를 맛볼 수 있는 곳으로 유명하다. 낮에도 주변의 직장인들과 관광객들이 식사를 하러 온다. 라우 파 샷은 싱가포르 내 여러 호커 센터 중 시설과 분위기가 가장 세련된 곳이라서, 낮이든 밤이든 다양한 사람들과 섞여서 사떼를 즐기며 여행지의 낭만을 마음껏 누릴 수 있다.

⚑ TIP 라우 파 샷에서 사떼 즐기기

라우 파 샷에서 사떼는 도로에 펼쳐진 식당가에 있으며, 그중에서 7, 8번 식당이 장사가 잘 된다. 7, 8번 식당 모두 한 명의 여자장님이 운영한다. 한국 TV와 가이드북에도 몇 번씩 소개된 곳이라며, 굉장한 친화력을 발휘하는 사장님이다. 사떼를 먹을 때는 보통 세트 메뉴로 먹는다. 7, 8번 식당 기준으로 가장 일반적인 세트 A가 S$26이며, 세트 A에는 치킨 10꼬치, 소 혹은 양 10꼬치, 새우 6꼬치가 나온다. 세트 B는 S$41이며, 치킨 15꼬치, 소 혹은 양 15꼬치, 새우 10꼬치가 나온다. 2~3인 기준으로 세트 A를 시키고, 부족하다면 입맛에 맞는 고기를 낱개로 주문하는 것이 좋다. 또한 안쪽에 다른 식당에서 면이나 밥 요리도 별도로 주문해서 가져와 먹어도 된다. 기본 소스는 땅콩 소스인데, 7, 8번 식당의 경우는 한국인이라고 이야기하면 핫 칠리 소스도 준다. 맥주는 타이거 비어 유니폼을 입은 사람들이 돌아다니며 별도로 주문을 받는다. 싱가포르는 술값이 비싼 편인데, 이곳은 조금 더 비싼 듯하다. 주변 편의점에서 시원한 맥주를 사 와서 먹거나, 한국에서 소주를 공수해와서 먹어도 된다.

마리나 베이 스카이라인을 가장 잘 볼 수 있는 곳

레벨 33 LeVeL 33

주소 8 Marina Blvd #33-01, MBFC Tower 1, S 018981 위치 ❶ 다운타운역에서 도보 5분 ❷ 래플즈 플레이스역과 베이프런트역에서 도보 약 15분 시간 11:30~24:00(월~목), 11:30~다음 날 2:00(금~토), 12:00~24:00(일, 공휴일) 가격 1인당 S$20 내외 홈페이지 www.level33.com.sg/ 전화 (65)6834-3133

레벨 33은 플러튼 헤리티지나 마리나 베이 샌즈에서 조금 떨어져 있지만 10분 정도면 걸어갈 수 있다. 멀리서 보았을 때 스탠다드 차타드 은행 간판이 있는 건물로 찾아가, 건물 로비로 들어와서 좌측으로 돌아가면 레벨 33으로 올라가는 전용 엘리베이터가 별도로 있다. 이름 그대로 33층에 위치한 레스토랑이자 펍이다. 33층에 들어서자마자 보이는 맥주통들을 보는 재미가 있고, 멋진 풍경을 보며 마시는 수제 맥주의 맛은 싱가포르에서 최고로 꼽힌다. 또한 시티와 마리나 베이 샌즈 호텔을 한번에 바라볼 수 있는 풍경은 여

느 루프톱 바와 견주어도 손색이 없다. 가격도 비교적 경제적으로 저녁 8시까지 수제 맥주 300ml에 S$9.9, 500ml에 S$15.5이며, 저녁 8시 이후에는 S$12.9, S$18.5이다. 5종류의 수제 맥주가 각 100ml씩 나오는 샘플러는 S$23.33이다. 이곳에서 아름다운 경치와 분위기 좋은 음악, 이국적인 느낌을 즐기며 맥주를 마셔 보자. 눈과 귀와 입이 모두 즐거운 곳으로 기억에 남을 것이다. 이곳은 해가 질 무렵부터 사람들이 붐비며, 야외 테라스는 좁아서 자리 잡기가 힘들다. 그러나 꼭 야경을 봐야 하는 의무감이 없다면, 낮 시간을 즐겨도 좋다. 오후 3~4시경에 올라가 여유롭게 맥주도 마시고, 파노라마 사진을 찍어 보길 바란다. 맥주는 우선 2인 기준으로 5종류의 테이스팅 수제 맥주를 시키고, 더 마시고 싶다면 그중 입맛에 맞는 맥주를 추가로 시키면 된다.

세계 최고 수준 높이의 대관람차

싱가포르 플라이어 Singapore Flyer

주소 30 Raffles Ave, S 039803 **위치 ❶** 프롬나드역 A 출구에서 도보 15분 **❷** 베이프런트역 C, D 출구에서 도보 15분 **시간** 8:30~22:30(티켓 판매 8:00~22:00) **요금** S$33(13세 이상), S$21(3~12세), S$24(60세 이상), 무료(3세 미만) **홈페이지** www.singaporeflyer.com **전화** (65)6333-3311

TV 여행 프로그램이나 해외 이색 여행지 소개에서 한 번쯤 봤을 만한 곳이 바로 싱가포르 플라이어다. 높이 165m로, 2008년 개장 당시에 세계 최고 높이의 관람차여서 항상 싱가포르 베스트 여행 장소에 빠지지 않고 등장했다. 각 캡슐에는 총 28명까지 탈 수 있으며 360도 조망이 가능하고 한 바퀴 도는 데 30분 정도 소요된다. 참고로 현재 세계에서 가장 높은 관람차는 2014년 개장한 라스베이거스의 하이롤러로 싱가포르 플라이어보다 2.6m 높다. 플라이어에서는 관람뿐 아니라 이벤트도 즐길 수 있다. 싱가포르 슬링 플라이트는 싱가포르 슬링을 즐기는 플라이트로, 1인당 S$69 정도다. 1회전 탑승은 30분 정도며 14시 30분, 16시 30분, 18시 30분, 19시 30분, 20시 30분, 21시 30분에 운행한다. 스카이 다이닝 플라이트는 저녁 식사를 즐기는 플라이트로 커플당 S$328.9(세금 별도) 정도다. 2회전 탑승에 1시간 소요되며, 19시 30분, 20시 30분에 운행하고 30분 전에 체크인해야 한다. 그 밖에 오후에서 밤까지 칵테일 플라이트와 샴페인 플라이트도 슬링과 동일한 가격인 S$69에 운행되고 있다.

> 🎯 **TIP** 싱가포르 플라이어를 타기 전, 생각해 보자!

싱가포르 플라이어는 마리나 베이 스카이라인을 즐길 수 있는 곳이지만, 여행자들에 따라 호불호가 갈린다. 이곳을 여행 버킷리스트에 넣은 여행자들은 아래의 내용을 꼭 읽어보고 결정하기 바란다.

- 플라이어까지 가는 교통이 불편하다. 아침 오픈 시간에 맞춰 지하철로 가는 경우, 베이프런트역에서 내려, 마리나 베이 샌즈 쇼핑몰과 헬릭스 브리지를 거쳐서 가는 루트가 좋다. 이후 히포 버스와 같은 시티투어 버스 티켓을 그곳에서 구매해 다른 관광지로 이동하는 것을 추천한다. 지도상으로는 프롬나드역에서 가까워 보이나, 길 찾기도 힘들고 도보 환경도 열악해 비추천한다.

- 플라이어 탑승은 일반적으로 저녁 노을이 질 때가 베스트 타임으로 알려져 있다. 단, 플라이어 탑승 이후 다른 곳으로 이동하려면 교통편이 나쁘고, 시간이 제법 소요되기 때문에 출출함도 느낄 것이고, 탑승 관람 시 날씨의 영향도 받으니 이를 고려하자.

- 마리나 베이 샌즈 호텔이나 스탬포드 호텔, 리츠칼튼 호텔 등 고층 호텔에 숙소를 잡았다면, 싱가포르 플라이어에서는 스카이라인을 보는 것이 아무 감흥을 주지 못할 수도 있다.

- 플라이어 1, 2층에는 다양한 편의 시설이 있다. 1층에는 싱가포르 푸드 트레일, 덕 투어, 히포 버스 인포메이션 센터, 세븐일레븐 편의점, 야쿤 카야 토스트 테이크아웃 전문점, 2층에는 겐코 마사지 등이 있다. 이곳에서 단지 플라이어 탑승 관람만 할 것인지, 마리나 베이 샌즈 호텔과 연계해 식사도 함께 즐길 것인지도 고려해 보자.

싱가포르 푸드 트리츠 Singapore Food Treats 🍴

위치 싱가포르 플라이어 1층 **시간** 11:00~22:00(일~목), 10:30~23:30(금~토) **가격** S$15 내외(2인 기준)
홈페이지 www.singaporefoodtrail.com.sg **전화** (65)6338-1328

싱가포르 플라이어 1층에 있는 푸드 코트로, 1960년대 싱가포르의 풍경을 콘셉트로 잡았다. 비교적 저렴하게 출출함을 달랠 수 있다. 가장 추천할 만한 것은 사떼를 파는 올드 에어포트 로드(Old Airport Road)의 튀김인데, 치킨, 어묵, 새우 등 1개당 S$1씩이다. 매콤함을 원하는 사람에게는 핫 칠리소스도 준다. 튀김 몇 꼬치와 국수 한 그릇에 2인 기준 S$15 정도로, 저렴하면서 만족할 만한 간식이다.

마리나 베이 샌즈
MARINA BAY SANDS

여행자들의 발길을 이끄는 어메이징 플레이스

마리나 베이 샌즈 호텔은 세계 최고 수준의 복합 리조트 단지다. 특히 200m 높이의 인피니티 풀에서의 아찔한 기념사진은 여행자들이 싱가포르를 여행하는 첫 번째 이유가 된 지 오래됐다. 또한 고급 쇼핑몰과 레스토랑, 공연, 박물관, 스카이 댄스 파티가 있어 단지 상상만으로도 즐거워지는 곳이다. 또한 가든스 바이 더 베이의 초대형 실내 정원과 황홀한 야간 슈퍼트리 쇼를 보고 있으면, 영화 〈아바타〉 속 주인공이 된 듯한 느낌을 받을 수도 있다.

©Panom

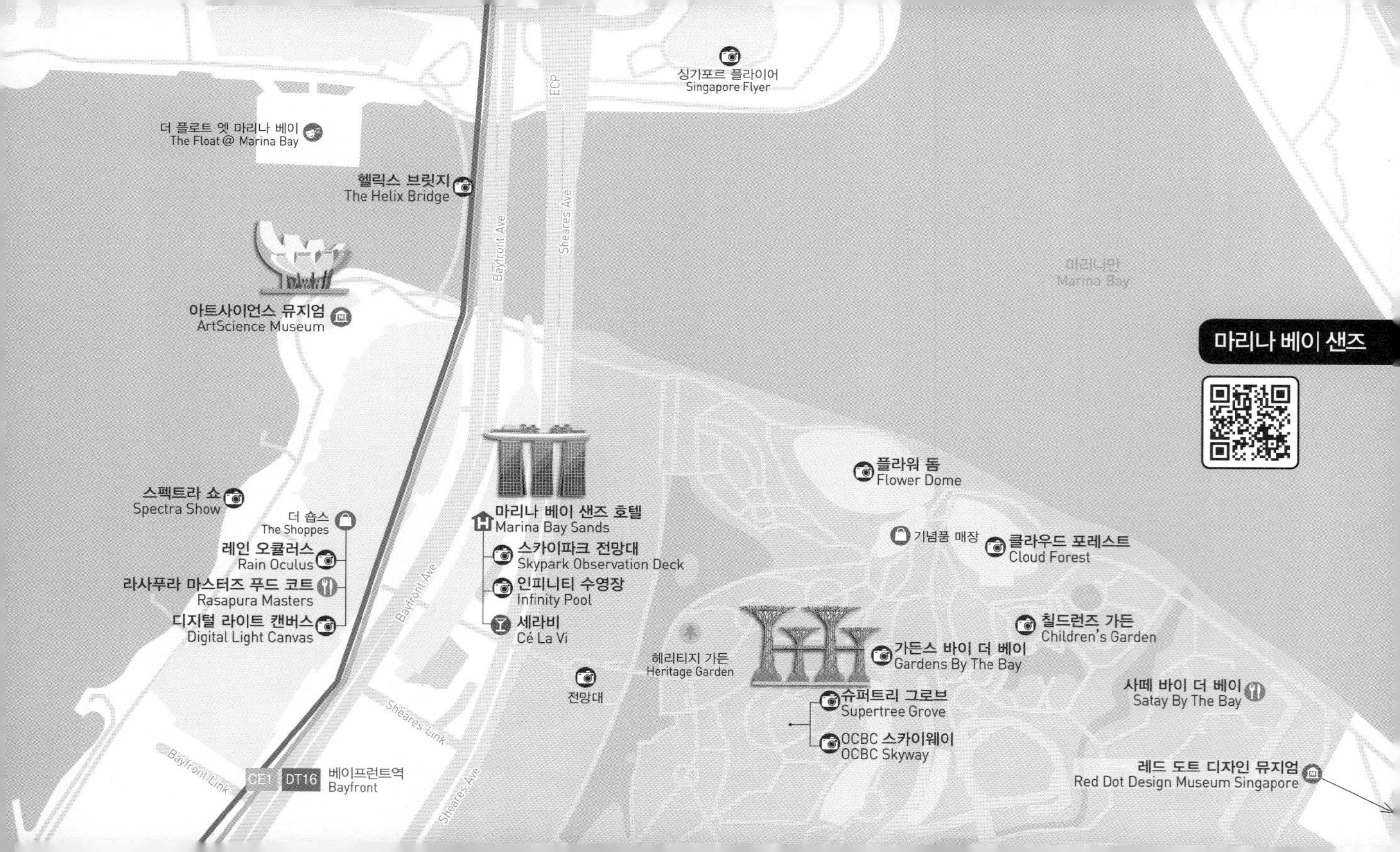

마리나 베이
Marina Bay

더 플로트 앳 마리나 베이
The Float @ Marina Bay

아트사이언스 뮤지엄
ArtScience Museum

헬릭스 브릿지
The Helix Bridge

싱가포르 플라이어
Singapore Flyer

스펙트라 쇼
Spectra Show

레인 오큘러스
Rain Oculus

라사푸라 마스터즈 푸드 코트
Rasapura Masters

디지털 라이트 캔버스
Digital Light Canvas

더 숍스
The Shoppes

마리나 베이 샌즈 호텔
Marina Bay Sands

스카이파크 전망대
Skypark Observation Deck

인피니티 수영장
Infinity Pool

세라비
Cé La Vi

플라워 돔
Flower Dome

기념품 매장

클라우드 포레스트
Cloud Forest

칠드런스 가든
Children's Garden

사태 바이 더 베이
Satay By The Bay

레드 도트 디자인 뮤지엄 Singapore
Red Dot Design Museum Singapore

가든스 바이 더 베이
Gardens By The Bay

슈퍼트리 그로브
Supertree Grove

OCBC 스카이웨이
OCBC Skyway

헤리티지 가든
Heritage Garden

전망대

베이프론트역
Bayfront

CE1 DT16 Bayfront

ECP

Sheares Ave

Bayfront Ave

Sheares Link

Bayfront Ave

Sheares Ave

@Bayfront Link

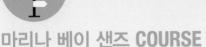

마리나 베이 샌즈 COURSE

마리나 베이 샌즈 꽉 찬 코스

마리나 베이 샌즈 지역을 하루에 보는 코스로, 총 6시간 이상 소요된다. 점심 식사 전후로 시작해 여러 관광지를 둘러보고 야간 스펙트라 쇼까지 관람할 수 있다.

⭐ 베이프런트역
D 출구

··· 도보 7분 ···➡

⭐ 아트사이언스
뮤지엄

··· 도보 3분 ···➡

⭐ 마리나 베이 샌즈
쇼핑몰 식사

··· 도보 10분 ···➡

⭐ 마리나 베이 샌즈
쇼핑몰 둘러보기

⬅··· 도보 10분 ···

⭐ 스카이파크
전망대

⬅··· 도보 15분 ···

⭐ 가든스 바이 더 베이

TIP 마리나 베이 샌즈 호텔 중심의 코스지만, 매우 커서 이동 시간이 제법 소요된다. 본 코스 이후 약속이 있거나, 다른 코스가 계획돼 있다면 본 코스의 예상 시간을 조금 여유있게 갖도록 하자.

아이가 있는 가족을 위한 하루 코스

가든스바이 더 베이를 충분히 즐기는 코스로, 총 4~8시간이 소요된다. 베이프런트역 B 출구 방향에서 가든스바이 더 베이 출구로 가면 된다.

오전 코스

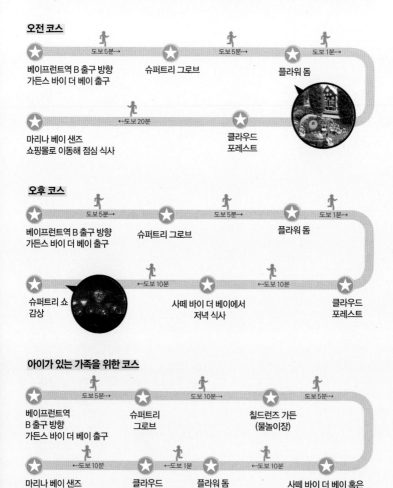

⭐ 베이프런트역 B 출구 방향
가든스 바이 더 베이 출구
→ 도보 5분 →
⭐ 슈퍼트리 그로브
→ 도보 5분 →
⭐ 플라워 돔
→ 도보 1분 →

← 도보 20분 ←
⭐ 마리나 베이 샌즈
쇼핑몰로 이동해 점심 식사
⭐ 클라우드
포레스트

오후 코스

⭐ 베이프런트역 B 출구 방향
가든스 바이 더 베이 출구
→ 도보 5분 →
⭐ 슈퍼트리 그로브
→ 도보 5분 →
⭐ 플라워 돔
→ 도보 1분 →

⭐ 슈퍼트리 쇼
감상
← 도보 10분 ←
⭐ 사떼 바이 더 베이에서
저녁 식사
← 도보 10분 ←
⭐ 클라우드
포레스트

아이가 있는 가족을 위한 코스

⭐ 베이프런트역
B 출구 방향
가든스 바이 더 베이 출구
→ 도보 5분 →
⭐ 슈퍼트리
그로브
→ 도보 10분 →
⭐ 칠드런즈 가든
(물놀이장)
→ 도보 5분 →

← 도보 10분 ←
⭐ 마리나 베이 샌즈
쇼핑몰 이동
← 도보 1분 ←
⭐ 클라우드
포레스트
⭐ 플라워 돔
← 도보 10분 ←
⭐ 사떼 바이 더 베이 혹은
칠드런즈 가든 내에서
점심 식사

싱가포르 스카이라인의 중심에 있는 세계 최고 수준의 복합 리조트

마리나 베이 샌즈 호텔 Marina Bay Sands

주소 10 Bayfront Ave, S 018956 **위치** 베이프런트역 D 출구에서 바로 연결 **홈페이지** ko.marinabaysands.com **전화** (65)6688-8868

2010년 오픈한 마리나 베이 샌즈 호텔은 55층의 호텔타워 3개로 이루어져 있다. 시티에서 호텔을 정면으로 보면 맨 우측이 타워 1, 타워 2, 맨 좌측이 타워 3이다. 각 건물의 총높이는 200m고, 호텔 가까이서 보면 곡선형으로 이루어졌으며, 측면에서 보면 한자 '人' 모양이다. 2,561개의 객실, 컨벤션 홀과 전시장, 축구장 10개 크기의 쇼핑몰, 150m 길이의 스카이 수영장, 카지노, 박물관, 공연장, 미쉐린 스타 셰프 레스토랑까지 모두 갖춘 복합 리조트다. 무엇보다 축구장 2개 크기, 중형차 4,300대의 무게와 맞먹는 스카이파크를 3개의 호텔 건물이 지탱하고 있는 것만으로, 현존하는 건축물 중 최고의 난이도와 기술력이 담긴 건물로 손꼽힌다. 이 건축물은 세계적인 건축가 모쉐 사프디(Moshe Safdie)가 설계했고, 우리나라 쌍용 건설이 지어서 더욱 자랑스러운 호텔이다. 싱가포르에서만 즐길 수 있는 이 거대한 복합 리조트에 관한 정보를 미리 파악해 구석구석 다니며 알찬 여행을 해 보자.

인사이드 마리나 베이 샌즈 호텔

스카이파크 전망대
Skypark Observation Deck

시간 9:30~22:00(월~목), 9:30~23:00(금~일) **요금** S\$26(성인), S\$23(만 65세 이상), S\$20(만 2~12세), 무료(만 2세 미만, 호텔투숙객)

타워 3의 지하 1층 매표소에서 입장권을 구매해야 올라갈 수 있다. 단, 입장료가 아쉬운 사람은 세라비 클럽 라운지에서 맥주를 한잔하며 스카이라인 풍경을 즐길 수 있다. 그러나 동일한 풍경이라도 전망대에서 가질 수 있는 느낌하고는 차이가 있다는 것은 알아 두자.

인피니티 수영장 Infinity Pool

위치 스카이파크 57층 **시간** 6:00~23:00 **요금** 호텔 투숙객만 입장 가능

57층에 위치한 이 인피니티 수영장은 화려한 싱가포르의 스카이라인을 감상하면서 여유롭게 쉴 수 있다는 것이 가장 큰 장점이다. 호텔 투숙객만 입장할 수 있지만, 이용객이 많아 한산한 시간에 이용할 것을 추천한다. 선베드에서 일광욕을 하고 야자수 그늘 아래에서 휴식을 취하며 멋진 인생샷을 남겨 보자.

세라비 Cé La Vi

위치 스카이파크 57층 **시간** 12:00~다음 날 2:00(월~화), 12:00~다음 날 4:00(수,금), 12:00~다음 날 3:00(목), 11:00~다음 날 4:00(토), 11:00~다음 날 2:00(일) **가격** S$20~40 내외

스카이파크 57층에 위치하며, 타워 3쪽에서 엘리베이터를 타고 올라갈 수 있다. 이곳은 레스토랑과 스카이 바, 클럽 라운지로 구분된다. 클럽 라운지는 과거 스카이 클럽으로 잘 알려진 쿠데타 클럽이자 바였던 곳이다. 별도의 입장료는 없으나, 입장 시 반드시 음료를 시켜야 하며, 맥주는 S$20, 칵테일은 S$30 내외로 예산을 잡으면 된다. 투숙객이 아니면 스카이파크 전망대로 넘어가지는 못한다. 매주 금~토요일, 공휴일 전날 밤 9시부터는 S$38의 음료 포함 입장료가 있다. 수요일 밤에 여성은 무료입장이고, 남성은 S$28의 음료 포함 입장료가 있다. 유명한 곳인 만큼 주말의 야간 클럽 타임에는 사람이 굉장히 많다는 것을 알아 두자.

라사푸라 마스터즈 Rasapura Masters

시간 10:00~22:00 **가격** S$10 내외

호텔을 정면으로 보았을 때 지하 2층 맨 좌측 50번에 위치해있다. 고급 레스토랑이 많은 마리나 베이 샌즈에서 1인당 S$10 내외로 비교적 저렴하게 식사할 수 있는 곳이다. 이곳에는 다양한 아시안 음식들과 한식도 있다. 다만 푸드 코트의 대표 음식인 바쿠테, 프라운 미, 딤섬, 호키엔 미 등은 다른 푸드 코트에 비해 맛이 떨어지고 청결도, 직원들의 친절함도 부족하다. 망고 푸딩은 S$4.8인데 디저트로 먹기에 좋다.

> **TIP** 마리나 베이 샌즈 호텔에서 숙박하며 맛집 찾아보기
>
> 여행을 와서 격식을 차리는 고급 레스토랑에 갈 일은 흔하지 않다. 그래서 마리나 베이 샌즈 호텔에 숙박하는 여행자는 쇼핑몰과 호텔 주변에서 적당한 가격의 맛집을 찾는 경우가 많다. 우선 쇼핑몰 안의 푸드 코트(Rasapura Maxters)는 호텔에 비해 상대적으로 가격이 저렴한 편이지만 맛과 청결도 면에서 별로 추천하고 싶지 않다. 그 밖에 쇼핑몰 안의 프랜차이즈 레스토랑은 특색은 없으나 어느 정도 수준을 유지한다. 한국 여행자들이 자주 찾아가는 딘타이펑, 토스트 박스, 씨앤블루 뷔페가 큰 고민하지 않고
>
>
>
> 가기에 가장 적당한 곳이다. 현지 사람들이 즐겨 찾는 곳을 가 부 고 싶다면 헬릭스 브리지 건너 싱가포르 플라이어 1층 푸드 트레일을 이용하자. 보다 쾌적한 현지 레스토랑을 가고자 하면 마리나 스퀘어까지 가면 되고, 조금 더 시내로 가고자 한다면 차이나타운과 부기스를 추천한다. 마리니 스퀘어는 애스톤 스테이크부터 바오투데이, 수키야, 덴카이치, 위남키 치킨 라이스, 한국 음식점 및 푸드 코트까지 있어서 마리나 베이 샌즈 쇼핑몰보다 훨씬 나은 기회와 맛을 제공할 것이다.

디지털 라이트 캔버스 Digital Light Canvas

위치 마리나 베이 샌즈 쇼핑몰 지하2층 푸드 코트 앞 **시간** 11:30~21:00(일~목), 11:00~22:00(금~토, 공휴일) **요금** S$5, 무료(2세 미만)

디지털 라이트 기술을 활용한 일종의 아트 전시회이다. 아이들이 신기해하면서 마음껏 뛰어다닐 수 있다. 물고기 모양의 그림자가 헤엄치고 다니는데 도망가기도 하고 모이기도 해서 자꾸 움직이며 놀고 싶게 만든다. 30분에 한 번씩 음악과 함께 영상이 나오니 그것도 함께 구경하면 좋다. 여기에서 놀다가 저녁을 가볍게 먹고 시간에 맞춰 스펙트라 쇼를 보러 가기 좋다. 입장권은 지하 2층 라사푸라 마스터즈 리테일 컨시어지 카운터(Rasapura Masters Retail Concierge Counter)에서 구매하면 된다. S$50을 내면 원하는 문구도 띄워 주니 못했던 고백을 할 때 한 번 이용해보자. 실제로 기념일이나 청혼할 때 문구를 띄우는 경우가 있다.

@teamlab

스펙트라 쇼 Spectra Show

주소 2 Bayfront Avenue, Event Plaza, S 018972 **위치** 베이프런트역 C와 D 출구에서 더 숍스를 거쳐 도보 4분 **시간** 일~목: 20:00, 21:00/ 금~토: 20:00, 21:00, 22:00 *약 15분간 진행 **요금** 무료

1층 강변 쪽 이벤트 플라자 앞에서 진행하는 레이저 분수 쇼로, 무료다. 오후 8시와 9시에 15분간 진행되니 조금 일찍 자리를 잡는 것이 좋다. 지하 2층 푸드 코트에서 음료수를 하나 사서 미리 자리를 잡고 앉아서 저물어 가는 풍경을 보고 있다 보면 어느새 뒤로 사람들이 가득 앉아 있을 것이다. 쇼가 끝나고 나면 바로 물이 모여서 내려가는 레인 오큘러스도 볼 수 있으니 쇼가 끝나고 뒤쪽으로 가서 잠깐 구경하자. 만약 전체적인 모습을 보고 싶다면 조금 뒤쪽에 앉고, 크게 보고 싶다면 앞쪽에 앉는 것이 좋다. 리버 크루즈를 타며 보는 것도 좋은데 클락 키 선착장에서 오후 7시 30분, 8시 30분에 타면 된다. 쇼 시작 전과 후에는 쇼핑몰에 사람이 많이 몰려서 식당에 자리가 없으니 이른 저녁을 먹고 쇼가 끝난 후 숙소 근처에서 간단히 먹는 것이 좋다.

레인 오큘러스 Rain Oculus

주소 10 Bayfront Ave, S 018956 **위치** 마리나 베이 샌즈 쇼핑몰 지하 2층 **시간** 10:00~22:00 **요금** 무료

마리나 베이 샌즈 쇼핑몰 지하 2층에 있는 운하로, 중앙에는 스펙트라 쇼가 끝나고 천장에 있는 원형 아크릴 구조물에서 물이 폭포수처럼 떨어지기도 한다. 스펙트라 쇼가 끝나고 원형 아크릴 구조물을 찾아가면 지상의 물이 빙빙 회오리치면서 지하의 운하로 떨어지는 모습을 바로 확인할 수 있다.

> **TIP 마리나 베이 샌즈 쇼핑몰에서 한국 여행자들이 즐겨 찾는 매장**
>
>
>
> TWG 숍은 지하 2층 65번과 지하1층 122번에 있으며, 현지 마트인 콜드 스토리지는 지하 2층 46번에 있다. 단, 다른 마트에 비해 식료품 쇼핑을 하기에 크기가 작으며, 투숙객의 경우 간단한 먹을거리와 맥주를 살 수 있다. 한국인 여행자들이 좋아하는 패션 브랜드인 찰스 앤 키스(Charles & Keith)는 지하 2층 96번, 항상 같이 붙어 다니는 비슷한 콘셉트의 페드로(Pedro)는 지하 2층 97번에, 세포라(Sephora) 화장품은 지하 2층 43번에 있다.

가든스 바이 더 베이 안내도

플라워 돔
Flower Garden

실버 가든
Silver Garden

클라우드 포레스트
Cloud Forest

드래곤플라이 호수
Dragonfly Lake

기념품 매장

선 파빌리온
Sun Pavilion

마리나 베이 샌즈 호텔
Marina Bay Sands

칠드런즈 가든
Children's Garden

헤리티지 가든
Heritage Garden

골든 가든
Golden Garden

전망대

베이프런트역 출구

비지터 센터

사떼 바이 더 베이
Satay By The Bay

슈퍼트리 그로브
Supertree Grove

OCBC 스카이웨이
OCBC Skyway

목초지
The Meadow

보존 수림
Fragile Forest

영화 〈아바타〉의 배경이 눈앞에 펼쳐지는 곳
가든스 바이 더 베이 Gardens by the Bay

주소 18 Marina Gardens Dr, S 018953 **위치** 베이프런트역 B 출구 방향에서 지하 통로로 연결 **시간** 5:00~
다음 날 2:00(야외 가든) **요금** 무료(유료 시설물: 플라워 돔, 클라우드 포레스트, OCBC 스카이웨이) **홈페이지**
www.gardensbythebay.com.sg **전화** (65)6420-6848

마리나 베이 샌즈 호텔에서 육교로 연결돼
있는 가든스 바이 더 베이는 2012년에 오픈
했다. 총 면적이 100만 ㎡이 넘고 25만 종
이상의 식물이 가득한 초대형 정원이다. 가
든스 바이 더 베이는 크게 3개의 지역으로 구
분되는데, 마리나 베이 샌즈 호텔에서 바로

연결되는 사우스 가든, 강 건너편의 이스트
가든, 사우스 가든과 이스트 가든을 연결하
는 중앙의 센트럴 가든이다. 볼거리가 모두
모여 있고, 여행자들이 주로 방문하는 곳은
사우스 가든이고 이스트 가든과 센트럴 가든
은 아직 개발 중이므로 나중을 기약하자.

Gardens by the Bay

OCBC 스카이웨이 OCBC Skyway

시간 9:00~21:00 **요금** S$8(성인), S$5(3~12세)

슈퍼트리 사이로 높이 22m, 길이 128m의 공중 산책로가 있다. 보다 높은 곳에서 슈퍼트리와 가든스 바이 더 베이를 관람할 수 있는 곳이다. 공중 산책로에 연결돼 있는 슈퍼트리 중 아래에 엘리베이터가 있는 곳을 찾아서 올라가면 되는데, 별도 입장료가 있다. 이곳은 높이가 있는 만큼 시원한 바람을 느낄 수 있고 풍경을 볼 수 있지만, 고소공포증이 있는 여행자들에게는 추천하지 않는다.

슈퍼트리 그로브 Supertree Grove

시간 19:45, 20:45(야간 슈퍼트리 쇼) **요금** 무료

16층 높이의 거대한 나무들을 각종 희귀 식물들이 덩굴처럼 감싸고 있는데 가든스 바이 더 베이 어디서든 보인다. 이 슈퍼트리는 태양열을 흡수해 에너지를 만들고, 빗물을 받아 온실에 필요한 물을 공급하며, 온실에 신선한 공기를 공급하는 시스템을 갖추고 있는 친환경 관광 시설이다. 무엇보다 영화 〈아바타〉 속 배경 같은 풍경과 야간에 펼쳐지는 슈퍼트리 조명 쇼가 가든스 바이 더 베이에서 가장 유명하다. 슈퍼트리와 야간 슈퍼트리 쇼를 관람하는 것은 별도의 입장료가 없으며, OCBC 스카이웨이 이용에만 S$5의 입장료가 있다. 야간 슈퍼트리 쇼는 마리나 베이 샌즈 호텔에서 연결되는 육교 끝 전망대에서 보는 방법과 슈퍼트리 그로브 아래에서 위로 보는 방법이 있다. 육교 끝 전망대에는 관람객들이 많아 기념사진을 남기거나 멋진 사진을 남기기가 쉽지 않다. 오히려 슈퍼트리 그로브는 아래에서 위로 보는 모습이 더욱 웅장하다.

플라워 돔

클라우드 포레스트

플라워 돔 앤 클라우드 포레스트 Flower Dome & Cloud Forest

시간 9:00~21:00 **요금** S$28(성인), S$15(3~12세)

플라워 돔에는 천 년이 넘은 올리브나무와 거대한 바오바브나무 등 약 150종의 식물이 있다. 남부 아프리카, 지중해, 호주 등 9개 지역의 정원으로 이루어져 있어 전 세계 꽃과 식물들을 관람할 수 있다. 동화 속에나 있을 것 같은 정원을 시원하고 쾌적한 환경에서 관람할 수 있다. 클라우드 포레스트는 35m 높이의 인공 산에서 폭포수가 떨어지고, 각 높이별로 색다른 테마를 갖춘 정원이다. 플라워 돔이 수평 정원이라고 한다면, 클라우드 포레스트는 수직 정원이라고 할 수 있다. 플라워 돔과 같이 시원하고 쾌적한 환경에서 관람할 수 있다. 특히 '클라우드 워크라인'이라는 공중 산책로를 걷다 보면 정글 속 동굴을 탐험하는 듯한 느낌을 받을 수 있어 가든

스 바이 더 베이에서 가장 추천하고 싶은 곳이다. 보태닉 가든이 멀고 더워서 가기 망설여지면 이곳을 대체지로 추천한다. 플라워 돔과 클라우드 포레스트는 2곳을 함께 관람할 수 있는 통합 입장권으로 입장할 수 있으며, 이곳을 관람한 후 1층에 있는 기념품 매장에서 슈퍼트리 냉장고 자석 등의 생활용품을 구경해 보는 것도 좋다. 사진에 관심 많은 여행자라면, 플라워 돔과 클라우드 포레스트 뒤쪽 산책로로 가 보자. 이곳에서는 싱가포르 플라이어가 가까이 보여서 가장 잘 나오는 구도로 사진을 찍을 수 있다.

사떼 바이 더 베이 Satay By The Bay

시간 11:00 ~ 22:00 **가격** S$14 내외(20꼬치)

슈퍼트리가 있는 곳에서 좀 멀긴 하나, 마리나 베이 샌즈 호텔 주변에서 동남아의 분위기를 느끼며 사떼를 먹을 수 있는 곳이다. 단, 점심에는 좀 더우니 저녁 시간을 이용하면 좋다. 가격대는 라우 파 삿과 비슷하며, 2인 기준으로 20꼬치 주문하면, S$14 정도다.

칠드런즈 가든 Children's Garden

시간 10:00~19:00(화~금), 9:00~21:00(토·일·공휴일) **휴무** 월요일 **요금** 무료

어린이들의 물놀이 장소로 추천하는 곳이다. 아이들을 위한 정원인 만큼 아이들이 좋아하는 놀이터와 뛰어다니며 물놀이할 수 있는 놀이 시설이 있다. 무료임에도 모르는 사람이 많아서 여행객보다는 현지인들이 아이들과 많이 놀러 오는 곳이다. 가족 여행객이라면 가든스 바이 더 베이를 잠깐 구경하고 아이들을 실컷 놀게 해 주면 아이들에게 점수를 딸 수 있을 것이다. 안에는 카페와 식당도 있고 놀이 시설과 물놀이 시설 앞에는 그늘막과 의자가 마련돼 있으니 모래 놀이 실컷 하고 분수 놀이터로 가서 신나게 뛰어다니면 된다. 젖은 옷을 갈아입을 옷과 수건을 준비하자. 그리고 물놀이 후에는 배가 고파질 테니, 사전에 마트에서 간식을 사 오면 좋다.

예술과 과학이 결합한 작품들을 감상할 수 있는 곳

아트사이언스 뮤지엄 ArtScience Museum

주소 6 Bayfront Ave, S 018974 **위치** 베이프런트역에서 도보 10분 **시간** 10:00~19:00(입장 마감 18:00)
요금 S\$14~37 내외(전시마다 입장료 다름) *퓨처월드 입장권 구매 시 디지털 라이트 캔버스 무료

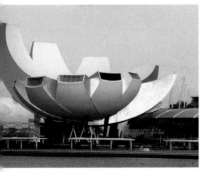

강변 끝에 위치한, 물 위에 핀 백합꽃 모양의 건물이 아트사이언스 박물관이다. 총 21개 갤러리에 전 세계적으로 유명한 예술 과학 작품들이 전시돼 있다. 예술 작품과 과학 기술을 결합해 3D 이상의 다양한 테크놀로지 기법을 선보인다. 전시에 따라 입장료가 다르지만 보통 S\$30 내외로 입장료가 비싼 편이다. 그러나 그 어디에서도 쉽게 볼 수 없는 예술과 과학이 접목된 작품들을 보고 있으면 입장료 생각은 잊게 된다. 매월 첫 번째 월요일에는 일부 갤러리를 무료로 관람할 수 있다.

마리나 베이에 부와 번영을 연결해 주는 다리

헬릭스 브리지 | The Helix Bridge

주소 Linking between Marina Bay and Marina Centre, S 038981 **위치** 베이프런트역 D 출구에서 도보 10 분 **시간** 24시간

마리나 베이 샌즈 호텔에서 마리나 센터(선텍, 마리나 스퀘어, 싱가포르 플라이어)와 에스플러네이드 지역을 연결하는 다리다. 2010년 4월 24일에 개통한 세계 최초의 곡선형 교량으로, 이중 나선형 구조다. 총 길이는 280m로 싱가포르에서 가장 긴 보행자용 다리이기도 하다. 아시아 문화의 음양론에서 영감을 얻어, 마리나 베이에 부와 행복, 번영을 가져다준다는 의미를 담아 디자인했다고 한다. 2011년에 세계 최고 교통 건축물로 상을 받기도 했다. 중간중간 기념사진을 찍을 수 있는 테라스가 있다. 밤에는 아름다운 조명이 또 다른 재미를 준다. 마리나 베이 샌즈 호텔에서 머무는 여행자들은 이 다리를 건너 싱가포르 플라이어와 에스플러네이드 극장, 더 나아가 플러튼 헤리티지의 명소와 시티 홀까지도 걸어갈 수 있다.

전 세계 2곳밖에 없는 레드 도트 디자인 박물관

레드 도트 디자인 뮤지엄 Red Dot Design Museum Singapore

주소 11 Marina Blvd, S018940 **위치** 베이프런트역 E번 출구에서 도보 4분, 다운타운역 B번 출구에서 도보 4분, 마리나베이역 B번 출구에서 도보 4분 **시간** 10:00~20:00(일~목), 10:00~23:00(금~일) **휴무** 개별 이벤트 진행 시 **요금** S$11.80(성인) S$6.40(7~12세) **홈페이지** www.museum.red-dot.sg/ **전화** (65) 6514-0111

세계 최고 권위의 레드 도트 디자인 어워드에서 수상한 제품과 커뮤니케이션 디자인 작품들을 전시하는 박물관으로, 전 세계에 싱가포르 마리나 베이 샌즈와 독일의 에센 단 2곳에만 있다. 싱가포르는 이전에 탄종 파가의 클래식한 빨간색 벽돌 건물 내 위치해 있었으며 현재는 마리나 베이 샌즈 호텔 옆으로 2017년 이전해 오픈했다. 박물관 안에는 카페와 숍, 전시장이 함께 어우러져 있다. 생활 디자인부터 책, 인테리어, 공공 디자인까지 다양하게 전시돼 있어 디자인 관련 일을 하거나 공부하는 여행자들에게는 필수 코스이다. 그러나 조금은 단조롭고 심심할 수도 있으며 이전 후 쇼핑 숍의 느낌이 많이 들기도 한다.

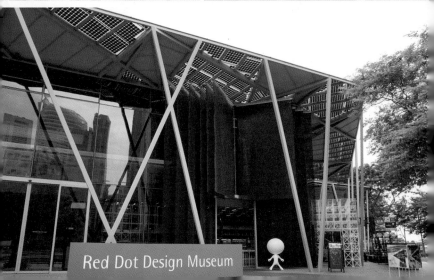

부기스
BUGIS

동남아시아 분위기가 펼쳐지는 젊은이들의 중심가

부기스는 과거 해상 무역에 능했던 인도네시아의 부기스족이 싱가포르에 와서 자리를 잡은 지역이다. 한때는 해상 무역을 통해 돈을 많이 벌어들인 무역상을 위한 유흥업소가 즐비했고, 1950년대는 여장 남성들이 많이 출몰했던 지역이다. 현재는 싱가포르 시내에서 가장 동남아시아다운 시장과 젊은이들을 위한 패션 쇼핑센터로 거듭났다. 특히 아랍 스트리트는 아랍 상인과 말레이인들이 주로 살고 있는 지역으로, '글램 나무 마을'이라는 뜻의 캄퐁 글램(Kampong Glam) 지역이라고도 하며, 싱가포르 문화의 다양성을 엿볼 수 있는 이색적인 지역이다. 부기스에서는 동남아시아 스타일의 시장을 쇼핑하는 것 외에도, 건물만으로도 흥미로운 국립 도서관을 꼭 놓치지 말자. 아랍 스트리트에서는 술탄 모스크와 하지 레인 거리를 배경으로 색다른 기념사진을 꼭 남겨 보자.

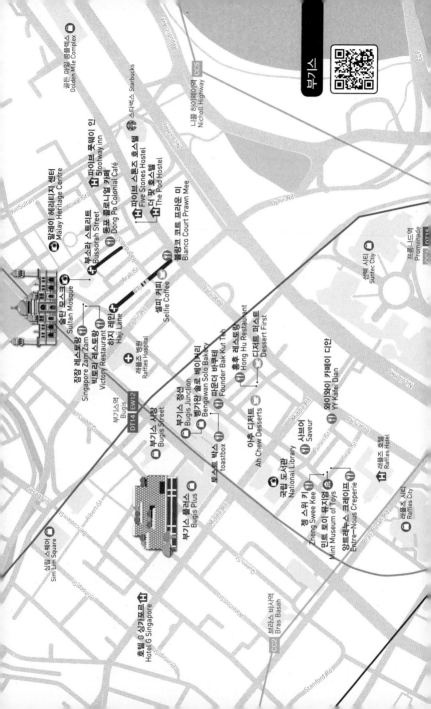

부기스

골든 마일 콤플렉스
Golden Mile Complex

니콜 하이웨이 CC5
Nicoll Highway

스타벅스 Starbucks

말레이 헤리티지 센터
Malay Heritage Centre

파이브 풋웨이 인
5footway.inn

부소라 스트리트
Bussorah Street

동포 콜로니얼 카페
Dong Po Colonial Café

더 팟 호스텔
The Pod Hostel

파이브 스톤즈 호스텔
Five Stones Hostel

블랑코 코트 프라운 미
Blanco Court Prawn Mee

술탄 모스크
Sultan Mosque

잠잠 레스토랑
Singapore Zam Zam

빅토리 레스토랑
Victory Restaurant

하지 레인
Haji Lane

셀피 커피
Selfie Coffee

래플즈 병원
Raffles Hospital

홍후 레스토랑
Hong Hu Restaurant

디저트 퍼스트
Dessert First

부기스역 EW12
Bugis

부기스 스트리트
Bugis Street

부기스 정션
Bugis Junction

빵가원 솔로 베이커리
Bengawan Solo Bakery

파운더 박쿠테
Founder Bak Kut Teh

와이와이 카페이 디안
YY Kafei Dian

프롬나드 DT15
Promenade

선텍 시티
Suntec City

부기스 사장
Bugis+

토스트 박스
toastbox

아추 디저트
Ah Chew Desserts

사브어
Saveur

래플즈 호텔
Raffles Hotel

부기스 플러스
Bugis Plus

국립 도서관
National Library

쳉 스위 키
Zheng Swee Kee

민트 토이 뮤지엄
Mint Museum of Toys

앙트레누스 크레이프
Entre-Nous Creperie

래플즈 시티
Raffles City

심 림 스퀘어
Sim Lim Square

호텔 G 싱가포르
Hotel G Singapore

브라스 바사역 CC2
Bras Basah

부기스 COURSE

부기스 코스

부기스를 대표하는 코스로 국립 도서관을 거쳐 가기 때문에 아이가 있는 부모 및 건축 관련 여행자에게 추천하는 코스다. 총 2시간 30분 정도 소요되며 아랍 스트리트나 올드 시티로 연결해 코스를 연장할 수 있다.

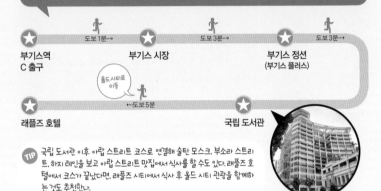

⭐ 부기스역
C 출구

도보 1분···

⭐ 부기스 시장

도보 3분···

⭐ 부기스 정션
(부기스 플러스)

도보 3분···

올드 시티로
이동

···도보 5분

⭐ 래플즈 호텔

⭐ 국립 도서관

> **TIP** 국립 도서관 이후 아랍 스트리트 코스로 연결해 술탄 모스크, 부소라 스트리트, 하지 레인을 보고 아랍 스트리트 맛집에서 식사를 할 수도 있다. 래플즈 호텔에서 코스가 끝났다면, 래플즈 시티에서 식사 후 올드 시티 관광을 함께하는 것도 추천한다.

아랍 스트리트 코스

아랍 스트리트(캄퐁 글램)를 대표하는 코스로, 가족 코스로도 좋다. 다만 걷는 양에 비해 더위를 피할 곳이 부족하니 중간에 있는 커피숍을 이용해 틈틈이 더위를 피하자. 총 2시간 30분 정도 소요된다.

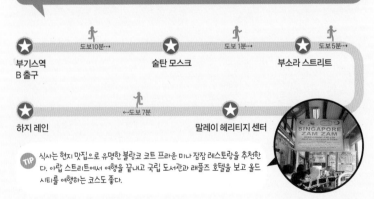

⭐ 부기스역
B 출구

도보 10분···

⭐ 술탄 모스크

도보 1분···

⭐ 부소라 스트리트

도보 5분···

···도보 7분

⭐ 하지 레인

⭐ 말레이 헤리티지 센터

> **TIP** 식사는 현지 맛집으로 유명한 불랑코 코트 프라운 미나 잠잠 레스토랑을 추천한다. 아랍 스트리트에서 여행을 끝내고 국립 도서관과 래플즈 호텔을 보고 올드 시티를 여행하는 코스도 좋다.

다운타운에서 보기 힘든 동남아식 재래시장

부기스 시장 Bugis Street

주소 3 New Bugis St, S 188867 **위치** 부기스역 C 출구에서 길 건너편 **시간** 11:00~22:00 **홈페이지** www.bugisstreet.com.sg **전화** (65)6338-9513

1950년대 부기스에는 무역상, 선원, 군인과 여장 남자들이 활보했다. 밤이 되면 사람들이 모여 저렴한 가격에 물건을 팔면서 시장 거리가 형성됐고, 이 거리가 지금까지도 동남아의 야시장 분위기로 이어지고 있다. 현재는 800여 개의 점포가 즐비한데, 그중에서도 젊은이들을 위한 패션 숍과 기념품 숍들이 많다. 기념품은 부기스보다는 차이나타운이 더 저렴하므로 부기스에서는 구경만 하고 차이나타운에서 구입하는 것도 요령이다. 시장 반대쪽 퀸 스트리트에는 과일 시장이 있으며, 그곳에서 두리안을 시식해 볼 수 있으니 도전하고 싶은 사람은 도전해 보자. 편의점에서 쉽게 찾을 수 없는 유심 칩을 이곳 모바일 관련 상점에서 구할 수 있으니 필요한 사람은 구입하자. 입구에서 파는 과일 주스 한 잔 사서 동남아식 시장 분위기를 느끼면서 구경하는 것도 좋다. 단, 이곳은 사람들이 많고 복잡하니, 소매치기를 조심해야 한다.

하얀 눈꽃 모양의 외관이 화려한 쇼핑몰

부기스 플러스 Bugis Plus

주소 201 Victoria St, S 188067 **위치** 부기스역 C 출구에서 길 건너편 부기스 정션 맞은편 **시간** 10:00~22:00 **홈페이지** www.bugisplus.com.sg **전화** (65)6634-6810

2009년에 문을 연 부기스 플러스 쇼핑몰은 부기스 정션과 동일한 기업에서 운영하는 쇼핑몰이다. 부기스 정션과 육교로 연결돼 있어 이동이 편리하다. 무엇보다 부기스 플러스는 건물 외관이 매우 독특하다. 멀리서 보면 하얀 눈꽃 같기도 한 외관은 빛을 테마로 삼아, 크리스털 모양의 각 모형들이 빛을 발산한다. 쇼핑몰 내부는 자연 채광이 잘돼 있다. 아스톤즈 레스토랑, 서울 한식당과 일식당들이 있어서 식사하기 편리하지만, 쇼핑몰로서는 입점 업체가 아직 부족한 듯하다.

싱가포르 최초 유리식 돔 아케이드 쇼핑몰

부기스 정션 Bugis Junction

주소 200 Victoria St, S 188021 **위치** 부기스역 C 출구에서 지하로 연결 **시간** 10:00~22:00 **홈페이지** www.bugisjunction-mall.com.sg **전화** (65)6557-6557

싱가포르 최초의 유리식 돔 형태의 아케이드 쇼핑몰인 부기스 정션에는 저렴한 가격의 쇼핑 아이템이 많다. 1층에 찰스 앤 키스, 페드로 등 브랜드 매장이 있고, 3층에는 키노쿠니야 서점이 있다. 특히 1층 한쪽에 싱텔, 스타허브, M1 통신사가 몰려 있으니, 현지 유심칩을 구매하거나 사용 방법을 배울 수 있다. 또한 스타벅스부터 야쿤 카야 토스트, 두유를 파는 졸리빈, 올드창기, 추이 주니어 등 프

랜차이즈 식당들이 있으니 쇼핑으로 허기진 배를 간단하게 해결하자.

벵가완 솔로 베이커리 Bengawan Solo Bakery

위치 부기스 정션 지하1층 **시간** 10:00~22:00 **가격** S$2(판단치즈롤 한 조각), S$14(슈림프롤), S$14(크랜베리 아몬드 쿠키) **홈페이지** bengawansolo.com.sg **전화** (65)6238-2908

케이크과 쿠키 맛집으로 유명한 베이커리다. 판단치즈롤은 익숙한 버터 향과 알 듯 모를 듯한 향이 더해진 것으로 안에 치즈가 작게 잘라져 있다. 이 치즈는 짠맛이 느껴져서 케이크가 크게 달지 않은데도 짠 치즈와 만나면서 단맛을 향상시킨다. 만약 빵을 먹을 때 짠맛이 나는 것이 싫다면 치즈가 들어가지 않은 롤을 선택하는 것이 좋다. 판단은 인

도에서부터 오키나와에 이르는 지역에 많이 자라는 식물로 주로 열대 지방에서 자라는 식물이다. 이 식물의 잎을 갈아 즙을 내서 케이크를 만드는 데 쓰는데 그 색깔이 불량 과자 같은 색이지만 맛은 좋다. 싱가포르에서 많이 볼 수 있는 초록색의 정체가 바로 이 판단이다. 그래서 카야 잼을 만들거나 케이크를 만들 때 이 잎의 즙을 넣어서 만든다고 한다. 벵가완 솔로 베이커리는 쿠키도 유명한데 슈림프롤이나 크랜베리 아몬드 쿠키가 맛이 좋다. 홍콩에서 제니 쿠키를 산다면 싱가포르에서는 벵가완 솔로에서 쿠키를 산다는 말이 있을 정도이니 한 번쯤 들러보자. 쿠키는 선물용으로도 추천하며, 만약 선물용으로 구매한다면 틴케이스는 별도 비용으로 구매해야 하고 여행 중 먹거라면 그냥 플라스틱 케이스에 담긴 것을 사는 것이 좋다.

토스트 박스 TOAST BOX

위치 부기스 정선을 가로질러 1층 **시간** 10:00~22:00 **가격** S$6 내외(카야 토스트 세트) **홈페이지** toastbox. com.sg **전화** (65)6333 -4464

빵은 바삭하고 버터가 두껍게 들어간 카야 토스트를 먹을 수 있는 체인점이다. 우리에게 친숙한 앙버터 빵처럼 버터가 많이 들어간 것을 좋아하는 사람에게 추천한다. 버터가 두껍게 들어가서인지 짭조름한 맛 때문에 다른 토스트처럼 계란을 곁들이지 않아도 충분히 맛있다. 주문하면 커피와 함께 진동벨을 주는데 자리를 잡고 앉아 있으면 빵이 나온다. 현지인들이 많이 이용하는 체인점으로 싱가포르 곳곳에 있고 사람들이 항상 줄을 서 있는 것을 볼 수 있다. 다른 음식도 많이 있지만 아침에 가볍게 토스트 먹는 것이 가장 적당하다.

친숙한 갈비탕 맛의 바쿠테
파운더 바쿠테 Founder Bak Kut Teh - Bugis Point

주소 530 North Bridge Road, #01-01, S 188747 **위치** 부기스역 C 출구에서 도보 5분 **시간** 11:00~다음날 3:00 **가격** S$10 내외(바쿠테) *봉사료(10%), 세금(7%)별도 **홈페이지** founderbkt.com.sg **전화** (65) 6255-3889

파운더 바쿠테 식당은 20년 넘게 운영된 바쿠테 맛집의 원조 격으로 현지 유명 인사도 많이 찾는 곳이다. 바쿠테는 한문으로 육 골자로 바쿠는 고기뼈, 테는 차를 뜻한다. 고기뼈 국물을 먹고 차까지 마시는 것을 말하는 것으로 제대로 된 집에서는 차가 준비돼 있다. 우리에게는 돼지 갈비탕이라고 생각하면 되고 일반적으로 한국인 입맛에도 잘 맞는다. 여행 첫날보다는 여행 중후반에 힘들고 체력이 떨어질 때 먹는 것을 추천한다. 함께 먹을 만한 것으로 연두부 튀김이나 청경채 볶음이 좋다. 밥은 S$1이므로 밥이 필요하다면 추가해서 같이 먹는 게 좋다. 일반적으로 싱가포르에서 파는 바쿠테는 크게 두 가지 종류가 있다. 하나는 연한 갈색 국물의 후추 향이 강한 것이고 진한 갈색 국물의 뼈 국물맛이 강한 것이 있다. 이곳의 바쿠테는 후추 향의 강한 맛으로 송파 바쿠테와 비교하면 국물 맛이 더욱 진하다.

식사 후 디저트로 망고 음료 한잔
아추 디저트 Ah Chew Desserts

주소 1 Liang Seah St #01-10/11, Liang Seah Pl, S 189032 **위치** 부기스역 D 출구에서 리앙세아 스트리트로 이동해 도보 약 5분 **시간** 12:30~24:00 **가격** S\$4~5 내외 **홈페이지** www.ahchewdesserts.com **전화** (65)6339-8198

부기스 정선 맞은편에 위치한 중국식 디저트 가게다. 망고와 두리안이 들어간 디저트 전문점으로, 추천 메뉴인 망고 사고는 S\$4, 망고 포멜로 사고는 S\$4.50이다. 그 밖에도 아이스크림과 간단한 스낵을 함께 팔고 있어 간식을 즐기며 더위를 식히기 좋다. 특히 홍후 레스토랑에서 배부르게 식사를 한 후 디저트를 먹기 위한 코스로 추천한다.

더위를 식혀 줄 과일 빙수를 먹을 수 있는 곳
디저트 퍼스트 Dessert First

주소 8 Liang Seah St, S 189029 **위치** 부기스역 D 출구에서 리앙세아 스트리트로 이동해 도보 약 5분 **시간** 13:00~다음 날 1:00(월~목), 13:00~다음 날 2:00(금), 12:00~다음 날 2:00(토), 12:00~다음 날 1:00(일) **가격** S\$8~10 내외 **홈페이지** www.facebook.com/dessertfirst.com.sg **전화** (65)6333-0428

부기스에서 아추 디저트를 먹기 위해 줄을 서서 기다리기 싫다면 아추 디저트에서 길을 따라 조금 더 들어가면 있는 디저트 퍼스트를 가 보자. 종류로는 쉐이브드 아이스(Shaved Ice)와 스노우 아이스(Snow Ice)가 있는데 쉐이브드는 얼음을 갈고 시럽을 뿌린 뒤에 아이스크림을 올리고 과일을 토핑해 주는 것이고 스노우는 과일을 함께 넣어 갈아 겹겹이 쌓아서 시럽을 뿌리고 과일 토핑을 넣은 것이다. 영어로 의사소통이 조금 어렵기 때문에 자리에 앉으면 주는 종이에 원하는 빙수의 번호를 적고 계산대에 가서 먼저 돈을 낸 후에 기다리면 자리로 가져다준다. 추천 메뉴로는 망고와 허니듀가 있고 와플은 바삭한 느낌이 없어 추천하지 않는다.

스팀보트를 저렴하게 맛볼 수 있는 뷔페식 레스토랑

홍후 레스토랑 Hong Hu Restaurant

주소 12 Liang Seah St, S189033 **위치** 부기스역 D 출구에서 비치 로드로 이동해 도보 약 5분 **시간** 10:00~22:00 **가격** S$20 내외(1인 기준) **전화** (65)6337-1655

뷔페식 스팀보트 식당으로, 현지인들에게 유명한 곳이다. 저녁에 사람이 많은 시간대에는 대기를 해야 할 수도 있다. 스팀보트는 쉽게 말하면 샤부샤부, 훠궈, 스키(전골)와 같은 종류의 음식을 싱가포르식으로 부른 것이다. 뷔페에서는 각종 고기와 해산물, 야채, 면, 소스와 다양한 청량음료를 마음껏 가져다 먹을 수 있으며, 국물은 맑은 국물과 매운 국물 둘 중에 하나 또는 둘 다 선택 가능하다. 가격은 1인당 S$20.9이며, 세금이 추가로 붙는다. 이 식당 주변으로 스팀보트 식당이 많으며, 연결된 리앙세아 스트리트는 현지인들의 맛집이 많은 곳이기도 하다. 매운 국물은 국물에서 나오는 열기조차도 맵기 때문에 이왕이면 맑은 국물을 추천한다. 각종 고기와 야채로 시작해서 새우까지, 먹을 수 있을 때까지 듬뿍 가져다 먹으면 본전 생각은 안 날 것이다. 단, 계속 불을 피우기 때문에 조금은 덥고 정신 없을 수 있으니, 느긋한 식사를 선호하는 사람은 사람이 적은 시간을 노리자.

싱가포르의 학습·예술·문화의 중심
국립 도서관 National Library

주소 100 Victoria St, S 188064 **위치** 부기스역 C 출구에서 도보 5분 **시간** 10:00~21:00 **요금** 무료 **홈페이지** www.nlb.gov.sg **전화** (65)6332-3255

2005년 오픈한 싱가포르 국립 도서관은 총 55만 권의 도서를 소장하고 있으며, 싱가포르 아트, 컬처, 엔터테인먼트, 학습의 랜드마크. 7~13층까지는 도서관에 6천만 달러를 기부한 사람의 이름을 따서 리콩첸 도서관(Lee Kong Chian Library)이라고도 한다. 지하 1층은 공용 도서관, 7~13층은 각 영역별 도서관이다. 특히 아이를 동반한 여행자라면 지하 1층의 아이들을 위한 코너를 반드시 가 보자. 아이들은 보는 만큼 성장한다고 하니 국립 도서관에서 책에 대한 흥미를 가질 수 있도록 해 주자. 국립 도서관은 건축물로도 의미가 있다. 자연 채광 조명 조절 시스템으로, 건물 내 곳곳에 자연광이 드는 곳이 많다. 또한 5층에는 야외 정원이, 11층에는 전망대가 있어 관광과 휴식, 교육 측면으로 손색이 없는 곳이다.

어른들을 위한 장난감 박물관
민트 토이 뮤지엄 MINT Museum of Toys

주소 26 Seah St, S 188382 **위치** ❶ 시티 홀역 B 출구 또는 부기스역 C 출구에서 노스 브리지 로드 따라 도보 10분 후 세아 스트리트로 꺾어지는 곳에 간판 보임 **시간** 9:30~18:30(월~일), 9:30~21:30(매월 마지막 주 토요일) **휴관** 음력 설 당일과 다음 날 **요금** S$20(성인), S$10(2~12세, 60세 이상) **홈페이지** www.emint.com **전화** (65)6339-0660

MINT는 'Moment of Imagination and Nostalgia with Toys'의 준말로, 장난감과 함께한 추억과 향수의 순간이라는 뜻이다. 총 5개 층으로 이루어진 이 박물관은 싱가포르의 유명한 건축 회사인 SCDA가 설계했다. 자연 채광을 차단하고, 내부 조명에 따라 과학적 설계를 했다고 한다. 뮤지엄 안에는 아기자기한 피규어부터 전 세계 유명 캐릭터들의 장난감까지 가득하다. 어찌보면 어린이뿐만 아니라 이 분야에 관심 많은 어른들도 흥미로울 것이다. 민트 토이 박물관은 건물도 작고 홀쭉할 뿐만 아니라, 입구가 'Mr. Punch'라는 레스토랑으로 되어 있어, 박물관 입구를 찾기가 힘들다. 그냥 그 입구로 쭉 들어가면 매표소가 있다. 박물관 가이드 투어도 있으나 모두 영어로 진행되며, 다행히 한국어 브로서가 있어 박물관을 이해하는 데 조금은 도움이 될 듯하다.

캄퐁 치킨라이스를 먹을 수 있는 곳

젱 스위 키 | Zheng Swee Kee

주소 25 Seah Street, S 188381 **위치** 시티 홀역 B 출구 또는 부기스역 C 출구에서 노스 브리지 로드 따라 도보 10분 **시간** 11:00~22:00 **가격** S$5 내외(치킨라이스) **홈페이지** zhengsweekee.getz.co **전화** (65)6336-1042

부기스에서 현지인들만 가는 치킨라이스 맛집이다. 이곳의 캄퐁(Kampong) 치킨라이스는 우리나라 백숙을 가지런히 잘라서 그 위에 간장소스를 뿌려 주고 밥은 치킨 육수로 짭쪼름하게 지은 일반적 치킨라이스다. 하지만 우리나라 백숙처럼 따뜻하게 나올 거라고 생각하면 안된다. 치킨라이스는 스팀으로 찐 치킨을 식혀서 차게 한 후에 소스를 뿌려 나오기 때문에 처음에는 찬 음식이라는 것에 놀라 무슨 맛이지 하는 생각이 든다. 하지만 아래 깔린 오이와 함께 먹으면 나름 궁합이 잘 맞는다. 그리고 테이블 위에 있는 소스를 활용해서 찍어 먹는 것도 추천한다. 젱 스위 키에는 살짝 구운 로스티드(Roasted)와 담백한 캄퐁(Kampong) 스타일의 2가지 치킨라이스가 있으니 골라서 먹도록 하자. 살짝 옆으로는 치킨라이스 라이벌이라고 할 수 있는 신 스위 키(Sin Swee Kee) 치킨라이스 맛집도 있다.

프랑스 정통 크레이프를 맛볼 수 있는 집

앙트레누스 크레이프 | Entre-Nous Creperie

주소 27 Seah Street, #01-01, S 188383 **위치** 시티 홀역 B 출구 또는 부기스역 C 출구에서 노스 브리지 로드 따라 도보 10분 **시간** 12:00~다음 날 2:30(화~금), 18:00~21:30(토), 11:00~17:30(일) **휴무** 월요일 **가격** S$20~22(크레이프) **홈페이지** entrenous.sg **전화** (65)6333-4671

트립어드바이저 먹거리 부문 1위를 차지한 맛집이다. 앙투레누스의 뜻은 '우리끼리'라는 뜻으로 젊은 프랑스 부부가 운영하는 정통 프랑스 크레이프를 먹을 수 있는 곳이다. 브레이크 타임이 길기 때문에 갈 예정이라면 꼭 시간을 확인하고 가야 한다. 그리고 월요일은 휴무니 월요일은 빼고 일정을 잡도록 하자. 커피 맛은 그럭저럭이지만 크레이프의 반죽은 밀가루만이 아니라 다른 곡물을 넣은 것인지 고소하고 단맛이 난다. 라 우썽(La Ouessant)은 바삭한 느낌이고 제럴딘스 페이버릿(Geraldine's Favorite)은 캐러멜을 드리즐해서 부드러운 느낌이 든다. 그 외에 안에 들어가는 토핑에 따라 여러 가지 메뉴가 있으니 좋아하는 것으로 도전해 보자. 하지만 가격이 조금 비싸다는 것이 단점이다.

앙트레누스 홈페이지

아랍계 문화가 물씬 풍기는 보행자 전용 거리
부소라 스트리트 Bussorah Street

위치 부기스역 E 출구에서 아랍 스트리트를 거쳐 술탄 모스크로 가면 그 앞에 펼쳐진 보행자 도로

술탄 모스크 앞에 야자수와 아랍계 상점들이 펼쳐진 보행자 전용 거리가 부소라 스트리트다. 아담한 골목길 느낌이 드는 부소라 스트리트에는 장신구나 엽서, 음식을 파는 상점들이 있다. 그러나 쇼핑보다는 술탄 모스크와 야자수를 배경으로 이슬람 문화의 분위기가 물씬 나는 기념사진을 남기기에 최적의 장소로 유명하다.

캐주얼한 프렌치 레스토랑
사브어 Saveur

주소 5 Purvis St #01-04, S 188584 **위치** 부기스역 C 출구에서 도보 10분 **시간** 12:00~21:30(월~토) **가격** 코스 요리 기준 S$ 24(점심), S$ 38(저녁) **홈페이지** www.saveur.sg **전화** (65)6333-3121

저렴한 프렌치 레스토랑이다. 점심과 저녁에는 각각 코스 메뉴를 고를 수 있으며, 여러 명이 함께 간다면 코스보다 단품을 여러 개 시키는 데 좋다. 한국 사람들에게 가장 인기있는 것은 오리 콩피와 파스타다. 파스타는 새우를 뿌렸는데 새우 맛은 강하지 않고 씹히는 맛만 있으며, 후추를 뿌려서 살짝 매콤하다. 부드러운 오리는 아래에 깔린 으깬 감자와 함께 먹으면 간이 딱 좋다. 점심 때 2인이 간다면 코스 요리 하나, 메인 요리 하나 주문을 추천하며, 세금 포함 약 S$60 미만으로 예산을 잡으면 된다. 저녁에는 세금 포함 1인당 S$30~40 내외로 예산을 잡으면 된다. 사브어는 인기가 많아서 식사 때 가면 1시간까지 기다릴 수 있으니, 홈페이지를 통해 사전예약을 하거나, 박물관 들어가기 전에 대기시간을 확인 후 시간에 맞춰 가는 것이 좋다. 사브어 입구에는 고객이 직접 인원수와 연락처를 입력하면 순서 때 전화해 주는 시스템이 있지만, 여행자들은 휴대 전화를 사용할 수 없는 경우가 많으니 위의 방법을 사용하자.

싱가포르 이슬람 문화의 대표 랜드마크

술탄 모스크 Sultan Mosque

주소 3 Muscat St, S 198833 **위치** 부기스역 E 출구에서 노스 브리지 로드 따라 도보 7분 **시간** 9:00~17:30 (월~금), 9:00~13:00(토: 기도 시간에는 닫음), 12:30~14:00, 16:00~17:00 **휴무** 일요일과 공휴일 **요금** 무료입장 **홈페이지** sultanmosque.sg **전화** (65)6293-4405

술탄 모스크는 1824년 동인도 회사의 기부금을 받아 최초로 지어졌으며, 이후 100주년 기념으로 현재의 돔이 올라간 웅장한 모습으로 리노베이션됐다. 현재 싱가포르 최고의 이슬람 사원으로 아랍 스트리트의 랜드마크다. 반바지 입은 여성은 사원에 입장할 수 없으나, 입구에 무료로 대여해 주는 옷을 걸치고 들어갈 수는 있다. 사원 내부는 이슬람 신도들이 와서 예배를 드리는 곳이니, 사원 내부 방문 시간에 맞춰서 잠시 둘러보며 쉬어 가면 좋다. 다른 문화와 종교를 체험하는 것도 여행의 묘미니 이슬람 사람들이 예배드리는 모습을 조용히 지켜보며 경건한 분위기를 느껴 보자. 사원은 맨발로 들어가야 하므로 자신이 벗어 둔 신발을 어디에 두었는지는 꼭 기억하자.

토착 말레이인들의 생활 문화를 볼 수 있는 곳

말레이 헤리티지 센터 Malay Heritage Centre

주소 85 Sultan Gate, S 198501 **위치** 부기스역 E 출구에서 노스 브리지 로드 따라 도보 10분 **시간** 10:00~
18:00(화~일) **휴관** 월요일 **요금** S\$8(성인), S\$5(60세 이상, 6세 미만, 장애인), S\$24(가족 패키지, 최대 5인)
홈페이지 malayheritage.org.sg **전화** (65)6391-0450

말레이 헤리티지 센터는 아랍 스트리트(캄퐁 글램) 지역에 있다. 싱가포르 최초의 정착민인 말
레이들이 주로 모여 살며, 이 지역에서 말레이 헤리티지 센터는 말레이인들의 역사와 문화
를 알려 주는 곳이다. 말레이 헤리티지 센터 건물 자체는 과거 이 지역 왕인 술탄 후세인이 살던
왕궁으로, 2004년도에 문을 열었다.

가볍게 토스트와 커피로 아침을 시작할 수 있는 곳

와이와이 카페이 디안 YY Kafei Dian

주소 37 Beach Rd, S 189768 **위치** 부기스역 C 출구에서 도보 10분 **시간** 7:30~21:30(월~금), 8:00~21:
30(토~일) **가격** S\$3 내외(커피) **전화** (65)6446-8813

부기스의 현지인 맛집으로 주문 받는 곳이
두 곳이다. 한 곳은 현지인들이 많이 주문하
는 곳으로 음식을 골라 접시에 담아 가서 먹
는다. 다른 한 곳은 주로 외국인들이 주문하
는 곳인데 간단하게 커피와 토스트를 주문할
수 있다. 이곳의 카야 토스트는 부드러운 식
빵식 카야 토스트로 작은 식빵을 반절로 갈
라 카야 잼과 버터를 넣고 겉을 구운 독특한
방식이다. 빵은 많이 달지 않고 부드럽지만
그냥 빵만 먹기에는 조금 심심한 맛이다. 그
러니 계란을 추가해 그 위에 간장을 뿌리고
식빵을 찍어 먹는 것을 추천한다. 종업원들
이 바로 그릇을 치워 주기 때문에 회전율도

빠르다. 가격도 저렴해 아침 식사로 적당하
다. 단, 에어컨이 없으니
더운 점심시간에는
추천하지 않는다.

100년 이상의 역사를 지닌 무르타박 맛집
잠잠 레스토랑 Singapore Zam Zam

주소 697 North Bridge Rd, S 198675 **위치** 부기스역 E 출구에서 노스 브리지 로드 따라 도보 5분 **시간** 7:00 ~23:00 **가격** S$5~17(무르타박 사이즈에 따라 다름), S$6.5 내외(비르야니) **홈페이지** zamzamsingapore.com **전화** (65)6298-6320

1908년부터 영업한 인도식 무슬림 식당이며, 여행자들이 이곳을 찾는 이유는 무르타박이라는 요리를 먹기 위해서다. 무르타박은 로띠 같은 팬케이크에 각종 다진 고기와 계란, 야채를 넣어 만든 것으로, 한국의 지짐이와 비슷하다. 무르타박을 커피에 찍어 먹어도 맛있다. 가격은 S$5부터고 양도 넉넉해서 저렴한 가격에 한 끼 식사로 인기다. 이곳은 100년 넘게 지켜 온 맛집으로 절대 다른 곳에 지점을 두지 않았다고 하니, 사진을 보고 잘 찾아가 보자. 단, 그 전통에 걸맞게 많은 사람이 기다린다는 것을 알아 두자.

잠잠과 경쟁하는 현지인 무르타박 맛집
빅토리 레스토랑 Victory Restaurant

주소 25 Seah Street, S 188381 **위치** 부기스역 B 출구에서 직진 후 아랍 스트리트에서 좌회전 후 잠잠 레스토랑 바로 옆 **시간** 7:00~23:00 **가격** S$6~16(무르타박 사이즈에 따라 다름), S$6.5(비르야니) **전화** (65)6292-4202

잠잠 레스토랑은 워낙 역사가 오래됐고 인기가 많아서 현지인뿐만 아니라 관광객들도 많이 가지만, 아무래도 현지인들은 너무 많은 관광객이 오는 곳을 싫어하는 사람들도 있기 마련이다. 그래서 현지인들은 관광객을 피하며 무르타박의 맛을 즐기기 위해 빅토리 레스토랑으로 많이 간다. 닭고기와 양고기 무르타박이 인기며 인도식 볶음밥인 비르야니를 함께 먹으면 든든할 것이다. 아침에 일찍 문을 열기 때문에 아침 식사하러 가는 사람들도 많다. 현지 사람들과 섞여서 음식을 맛보면 여행 온 느낌이 물씬 날 것이다. 이곳에서 아침을 먹고 사람이 적을 때 모스크와 부소라 스트리트를 걸으며 사진을 찍는 것도 좋다.

홍대 앞 연남동과 같은 유니크 플레이스

하지 레인 Haji Lane

위치 부기스역 E 출구에서 도보 7분 후 아랍 스트리트와 한 블록 차이로 평행하게 난 도로

하지 레인은 한국의 연남동과 같은 곳으로, 젊은 느낌의 소품, 액세서리, 빈티지 의류 등의 숍들과 톡톡 튀는 카페들이 몰려 있다. 또한 길 전체가 앤티크한 집들과 멋진 벽화로 꾸며져 있어 젊은 여행자들의 필수 코스가 됐다. 이곳에서 멋진 벽화를 배경으로 기념사진을 남기고, 기념품도 마련해 보자.

오직 나만을 위한 커피를 마시며 쉬어 가는 곳
셀피 커피 | Selfie Coffee

주소 11 Haji Lane, S 189204 위치 부기스역 E 출구에서 도보 7분 후 하지 레인 골목 중간쯤 시간 12:00~
20:00 가격 S$6~8 내외 홈페이지 www.facebook.com/selfiecoffeesg 전화 (65)6341-7212

아랍 스트리트 지역은 큰 건물들이 없어 열
기를 식힐 곳이 마땅치 않다. 더 이상 열기를
참을 수 없을 때 셀피 커피숍을 추천한다. 아
이스커피가 S$8.5이고, 망고 주스는 S$6.5
이다. 커피를 주문하면 직원이 구매한 사람
을 스마트폰으로 촬영한다. 촬영된 사진은
커피 위 크림에 그려져서 나온다. 주문한 커
피를 가지고 2층으로 올라가 에어컨 바람을
쐬며 쉬면 된다.

새우 국수 요리를 전문으로 하는 맛집
블랑코 코트 프라운 미 | Blanco Court Prawn Mee

주소 Blanco Court Prawn Mee, 243 Beach Rd, S 189754 위치 부기스역 E 출구에서 도보 7분 후 하지 레인
과 비치 로드 교차점 시간 7:00~16:00(수~월) 휴무 화요일 가격 S$5 내외 전화 (65)6396-8464

블랑코 코트 프라운 미는 싱가포르 현지인들
에게 유명한 프라운 미 맛집이다. 프라운 미
는 새우가 들어간 국수로, 진한 새우 향과 시
원한 국물이 일품이다. 프라운 미는 크게 국
물이 들어간 국수와 비빔형 국수 2가지가 있

는데, 일반적으로 국물형 프라운 미를 추천
한다. 면의 종류도 선택할 수 있고, 새우와 돼
지고기, 소고기 등 입맛에 맞게 선택 주문도
가능하다. 1인 기준 작은 사이즈로 주문하면
S$5 내외다.

리틀 인디아
LITTLE INDIA

싱가포르 속 작은 인도, 그들의 모습은?

리틀 인디아는 이름 그대로 인도를 작게 축소해 놓은 듯, 알록달록 다양한 색감으로 가득한 거리다. 대부분의 싱가포르 여행자들이 아랍 스트리트, 차이나타운, 리틀 인디아 모두를 구경하는데 그 이유는 아마도 한 나라를 여행하면서 여러 나라를 한꺼번에 여행한 듯한 느낌 때문일 것이다. 리틀 인디아는 과거 인도 남부 타밀 지방에서 온 노동자들이 초기에는 차이나타운에 있다가 이곳으로 이동해 인도인들을 위한 공동체로 자리 잡은 지역이다. 리틀 인디아의 중심인 세랑군 로드에 들어서는 순간 형형색색의 풍경, 들려오는 음악, 진한 향신료 냄새로 인해 이곳이 싱가포르인지 구분하기 어려울 정도이다. 다민족 국가인 싱가포르에서 이민족의 고향 문화를 가장 잘 나타내는 곳 중의 하나로 여행자들을 위한 필수 여행지다. 힌두 문화를 가장 잘 나타내는 스리 비라마칼리암만 사원은 리틀 인디아에서 꼭 들러야 할 명소다. 인도 음식과 헤나, 여행자들을 위한 원스톱 쇼핑센터 무스디피에서의 쇼핑도 즐겨 보자.

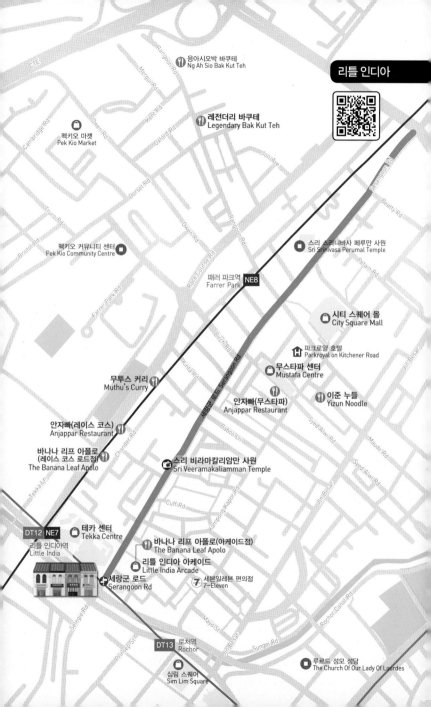

응아시오박 바쿠테
Ng Ah Sio Bak Kut Teh

레전더리 바쿠테
Legendary Bak Kut Teh

펙키오 마켓
Pek Kio Market

스리 스리니바사 페루만 사원
Sri Srinivasa Perumal Temple

펙키오 커뮤니티 센터
Pek Kio Community Centre

패러 파크역 NE8
Farrer Park

시티 스퀘어 몰
City Square Mall

파크로얄 호텔
Parkroyal on Kitchener Road

무스타파 센터
Mustafa Centre

무투스 커리
Muthu's Curry

이준 누들
Yizun Noodle

안자빠(무스타파)
Anjappar Restaurant

안자빠(레이스 코스)
Anjappar Restaurant

바나나 리프 아폴로
(레이스 코스 로드점)
The Banana Leaf Apolo

스리 비라마칼리암만 사원
Sri Veeramakaliamman Temple

DT12 NE7
리틀 인디아역
Little India

테카 센터
Tekka Centre

바나나 리프 아폴로(아케이드점)
The Banana Leaf Apolo

리틀 인디아 아케이드
Little India Arcade

세랑군 로드
Serangoon Rd

세븐일레븐 편의점
7-Eleven

로처역 DT13
Rochor

심림 스퀘어
Sim Lim Square

루르드 성모 성당
The Church Of Our Lady Of Lourdes

리틀 인디아 COURSE

대표 코스

리틀 인디아 대표 코스로 총 3시간 정도 소요된다. 무스타파 센터 쇼핑 시간이 전체 코스 시간을 좌우하므로 소요 시간은 바뀔 수 있다. 더위를 피할 곳이 마땅치 않으니 중간에 카페에서 잠시 쉬는 것도 좋다. 리틀 인디아의 가장 큰 특징은 헤나를 할 수 있다는 것인데 시간이 지나면 저절로 지워지는 타투이므로 많은 여행자가 한 번쯤 해 보는 편이다.

⭐ ──도보 1분→ ⭐ ──도보 1분→ ⭐ ──도보 1분→

리틀 인디아역　　　　　**테카 센터**　　　　　**리틀 인디아**
E 출구　　　　　　　　　　　　　　　　　　**아케이드(헤나)**

　　　　　　　　　　　　　　　　　　　　　　세랑군 로드 ⭐

⭐ ←도보 3분── ⭐ ←도보 7분── ⭐ ←도보 5분──

시티 스퀘어 몰　　　　**무스타파 센터**　　　**스리 비리마칼리암만**
　　　　　　　　　　　　　　　　　　　　　　　　사원

> **TIP** 무스타파 센터에서 쇼핑을 마치고 출출할 때, 식사를 하는 방법은 2가지가 있다. 인도 음식을 먹어 보고 싶다면 바나나 리프 아폴로나 무투스 커리 또는 저렴하면서 현지 분위기를 느낄 수 있는 테카 센터의 푸드 코트로 가자. 무더위에 지쳐 보다 깔끔한 곳에서 식사를 하고자 한다면 시티 스퀘어 몰의 다양한 프랜차이즈 레스토랑이나 푸드 코트를 이용하고, 지하로 바로 연결된 MRT를 이용해 다음 목적지로 이동하자.

세랑군 로드 탐험하기
Seragoon Road

리틀 인디아의 중심축을 이루는 도로로, 양쪽에 금·은·보석 상점, 인도 전통의 장신구 상점, 앤티크 숍, 각종 생필품 상점 및 식당들이 즐비하다. 리틀 인디아역 B 또는 C 출구로 나와서 한 블럭만 지나면 세랑군 로드에 들어선다. 입구 초입의 좌측은 테카 센터로, 다양한 인도 음식을 저렴하게 맛볼 수 있는 호커 센터가 1층에 있다. 1인당 S$10 미만으로 인도 음식을 즐길 수 있다. 테카 센터 옆의 버팔로 로드에는 전통 시장이 자리 잡고 있다. 같은 방향으로 약 5분을 더 가면 리틀 인디아의 랜드마크인 스리 비라마칼리암만 사원이 나온다. 입구 초입의 우측에는 버즈 쇼핑몰이 있다. 쇼핑몰에는 마트가 있고, 환전소도 있고, 인도 비자 센터가 있다. 인도 비자를 받으려면 이곳으로 가면 된다. 그다음에는 리틀 인디아 아케이드가 있고, 좁은 인도에 다양한 상점들이 들어서 있다. 현지인들 사이를 스쳐 가며 구경하는 재미가 쏠쏠하다. 우측 안쪽으로는 비교적 숙박비가 저렴한 게스트 하우스와 마사지 숍이 곳곳에 있다. 스리 비라마칼리암만 사원에서 약 5분을 더 가면 우측에 무스타파 쇼핑몰이 있고, 그 근처로 모바일 숍들과 상점들이 몰려 있다. 현지인들에게는 유심 칩의 종류 및 가격에서 리틀 인디아의 것이 가장 경쟁력이 있다고 평판이 나 있다.

인도의 냄새가 물씬 풍기는 재래시장
테카 센터 Tekka Centre

주소 665 Buffalo Rd, Little India, S 210665 위치 리틀 인디아역 E 출구에서 도보 1분 후 버팔로 로드로 30m 직진해 우측 건물 시간 6:30~21:00 요금 무료 전화 (65)6733-2225

테카 센터는 1915년 다양한 민족이 모여서 형성된 재래시장이다. 1982년에 현재 위치로 이전해 주로 신선 식품을 파는 웨트 마켓(Wet Market)으로 자리 잡고 있다. 리틀 인디아로 자리를 옮기면서 다민족의 분위기보다는 남인도 분위기가 물씬 풍기게 됐다. 특히 1층의 호커 센터는 인도 음식을 2~3불에 저렴하게 맛볼 수 있는 곳으로 추천한다. 1층은 식자재를 파는 웨트 마켓과 호커 센터로 이루어졌고, 주변에 인디언, 말레이 사람이 많아서 할랄 위주의 식자재를 많이 판다. 2층에는 의류가 있다. 평소 여행지의 재래시장에 관심 있는 여행자들에게는 또 하나의 색다른 재래시장 경험이 될 것이다.

리틀 인디아의 랜드마크 힌두 사원
스리 비라마칼리암만 사원 Sri Veeramakaliamman Temple

주소 141 Serangoon Rd, S 218042 위치 리틀 인디아역 E 출구에서 도보 약 10분 후 세랑군 로드 중앙 시간 6:00~21:00 요금 무료 홈페이지 www.sriveeramakaliamman.com 전화 (65)6295-4538

스리 비라마칼리암만 사원은 리틀 인디아의 세랑군 로드 중심부에 있는 힌두 사원이다. 이 사원은 1855년 인도 노동자들에 의해 인도 남부 건축 양식으로 지어졌다. 사원 위에는 각종 신을 모셔 놓은 탑인 고프람이 눈에 띄며, 사원 내부도 화려한 색깔의 신상과 장식 조각이 가득하다. 이 사원은 시바 신의 아내인 칼리 여신에게 바쳐졌으며, 칼리 여신의 아들인 가네샤와 무루간 신도 함께 모셔져 있다. 칼리 여신은 죽음과 파괴의 신인 동시에, 자비로운 어머니 여신이기도 하다. 칼리 여신은 예로부터 사람들에게 풍요와 은혜를 베풀어 주는 대신 살아 있는 제물을 요구했으며, 산 제물이 바쳐지지 않을 경우 전쟁을 일으킬 정도로 난폭한 신으로 알려져 있다. 이러한 칼리 여신의 이미지를 부릅 뜬 눈, 쑥 내민 혀, 칼과 방패 등을 쥔 8개의 팔 등으로 표현한 신상도 있으니 잘 찾아보자. 사원에 가기 전 힌두 신들을 미리 알아보고 가면 사원 곳곳에 숨어 있는 신들을 찾는 재미가 쏠쏠하다. 사원에 들어갈 때는 신발을 벗어야 하며, 사원 안에는 현지인들이 수시로 와서 신과 교감을 하고, 하루 몇 번씩 신에게 기도 드리는 의식인 푸자(Pooja)가 이뤄지니 조용히 문화를 느껴 보자. 사원 안 사진 촬영은 자유다.

헤나를 할 수 있는 리틀 인디아 전통의 쇼핑몰

리틀 인디아 아케이드 Little India Arcade

주소 48 Serangoon Rd, S 217959 위치 리틀 인디아역 E 출구에서 도보 5분 후 버팔로 로드 가로질러 길 건너 시간 9:00~22:00 요금 S\$5~20(헤나) 홈페이지 littleindiaarcade.com.sg 전화 (65)6295-5998

리틀 인디아에 1920년대부터 있었던 상점과 식당들이 현재까지 보존돼 리틀 인디아 아케이드 쇼핑몰을 이뤘다. 세랑군 로드 입구에 위치한 리틀 인디아 아케이드를 오는 이유는 헤나 타투를 하거나 유명 맛집인 바나나 리프 아폴로 식당에서 피시 헤드 커리를 먹기 위해서다.

TIP 리틀 인디아에서 헤나 타투하기 Henna Tattoo

국내에서 쉽게 하지 못하는 것들을 해 보는 것도 해외여행의 묘미다. 화려한 헤나 타투를 해 봄으로써 자유를 만끽하자. 헤나 타투를 그린 후 20~30분이면 헤나가 마르고, 약 2주 후에는 자연스럽게 그림이 모두 지워진다. 가격은 크기와 난이도에 따라 다르며, 약 S\$5~200이다. 워낙 한국인도 많이 오는 지역이기 때문에 한국어로 흥정도 가능하다. 싱가포르에서는 리틀 인디아가 헤나 타투로 가장 잘 알려진 지역이며, 리틀 인디아 아케이드에 3개의 헤나 숍이 있고, 그중에서 1층에 위치한 셀비스(Selvis) 헤나가 가장 유명하다.

피시 헤드 커리 맛집에서 인도 음식 맛보기

바나나 리프 아폴로 The Banana Leaf Apolo

주소 ❶ 레이스 코스 로드 지점 54 Race Course Rd, S 218564 ❷ 아케이드 지점 48 Serangoon Rd #01-32, Little India Arcade, S 217959 위치 ❶ 레이스 코스 로드 지점 리틀 인디아역 E 출구에서 레이스 코스 로드 따라 도보 5분 ❷ 아케이드 지점 리틀 인디아역 E 출구에서 버팔로 로드로 직진 후 길 건너 리틀 인디아 아케이드 건물 시간 11:00~22:30 가격 S\$30~40 내외 홈페이지 www.thebananaleafapolo.com 전화 레이스 코스 로드 지점 (65)6293-8682 아케이드 지점 (65)6297-1595

바나나 리프 아폴로는 '피시 헤드 커리'로 유명한 리틀 인디아 맛집으로, 이름 그대로 주문한 음식을 바나나잎 위에서 먹는다. 대표 메뉴인 피시 헤드 커리는 약간 매운탕 같은 느낌이 나며, 가격은 사이즈에 따라 S\$22~30이다. 일반적으로 커리와 함께 난과 볶음밥을 주문해 같이 먹으면 된다. 2인 기준 S\$30~40 내외 예산을 잡으면 된다. 바나나 리프 아폴로는 리틀 인디아에 2개의 지점이 있으며, 메뉴와 가격은 동일하지만 레이스 코스 로드 지점이 더 고급스러운 분위기다. 피시 헤드 커리는 한국인 여행자들에게는 입맛에 맞지 않는 경우가 있다. 그럴 경우 인도 음식의 대표 주자 탄두리 치킨을 주문한다면 어느 누구라도 맛있게 식사할 수 있다. 바나나 리프 아폴로 옆의 무투스 커리도 맛집으로 알려져 있으니 바나나 리프 아폴로가 사람이 너무 많다면 그쪽으로 가도 괜찮다.

리틀 인디아 원조 맛집
무투스 커리 Muthu's Curry

주소 138 Race Course Rd, S 218591 **위치** 리틀 인디아역 E 출구에서 레이스 코스 로드 따라 도보 7분 **시간** 10:30~22:30 **가격** S$20~30 내외 **전화** (65)6392-1722

무투스 커리 레스토랑은 바나나 리프 아폴로와 더불어 리틀 인디아의 대표적인 인도 요리 맛집이다. 1969년도에 오픈하였다고 하니, 리틀 인디아의 원조 맛집이라고도 할 수 있겠다. 레스토랑 안에는 뷔페처럼 음식을 모두 펼쳐 놓고 있으며, 깔끔한 분위기가 연출된다. 무투스 커리 레스토랑도 피시 헤드 커리가 대표 메뉴며, 사이즈별로 S$22부터 많게는 S$32까지 지불해야 하는 경우도 있다. 피시 헤드 커리가 부담스럽다면, 탄두리 치킨과 함께 난이나 밥을 주문해서 먹으면 보다 저렴하게 즐길 수 있다.

리틀 인디아에 위치한 인도 레스토랑
안자빠 Anjappar Restaurant

주소 78 Race Course Rd, S 218576 **위치** 리틀 인디아역 E 출구에서 레이스 코스 로드 따라 도보 5분 **시간** 11:00~22:30 **가격** S$10~12 정도(1인 세트 메뉴) **홈페이지** anjappar.com.sg **전화** (65)6296-5545

깔끔하게 인도 음식을 먹을 수 있는 인도 레스토랑이다. 무스타파 센터 바로 앞에도 있고 리틀 인디아역과 페라 파크역 사이에도 있다. 무스타파 센터 앞에 있는 곳은 크기가 작고, 이곳이 훨씬 크고 조금 더 레스토랑 분위기가 난다. 조용한 곳에 있기 때문에 사람들이 분비지 않으니 편하게 먹을 수 있다. 망고 라씨와 로디가 맛있으며 처음에 주는 스낵은 재활용하니 먹지 않는 것이 좋다. 탄두리 치킨과 양고기 커리를 로띠와 함께 먹으면 좋다. 최근에 인테리어를 바꿔 매장이 깨끗하니 편하게 먹기 좋다.

24시간 저렴하게 쇼핑할 수 있는 쇼핑 메카

무스타파 센터 Mustafa Centre

주소 145 Syed Alwi Rd, S 207704 **위치 ❶** 패러 파크역 F 출구에서 약 5분 거리 **❷** 패러 파크역 I 출구에서 시티 스퀘어 몰로 이동 후 도보 약 5분 **시간** 24시간 **홈페이지** www.mustafa.com.sg **전화** (65)6295-5855

구관과 신관으로 나눠진 건물에 지하 2층부터 지상 4층까지 내가 필요한 모든 것을 파는 쇼핑몰이다. 무엇보다 리틀 인디아 지역 특성에 맞게 24시간 쇼핑이 가능하고, 현지에서도 가장 저렴한 가격을 유지하고 있는 곳으로 유명하다. 무스타파 센터에서 사야 하는 쇼핑 리스트가 있을 정도로 한국 여행자들에게도 사랑받는 곳이다. 여행자들이 무스타파 센터를 찾는 이유는 싱가포르 여행의 필수 쇼핑 아이템인 부엉이 커피, 히말라야 제품을 시간에 구애받지 않고, 비교적 저렴하게 사기 위해서다. 특히 한국인들이 좋아하는 코코넛 슈가와 헤이즐넛 부엉이 커피를 구매할 수 있는 확률이 높고, 히말라야 제품은 종류도 다양하고 행사도 하여 쇼핑하기가 좋다.

> **TIP 무스타파 센터 즐기기**
>
> 이곳을 쇼핑할 때에는 3가지를 명심하자. 첫 번째, 소매치기가 많으니 입구에 가방을 맡기거나, 가방이 열리지 않도록 고정 끈으로 묶고 들어가는 것이 좋다. 두 번째, 계산을 하는 곳이 여러 곳에 나뉘어져 있으므로, 층에 상관없이 쇼핑이 끝났으면 사람 없는 곳으로 가서 계산을 하면 된다. 세 번째, S\$100 이상 구매하면 GST(Goods & Service Tax)환급을 받을 수 있으니, 여권 원본을 가지고 무스타파 센터 지하 2층에 있는 리펀 창구(GST Refund Counter)에서 GST 리펀 확인증을 받아서 출국 시 공항에서 환급받자.

면을 직접 뽑아 만드는 소고기 국수

이준 누들 Yizun Noodle

주소 45 Sam Leong Rd, S 207935 **위치** 패러 파크역 I 출구에서 도보 5분 후 시티 스퀘어 몰 통과 후 무스타파 센터 뒤쪽 골목 **시간** 10:00~22:00 **가격** S\$8 정도(소고기 국수) **전화** (65)8285-1400

중국식 할랄 식당으로, 안쪽 주방에서 수타로 면을 뽑는 장면을 직접 볼 수 있다. 수타면이라 쫄깃할 거라 생각하지만 부드러운 면이다. 간이 된 면으로 주문하면 바로 면을 뽑아 삶아 준다. 우리나라식으로 생각하면 소고기국에 면을 넣은 상태에 향신료를 더한 느낌이다. 고기도 큰 조각을 4개 넣어 주는데 양이 많아서 작은 사이즈를 시켜도 충분하다. 음료수는 만들어 놓은 차나 캔을 주문하면 된다. 고수는 위에 뿌려서 나와 골라서 먹기 불편하므로 고수에 민감한 사람이라면 애초에 고수를 빼달라고 해야 한다. 처음에 먹을 때는 약간 고기 비린내가 날 수 있는데 테이블에 놓여 있는 고추 소스를 넣어 먹으면 된다. 중국식과 동남아식이 결합된 맛이라 간이 센 편이다. 그 밖에 우리나라식 보쌈 같은 형식의 고기도 있으니 여러 명이 같이 간다면 함께 시켜서 먹어도 좋다.

리틀 인디아 지역에서 가장 쾌적한 쇼핑몰

시티 스퀘어 몰 City Square Mall

주소 180 Kitchener Rd, S 208539 **위치** 패러 파크역 I 출구와 연결 **시간** 10:00~22:00 **홈페이지** citysquaremall.com.sg **전화** (65)6595-6595

패러 파크역 I 출구와 바로 연결된 쇼핑몰로, 에어컨 바람을 쐬기 힘든 리틀 인디아에서 가장 쾌적한 곳이다. 자연 친화적 쇼핑몰로 지어져 앞마당과 옥상에 공원이 있다. 무스타파 쇼핑센터를 갈 때 이 쇼핑몰을 거쳐 가면 시원하고 빠르게 갈 수 있으며, 무스타파 쇼핑 이후 쾌적한 곳에서 식사를 하고 싶을 때도 유용한 곳이다. 푸드 리퍼블릭 푸드 코트, 애스톤즈, 야쿤 카야 토스트, 두유 전문점 미스터 빈을 비롯해 다양한 프랜차이즈

식당이 있으며, 지하에는 정부에서 운영하는 싱가포르 최대 슈퍼마켓 체인인 페어 프라이스도 입점해 있다.

3대가 함께 운영하는 바쿠테 맛집

레전더리 바쿠테 Legendary Bak Kut Teh 🍴

주소 154 Rangoon Rd, S 218431 **위치** 패러 파크역 B 출구에서 도보 10분 후 세랑군 로드 따라 가다 세랑군 레인과의 교차점 **시간** 9:00~23:00(목~화) **휴무** 수요일 **가격** S$11 내외 **홈페이지** legendarybkt.com **전화** (65)6292-0938

레전더리 바쿠테는 3대가 함께 운영하는 바쿠테 전문 식당으로, 이전에 파운더 바쿠테 식당 자리였다. 바쿠테는 돼지고기에 각종 한약재와 마늘 등을 넣어 국물과 함께 우려낸 음식으로, 우리나라의 갈비탕과 비슷하다. 여행자들이 많이 가는 클락 키의 송파 바쿠테와 비교하면 국물 맛이 더 진한 것이 특징이다. 돼지갈비 바쿠테 한 그릇과 밥 한 공기를 시키면 1인당 S$11 내외며, 2인 이상일 경우 야채 무침을 추가로 시키면 좋다. 이곳은 주변에 버스도 없고 한적한 분위기가 나는 주택가로, 지하철역에서 더위를 이겨가며 찾아가기에는 먼 편이다. 선선한 아침에 와서 아침 식사를 하고 리틀 인디아로 이동해 여행과 쇼핑을 즐기는 것을 추천한다.

싱가포르다움을 느낄 수 있는 컬러풀 여행지

차이나타운은 싱가포르 건국의 역사를 보여 주는 곳이라 할 수 있을 만큼, 과거와 현재가 아름답게 공존하는 곳이다. 차이나타운역을 나서면 펼쳐지는 파고다 스트리트의 다이내믹한 풍경, 불교·힌두교·이슬람교 사원이 모여 있는 사우스 브리지 로드, 탄종 파가의 앤티크한 숍하우스, 퓨전 스타일로 한껏 멋을 낸 젊은이들의 거리 클럽 스트리트, 초기 중국과 인도 이주자들의 문화를 느낄 수 있는 텔록 에이어가 이어진다. 그 뒤로 싱가포르 경제가 살아 숨 쉬는 빌딩 숲이 둘러싸여 있다. 조금 더 거리를 넓히면 싱가포르에서 가장 오래된 주거지이자 과거가 돋보이는 감각적인 티옹 바루도 멀지 않은 곳에 있다. 차이나타운에서는 파고다 스트리트를 중심으로 곳곳에 펼쳐진 맛집과 쇼핑을 즐기고, 탄종 파가와 텔록 에이어를 걷는 것만으로도 즐거울 것이나. 그리고 티옹 바루의 티옹 바루 베이커리 본점도 절대 놓치지 말자.

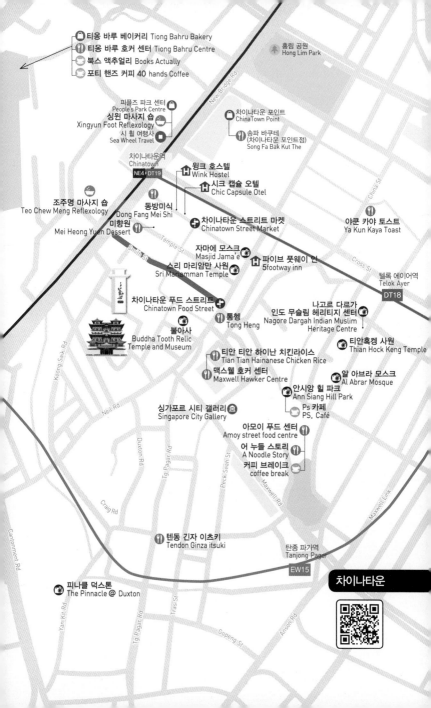

티옹 바루 베이커리 Tiong Bahru Bakery
티옹 바루 호커 센터 Tiong Bahru Centre
북스 액추얼리 Books Actually
포티 핸즈 커피 40 hands Coffee

홍림 공원
Hong Lim Park

피플스 파크 센터
People's Park Centre
싱윈 마사지 숍
Xingyun Foot Reflexology
시 휠 여행사
Sea Wheel Travel

차이나타운 포인트
ChinaTown Point

송파 바쿠테
(차이나타운 포인트점)
Song Fa Bak Kut The

차이나타운역
Chinatown
NE4 DT19

윙크 호스텔
Wink Hostel

시크 캡슐 오텔
Chic Capsule Otel

조주명 마사지 숍
Teo Chew Meng Reflexology

동방미식
Dong Fang Mei Shi

미향원
Mei Heong Yuen Dessert

차이나타운 스트리트 마켓
Chinatown Street Market

야쿤 카야 토스트
Ya Kun Kaya Toast

자마에 모스크
Masjid Jama'e

스리 마리암만 사원
Sri Mariamman Temple

파이브 풋웨이 인
5footway inn

텔록 에이어역
Telok Ayer
DT18

차이나타운 푸드 스트리트
Chinatown Food Street

통헹
Tong Heng

나고르 다르가
인도 무슬림 헤리티지 센터
Nagore Dargah Indian Muslim
Heritage Centre

불아사
Buddha Tooth Relic
Temple and Museum

티안흑켕 사원
Thian Hock Keng Temple

티안 티안 하이난 치킨라이스
Tian Tian Hainanese Chicken Rice

맥스웰 호커 센터
Maxwell Hawker Centre

알 아브라 모스크
Al Abrar Mosque

안시앙 힐 파크
Ann Siang Hill Park

싱가포르 시티 갤러리
Singapore City Gallery

Ps 카페
PS. Café

아모이 푸드 센터
Amoy street food centre

어 누들 스토리
A Noodle Story

커피 브레이크
coffee break

텐동 긴자 이츠키
Tendon Ginza itsuki

탄종 파가역
Tanjong Pagar
EW15

피나클 덕스톤
The Pinnacle @ Duxton

차이나타운

차이나타운 COURSE

대표 코스

차이나타운역에서 탄종 파가역 방향으로 이동하며 차이나타운의 핵심 명소를 둘러보는 코스다. 총 5시간 정도 소요된다. 관광, 쇼핑, 식사 모두 가능하다. 단, 걷는 양이 많아 덥고 힘들기 때문에 꼭 가고 싶은 곳을 중심으로 이동하자.

⭐ ──도보 1분··· ⭐ ──도보 1분··· ⭐ ──도보 1분··· ⭐ ──도보 1분···
차이나타운역 A   **차이나타운**   **자마에 모스크**   **스리 마리암만 사원**
파고다 스트리트 방향 출구   **스트리트 마켓**

> **TIP** 차이나타운역은 노스 이스트 라인(North East Line)과 다운타운 라인(Downtown Line)이 교차하는 교통의 요지로, 많은 현지인과 관광객들로 붐비는 곳이다. A 출구는 파고다 스트리트, D 출구는 피플즈 파크로 바로 갈 수 있다. A 출구는 다시 차이나타운 스트리트 마켓이 펼쳐져 있는 파고다 스트리트로 나가는 방향과 뉴 브리지 로드로 나가는 방향으로 갈리니 출구를 확인하고 나가자.

⭐ ←──도보 15분 ⭐ ←──도보 1분 ⭐
피나클 덕스톤   **차이나타운**   **불아사**
          푸드 스트리트

> **TIP** 시간이 남는다면 뒤이어서 싱가포르 시티 갤러리를 보고 맥스웰 호커 센터에서 식사 후 안시앙 힐 파크를 지나 텔록 에이어 사원 관광을 하는 것도 추천한다.

차이나타운 & 클락 키 야경 코스

차이나타운에서 쇼핑, 마사지, 식사를 하고 클락 키의 야경을 보러 가는 늦은 오후 코스다. 총 소요 시간은 3시간 정도다.

클락 키로 이동

⭐ ──도보 1분··· ⭐ ──도보 12분···
차이나타운역 A   **차이나타운**
파고다 스트리트   **스트리트 마켓**
방향 출구

⭐ ←──도보 1분 ⭐ ←──도보 1분 ⭐
클락 키 강변   **리드 브리지**   **클락 키 센트럴**
야경   **(러브 락)**

이색 동네 산책 코스

텔록 에이어와 탄종 파가를 한번에 보는 코스며, 소요 시간은 3시간 30분 정도다. 걷는 양이 많아 더울 수 있다.

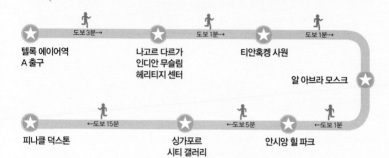

도보 3분⋯   도보 1분⋯   도보 1분⋯

텔록 에이어역   나고르 다르가   티안혹켕 사원
A 출구   인디안 무슬림
    헤리티지 센터
        알 아브라 모스크

⋯도보 15분   ⋯도보 5분   ⋯도보 1분

피나클 덕스톤   싱가포르   안시앙 힐 파크
    시티 갤러리

TIP 코스를 마친 후에는 캔톤먼트 로드에서 75번 버스 타고 두 정거장 지나 블락(Block 55) 정거장에서 내리자.
타용 바루 베이커리에 가서 식사와 휴식을 취할 수 있다.

역사 탐방 코스

텔록 에이어 역에서 차이나타운역 방향으로 이동하며 생활 역사 탐방을 하는 코스로 총 3시간 정도 소요된다. 다양한 사원을 통해 종교 문화를 접할 수 있으며 쇼핑으로 마무리할 수 있는 코스이다.

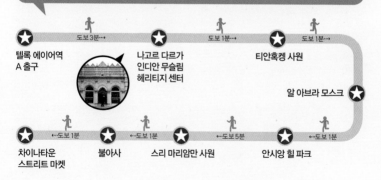

도보 3분⋯   도보 1분⋯   도보 1분⋯

텔록 에이어역   나고르 다르가   티안혹켕 사원
A 출구   인디안 무슬림
    헤리티지 센터
        알 아브라 모스크

⋯도보 1분   ⋯도보 1분   ⋯도보 5분   ⋯도보 1분

차이나타운   불아사   스리 마리암만 사원   안시앙 힐 파크
스트리트 마켓

TIP 코스를 마친 후에는 차이나타운 푸드 스트리트에서 식사 후, 마사지 숍들이 많은 곳에서 마사지를 받으며 더위를 식히자.

차이나타운역 일대

싱가포르 기념품을 가장 저렴하게 살 수 있는 곳

차이나타운 스트리트 마켓 Chinatown Street Market

주소 Pagoda Street, Trengganu Street, Sago Street, Smith Street, Singapore **위치** 차이나타운역 A 출구에서 파고다 스트리트 방향 **시간** 10:00~22:00(점포마다 다름) **홈페이지** www.chinatown.sg **전화** (65)6221-5115

차이나타운 스트리트 마켓은 파고다 스트리트(Pagoda Street)와 트렝가누 스트리트(Trengganu Street), 사고 스트리트(Sago Street)의 보행자 도로를 중심으로 펼쳐진 노천 시장이다. 싱가포르에서 가장 활기찬 곳 중 하나이다. 앤티크한 건물 사이로 보이는 붉은 등과 중국어 간판, 영어보다 중국어가 더 잘 통하는 상점들은 마치 중국에 있는 듯한 느낌을 준다. 오래전부터 있었던 숍 하우스의 모습을 그대로 간직하고 있다. 이 건물들은 모두 여행자를 위한 기념품 가게라 할 수 있을 정도로 다양한 기념품을 판다. 노점상에서도 구경할 것이 많다. 또한 앞서 언급한 중심 도로를 기준으로 차이나타운에서는 많은 것을 할 수 있다. 그중 차이나타운 내 여행사에서 각종 티켓이나 입장권을 구입할 수 있다. 한국에서 미처 구입하지 못한 여행지의 티켓을 이곳에서 비교적 저렴하게 구입하자. 스미스 스트리트는 밤늦게까지 노천에서 식사할 수 있는 푸드 스트리트다. 하루 관광을 마치고 들러서 하루 종일 쌓인 피로를 털어내며 간단하게 식사를 하기에 좋다.

여행의 피로가 싹 풀리는 곳

싱윈 마사지 숍 Xingyun Foot Reflexology

주소 #02-01 People's Pk Centre, S 058357 **위치** 차이나타운역 D 출구에서 2분 후 피플즈 파크 센터 2층
시간 10:30~21:00 **전화** (65)6533-4427

차이나타운의 파고다 스트리트에도 마사지
숍이 많지만 그보다 추천하는 곳은 피플즈
파크와 피플즈 콤플렉스에 위치한 마사지 숍
이다. 이곳은 실력도 좋고, 무엇보다 가격이
매우 저렴한 편이다. 차이나타운역 D 출구에
있는 피플즈 파크 센터 2층에 있으며, 건물
내 1층에서 에스컬레이터를 타고 올라가면
바로 앞쪽에 보이는 통로 안쪽에 있다. 가격
은 발 마사지 20분에 S$18, 40분에 S$22,
60분에 S$33이고, 발과 어깨 마사지는 60
분에 S$38이다.

반가운 한글 간판에 마음도 풀어지는 곳

조주명 마사지 숍 Teo Chew Meng Reflexology

주소 #03-K79 People's Pk Complex, S 059108 **위치** 차이나타운역 C 출구에서 도보 2분 후 피플즈 파크
컴플렉스 3층 **시간** 10:00~22:00 **전화** (65)6223-1268

차이나타운역 C 출구에 있는 피플즈 파크 컴
플렉스 3층 화장실 근처에 위치한 마사지 숍
이며, 한글로 '조주명'이라고 적혀 있다. 가
격은 발 마사지 30분에 S$15이고, 발+어깨
마사지는 45분에 S$20, 60분에 S$25이다.

바로 가면 오래 기다릴 수 있으니, 차이나타
운 스트리트 마켓에 가기 전 잠시 들러 예약
을 하면 좋다. 마사지는 강약을 조절할 수 있
으니, 아프면 그냥 한국말로 아프다고 이야
기 하자.

> **TIP** 차이나타운에서 기념품 사기
>
> 가장 많이 사는 기념품 냉장고 자석은 제일 싼 곳이 7개에 S$10이다. 그 밖에도 티셔츠, 부채, 머리핀, 액세서
> 리, 볼펜, 네임 태그, 열쇠고리, 에코백, 장난감 등 소소한 기념품들이 넘친다. 기념품은 공항, 부기스, 무스타
> 파, 리틀 인디아 등 여러 곳에서 판매하지만 차이나타운이 그중에서 가장 저렴하다.

싱가포르에서 꼭 맛봐야 하는 육포의 대명사

비첸향 Bee Cheng Hiang

주소 69 Pagoda St, S 059228 **위치** 차이나타운역 A 파고다 스트리트 출구 바로 우측 **시간** 8:00~22:00 **가격** S$30~40(600g) **홈페이지** beechenghiang.com.sg **전화** (65)6323-0049

파고다 스트리트 A 출구로 나오면 바로 우측에 위치해 있다. 소고기, 돼지고기, 닭고기에 다양한 맛이 가미된 육포가 있으며, 조금씩 맛을 보고 살 수 있다. 600g에 S$30~40, 1kg에 S$50~62이며, 소고기가 조금 더 비싸다. 육포는 한국 검역에서 반입 금지 물품이니, 적당한 양만을 구매해서 일정이 끝나고 숙소로 돌아가 맥주와 함께 즐기는 등 여행 중 다 먹을 수 있도록 하자.

두리안 또는 망고 주스가 먹고 싶을 때

원더플 두리안 Wonderful Durian

주소 15 Trengganu Street, S 058469 **위치** 차이나타운역 A 출구에서 도보 5분 후 템플 스트리트와 트렝가누 스트리트 교차점 **시간** 9:00~22:00 **가격** S$4~5 **홈페이지** www.wonderfuldurian.com.sg **전화** (65)6747-0191

겔랑(Geylang) 지역에 있는 원더플 두리안 숍의 분점이다. 이곳은 두리안 과일을 시식할 수 있을 뿐만 아니라, 두리안 주스, 두리안 밀크셰이크, 제비집과 함께 나오는 두리안 무상(Musang) 등 다양한 두리안 먹거리가 있다. 그 밖에 한국인이 좋아하는 망고 등 각종 과일 주스도 풍부해서 더위를 식히며 시원한 과일 주스를 먹기에 좋다. 한국 사람들 중에서 두리안을 좋아하는 사람은 별로 없지만 망고를 좋아하는 사람은 많은 편인 것 같다. 한국보다 저렴한 가격에 망고를 먹을 수 있으니 수분이 부족할 때 망고 주스로 보충해보자. 두리안을 포함한 주스 종류는 S$4~5, 두리안 무상은 S$40 내외다.

더 이상 설명이 필요 없는 망고 빙수 전문점

미향원 Mei Heong Yuen Dessert

주소 63-67 Temple St, S058611 위치 차이나타운역 A 출구에서 도보 5분 후 템플 스트리트에서 뉴 브리지 로드 방향 끝쪽 시간 12:00~22:00(화-일) 휴무 월요일 가격 S$5~6 홈페이지 meiheongyuendessert.com.sg 전화 (65)6222-2224

망고 빙수로 매우 유명한 디저트 전문점이다. 망고 시럽과 과일이 듬뿍 들어간 망고 빙수는 S$5.5에 2명이서 충분히 먹을 수 있다. 그린티, 두리안, 딸기, 모카 빙수도 있으며, 망고와 딸기를 믹스한 빙수는 S$6.5이다. 템플 스트리트점은 본점으로 매주 월요일에 쉰다. 그럴 때는 본점 대신 분점으로 가 보자. 5분 거리에 있는 차이나타운 포인트 쇼핑몰 지하 2층 32번과 오차드역의 아이온 오차드 지하 4층 34번에 위치한 분점은 모두 연중무휴로 운영된다. 요즘은 한국에서도 망고 빙수를 맛볼 수 있지만 싱가포르에서 먹는 망고 빙수는 망고 맛이 더 강해 더욱 맛있게 느껴진다. 열심히 구경하느라 몸 안에 열기가 가득 찼다면 시원한 망고 빙수로 쌓인 열기를 식혀 보자.

차이나타운 중심에 있는 칠리 크랩 레스토랑

차이나타운 시푸드 Chinatown Seafood

주소 51 Pagoda St, S 058611 위치 차이나타운역 A 출구에서 도보 5분 후 파고다 스트리트와 트렝가누 스트리트 교차점 시간 12:00~24:30 가격 S$48(칠리 크랩 800g) 전화 (65)6222-2224

차이나타운에 있는 트립어드바이저(tripadvisor) 인증 시푸드 레스토랑이다. 위치가 매우 좋아, 차이나타운의 분위기에 흠뻑 젖으며 칠리 크랩을 먹거나 요리와 함께 가벼운 맥주를 한잔하기에 좋다. 칠리 크랩은 800g에 S$48이며, 추가로 번과 볶음밥 등을 주문해 풍족한 식사를 즐길 수 있다.

소이치킨을 먹을 수 있는 곳

츄 키 이팅 하우스 Chew Kee Eating House

주소 8 Upper Cross St, S058327 **위치** 차이나타운역에서 G 출구에서 길 건너 3분 **시간** 9:00~19:00 **휴무** 화요일 **가격** S$5 내외 **전화** (65)6222-0507

츄 키 이팅 하우스는 간장으로 조린 치킨라이스를 저렴하게 먹을 수 있는 현지 맛집이다. 차이나타운역에서 츄 키 이팅 하우스로 가는 길에 비슷한 곳이 많으니 멈추지 말고 8호라고 써 있는 곳으로 가자. 가면 아주머니 한 분이 딱 앉아서 포스를 뿜어내신다. 들어가면 "치킨라이스? 치킨누들?"이라고 질문한다. 뭘 먹고 싶은지 말하면 "안쪽? 바깥쪽?" 하고 가리키면 원하는 곳에 앉아 기다리면 음식을 가져다준다. 진한 색의 국물과 함께 나오는데 국물은 색과는 다르게 맛이 진하지 않다. 돌아다니느라 땀을 많이 흘린 후에 먹는다면 처음에는 크게 짜다는 느낌이 없다. 하지만 먹을수록 짠맛이 쌓이는 건지 먹다 보면 짜다는 생각이 든다. 그러니 완탕과 같은 다른 국물을 시켜도 좋고 먹고 나서 달달한 디저트를 먹는 것도 좋다. 이곳의 단점은 위에 올려주는 치킨이 뼈와 함께 잘라서 나오기 때문에 뼈를 발라 먹어야 하고 또 아주 작은 뼈 조각을 발견하는 경우도 있다. 하지만 현지 사람들이 차로 와서 이것저것 많이 포장해가는 맛집이니 한 번 가보자.

패스트푸드 느낌으로 소이 치킨라이스를 먹을 수 있는 곳

호커 찬 Hawker Chan(Hong Kong Soya Sauce Chicken Rice & Noodle)

주소 78 Smith St, S 058972 **위치** 차이나타운역에서 A 출구에서 도보 3분 **시간** 10:30~21:00 **가격** S$4(치킨라이스), S$5(치킨누들) **전화** (65)6221-1668

싱가포르 미쉐린에 연속으로 이름을 올린 치킨라이스 맛집이다. 싱가포르에서 노점 식당으로 시작해 이제는 전 세계 체인점을 갖고 있다. 미쉐린 가이드 식당으로 등극한 이후 지금의 자리로 확장 운영하고 있으며, 기존 운영 중인 차이나타운 호커 센터 2층의 호커 찬은 에어컨이 없는 대신 S$1~2 가량 저렴하다. 차이나타운을 구경하다가 더워질 때 들어가 식사하면 시원하고 좋다. 시설도 깨끗하고 잘 갖춰져 있으며 주문하고 기다리다 모니터에 번호를 보고 가져다 먹으면 된다. 맥도날드와 현지 식당을 합친 느낌이다. 가격도 크게 비싸지 않아서 여러 종류를 맛보길 바라며 한쪽에 마련된 소스와 고추를 가져가 함께 먹으면 더욱 좋다.

다양한 선택을 할 수 있는 차이나타운 먹자 골목

차이나타운 푸드 스트리트 Chinatown Food Street

주소 7 Smith St, S 058972 **위치** 차이나타운역 A 출구에서 도보 5분 **시간** 11:00~23:00 **홈페이지** chinatownfoodstreet.sg

스미스 스트리트가 보행자 전용 도로로 만들어지면서 차이나타운의 먹자 골목이 됐다. 차이나타운이라고 중국 요리만 있지 않고, 말레이시아 음식부터 다양한 아시아 음식들이 푸드 코트처럼 펼쳐져 있다. 내가 먹고 싶은 음식을 찾아가서 주문하고, 맥주가 먹고 싶다면 별도 주문을 하면 된다. 아케이드 형태로 되어 있어 비가 와도 걱정 없지만, 아무래도 야외라 조금 더울 수 있다. 그러니 곳곳에 에어컨이 나오는 연통 앞으로 자리를 잘 잡아 보자. 총총 응오 향 프라운 프리터(Chong Chong Ngoh Hiang Prawn Fritter)의 튀김 세트가 S$8, S$12, 분탓 스트리트 비비큐 시푸드(Boon Tat Street BBQ Seafood)의 오징어, 조개, 가오리, 새우 양념 요리는 S$10~20 내외, 겔랑 로어 9(Geylang Lor 9)의 개구리죽은 S$9~25, 카통 케 키 프라이드 오이스터(Katong Keah Kee Fried Oysters)의 굴 요리가 S$5~10으로, 식사와 맥주 안주가 다양하다. 그밖에 볶음밥, 로스트 포크, 치킨라이스, 누들 요리 등은 S$10 미만으로 간단히 식사하기에 손색이 없는 곳이다.

가볍게 중식을 즐길 수 있는 곳

동방미식 Dong Fang Mei Shi

주소 195 New Bridge Rd, S 059425 **위치** 차이나타운역 A출구에서 찻길 쪽으로 올라가 클락 키 방향 도보 2분 **시간** 11:00~19:00 **가격** S$13 정도(꿔바로우) **전화** (65)8811~2000

동방미식은 차이나타운에서 중국 음식과 함께 맥주 한잔하기 좋은 곳이다. 그래서인지 현지인들이 많이 가던 곳에서 우리나라 여행자들도 많이 가는 곳이 됐다. 하지만 많이 가는 만큼 친절해지면 좋은데 친절하지 않다는 평이 많다. 문이 열려 있지만 안쪽에 에어컨 바람이 나와 시원하다. 앉아서 메뉴를 보고 있으면 주변에 두세 팀은 한국 사람일 정도로 한국 사람을 많이 볼 수 있다. 한국 사람이 많이 주문하는 꿔바로우는 고기가 얇고 닭강정에서 매운맛을 뺀 듯한 단맛이 강하다. 만약 이에 달라붙는 식감을 싫어한다면 꿔바로우 말고 다른 것을 주문해 보자. 이왕이면 마파두부나 매콤한 메뉴를 곁들여서 먹는 것도 좋다. 대부분 꿔바로우를 시켜 먹는 사람은 한국 사람들이고 다른 음식을 먹는 사람은 중국인 또는 현지인인 경우가 많다. 이곳의 가장 큰 장점은 가성비가 좋다는 것이다.

매운맛이 그립다면 추천하는 사천 요리 전문 식당
올드 청두 시추안 Old Chengdu Sichuan

주소 80 Pagoda St, S 059239 위치 차이나타운역 A 파고다 스트리트 출구 바로 좌측 시간 11:00~다음 날 1:30 가격 S\$10~20 정도(한 요리당) 홈페이지 oldchengdu.com.sg 전화 (65)6222-6858

차이나타운에서 동방미식만큼 한국 사람이 많이 가는 중국 식당이며 현지인들에게 더욱 인기인 곳이다. 한국 사람 입맛에는 칠리 치킨이 잘 맞는데 여행지에서 볶고 튀긴 음식만 먹었다면 사천식 매콤한 음식을 먹는 것도 좋다. 쿵파오 치킨(Kung Pao Chicken)은 땅콩의 고소함과 소스의 맵고 짠맛으로 번을 달달한 소스에 찍어 함께 먹으면 그야말로 맵단짠의 매력에 빠질 수 있다. 꿔바로우도 동방미식보다 더 맛있다는 평이 많으니 이곳에서 한번 먹어 보자. 앞에 점원이 친절하게 에어컨 자리로 안내하니 시원하게 먹을 수 있다. 음식을 주문하면 전자패드에 주문을 확인시켜 주는데 만약 물티슈를 사용하지 않겠다 말하면 바로 빼준다. 물도 S\$0.5을 내야 하니 물보다는 맵단짠의 짝꿍인 맥주를 시키는 것이 좋다. 주문 후에 주문서를 식탁에 붙여서 나온 음식들을 체크하니 음식이 잘못 나올 일도 없이 편하게 먹기 좋다. 단 동방미식보다는 가격이 조금 더 비싼 편이다. 그리고 메뉴들 중 개구리가 있으니 주문할 때 잘 보고 해야 한다.

100년 가까운 역사를 가지고 있는 에그타르트 전문점
통헹 Tong Heng

주소 285 South Bridge Rd, S 058833 위치 차이나타운역 A 출구에서 7분 후 스미스 스트리트와 사우스 브리지 로드의 교차점 부근 시간 9:00~21:00 가격 S\$1~5(1개당) 전화 (65)6223-3649

차이나타운에 있는 에그타르트 전문점으로 1920년에 문을 열어 역사가 깊다. 다양한 종류의 빵과 중국인들이 좋아하는 월병, 홈메이드 카야 잼도 있다. 에그타르트는 S\$1.9, 코코넛 에그타르트는 S\$2.1이고 월병은 S\$1.8 정도다. 홈메이드 카야 잼은 S\$6.8 이다. 딱히 특별한 맛이 있는 것은 아니니, 혹시 맛을 보고자 한다면 에그타르트 한 개만 사서 맛을 보면 적당하다.

시원한 곳에서 꼬치 바비큐와 맥주가 생각날 때

BBQ 박스(차이나타운점) BBQ Box (BBQ Station)

주소 262 South Bridge Rd, S 058811 **위치 ❶** 차이나타운역 A 출구에서 7분 후 스미스 스트리트와 사우스 브리지 로드 교차점 **❷** 부기스점(#01-03, 21 Tan Quee Lan Street, 싱가포르 188108)은 부기스역 D 출구 맞은 편 **시간** 12:00~다음날 1:30 **가격** S$1~6

소, 돼지, 양, 닭뿐만 아니라 감자, 옥수수, 버섯, 빵, 만두, 생선까지, 뭐든지 꼬치에 꽂아 바비큐를 해 주는 중국식 꼬치 전문점이다. 꼬치의 특징은 원하는 것을 골라 간편하게 먹을 수 있으며 먹는 양도 조절할 수 있다는 것이다. 다양한 종류의 꼬치를 즐기면서 일행과 즐거운 대화를 나누어 보자. 꼬치의 종류에 따라 S$1~6이며, 우육면, 하얼빈 맥주도 있어 차이나타운에서 에어컨을 맞으며 시원하게 식사 겸 맥주 한잔을 하기 좋은 곳이다. BBQ 박스는 부기스에도 지점이 있으니 자신의 위치에 따라 어느 곳을 가도 좋다.

부처님 치아가 모셔져 있는 대형 불교 사원

불아사 Buddha Tooth Relic Temple and Museum

주소 288 South Bridge Rd, S 058840 **위치** 차이나타운역 A 출구에서 도보 7분 후 스미스 스트리트와 사우스 브리지 로드 교차점 부근 **시간** 7:00~19:00 **요금** 무료입장 **홈페이지** www.btrts.org.sg **전화** (65)6220-0220

사우스 브리지 로드가 차이나타운이라는 것을 일깨워 주는 대형 불교 사원이자 박물관으로 2007년 준공됐다. 특히 이곳은 미안마에서 가져온 부처님 치아가 모셔져 있는 곳으로 유명하다. 부처님의 치아는 벽과 바닥이 금으로 채워진 4층에 있다. 420kg이나 되는 순금 사리탑에 봉인돼 있으며, 정해진 시간에만 볼 수 있다. 1층은 예배를 드리는 불당으로, 특히 백룡당에는 100개의 작은 불상들이 있다. 2층과 3층에는 불교 관련 박물관과 불당이 있다. 한국 사찰의 소박한 느낌보다는 중국의 화려한 분위기가 강한 편이다. 한국의 사찰과 무엇이 다른지 찾아보는 재미도 있다. 불아사는 다른 사원과 다르게 실내 공기가 시원하다. 차이나타운 지역은 걷는 양도 많은데다가, 더위를 식힐 수 있는 큰 쇼핑몰이 없어, 이곳의 가치는 더욱 커진다.

싱가포르에서 가장 오래된 힌두 사원
스리 마리암만 사원 Sri Mariamman Temple

주소 244 South Bridge Rd, S 058793 **위치** 차이나타운역 A 출구에서 도보 5분 후 파고다 스트리트와 사우스 브리지 로드 교차점 **시간** 7:00~11:30, 18:00~20:45 **요금** 무료입장, S$3(카메라 촬영 시), S$6(캠코더 촬영 시) **홈페이지** www.smt.org.sg **전화** (65)6223-4064

싱가포르에서 가장 오래된 힌두 사원으로, 1827년에 세워졌다. 차이나타운에 힌두교 사원이 있는 이유는 중국인보다 먼저 정착했던 사람이 남인도 사람들이었기 때문이다. 이 사원은 초기에 인도인들을 위한 중심지 역할을 했으나, 나중에 이 지역에서 중국 이민자들의 세력이 더 커지면서, 인도인들은 현재 리틀 인디아에 새로운 공동체 지역을 만들게 됐다. 이 사원은 그대로 남아 차이나타운 안에 있는 힌두 사원이 됐다. 스리 마리암만 사원은 전염병과 질병을 치료한다고 알려져 있는 마라암만 여신을 모시고 있다. 남부 인도의 건축 양식으로 지어졌으며, 각종 신들을 모신 탑인 고프람이 눈에 띈다. 매년 10월과 11월에는 자신의 신앙심을 보여 주는 의미로 달궈진 돌 위를 맨발로 건너는 티미티 힌두교의 의식이 열린다.

차이나타운 무슬림을 위한 이슬람 사원
자마에 모스크 Masjid Jama'e

주소 218 South Bridge Rd, S 058767 **위치** 차이나타운역 A 출구에서 도보 5분 후 파고다 스트리트와 사우스 브리지 로드 교차점 **시간** 10:00~21:00 **요금** 무료입장 **홈페이지** www.masjidjamaechulia.sg **전화** (65)6221-4165

차이나타운에 있는 이슬람 사원 중 가장 오래된 곳으로 1826년에 세워졌다. 인도 남부의 타밀 무슬림인 출리아족이 세운 사원이다. 차이나타운의 사우스 브리지 로드에는 불교 사찰 불아사, 힌두 사원 스리 마리암만 사원과 함께 이슬람 사원 자마에 모스크까지 있어 3가지 종교를 한자리에서 볼 수 있다. 그런 의미에서 자미에 모스크는 다민족·다종교 문화를 완성해 주는 사원이기도 하다.

그러나 사원 안에는 예배당과 안내판 외에는 특별한 것이 없다.

탄종 파가 둘러보기
Tanjong Pager

과거 어촌 마을이었던 곳으로, 탄종 파가는 말레이어로 'Cape of Stakes'란 의미다. 단어 그대로 해석하면 '말뚝의 망토'라는 뜻으로, 과거 어촌 마을에 그물을 설치하기 위한 말뚝들이 많은 것에서 유래됐다. 이곳은 리콴유 전 수상의 정치적 근거지이자, 황무지였던 곳을 발전시켜 싱가포르 번영의 상징으로 국민 모두가 주택을 소유할 수 있게 한 주택 개발청이 있었던 곳이기도 하다. 또한 말레이시아에서 들어오는 기차의 종착점이기도 했으나, 그 기차역은 2011년에 우드랜드로 옮겨졌다. 현재의 탄종 파가는 비즈니스 중심지로서, 빌딩들과 앤티크한 숍하우스들과 아직 개발이 더딘 곳이 혼재돼 있다. 탄종 파가와 오트램역 주변을 연결하는 지역에 대규모 개발은 계속되고 있으며, 2016년 말 싱가포르에서 가장 높은 탄종 파가 센터가 문을 열었다. 이 빌딩은 총 높이 290m의 64층 높이로, 한국의 삼성물산이 건설하였다. 사우스 브리지 로드에서 이어지는 탄종 파가 로드에는 코리아타운이 형성돼 있어 한국식 식당과 주점들이 밤늦게까지 영업을 하고 있다. 또한 닐 로드를 따라 곳곳에는 앤티크한 모습의 건물들이 많아서 눈이 즐

겁고, 주거용 건물로 싱가포르에서 가장 높은 피나클 덕스톤 빌딩도 탄종 파가에 있어 사진 찍기에 좋다. 차이나타운에서 탄종 파가로 이동할 때는 닐 로드를 거쳐 피나클 덕스톤 이동하며, 조금 여유를 갖고 거리 곳곳을 산책해 보자. 탄종 파가는 의외로 더위를 식힐 수 있는 곳이 많지 않으니 싱가포르 시티 갤러리를 잘 활용하자.

특이한 디자인이 더욱 눈길을 끄는 아파트

피나클 덕스톤 The Pinnacle @ Duxton

주소 1 Cantonment Rd, S 080001 위치 탄종 파가역 A 출구에서 도보 15분 시간 8:00~17:00(평일), 8:00~13:00(토요일) 요금 S$6(Block 1G 1층 Office에서 티켓 구매) *현금만 가능 홈페이지 www.pinnacle duxton.com.sg 전화 (65)1800-225-5432

피나클 덕스톤은 2009년에 완공했으며, 싱가포르 주거용 건물뿐 아니라 세계 공공 주택 중 가장 높은 50층짜리 공공 아파트. 전 세계 각종 디자인상을 받은 만큼, 탄종 파가 지역 어디라도 특이한 모양의 피나클 덕스톤을 확인할 수 있다. 피나클 덕스톤이 여행자들의 눈길을 끈 것은 무엇보다 50층에 위치한 스카이 가든에서 360도 전망이 가능하기 때문이다. 전망대 관람을 위해 건물 입구 이정표를 따라 가면 매표소 비슷한 것이 있는데 그곳에서 현금 S$6을 내면 개인별 이지링크 카드로 출입이 허가된다. 결국 현금과 이지링크 카드가 다 있어야 하며, 중앙 엘리베이터로 50층에 가면 다시 이지링크 카드로 탭을 한 후 입장할 수 있다. 50층에 있는 스카이 가든은 500m 길이로 세계에서 두 번째로 길며, 7개 동의 아파트가 모두 연결돼 돌면서 멀리 바다와 함께 전망할 수 있다. 무엇보다 외부 관람객을 제한하고 있어 여유롭게 관람할 수 있다. 이 건물에는 화장실을 사용할 수 없는데 블록 G에서 더 내려가면 한쪽에 식당들이 있는데 그곳을 사용하면 된다.

싱가포르 도시의 발전상을 한눈에 볼 수 있는 곳

싱가포르 시티 갤러리 Singapore City Gallery

주소 45 Maxwell Rd,The URA Centre, S 069118 위치 탄종 파가역 B 출구에서 맥스웰 로드 따라 도보 5분 시간 9:00~17:00(월~토) 휴무 일요일, 공휴일 요금 무료입장 홈페이지 www.ura.gov.sg

지난 50년간의 싱가포르 도시의 발전상을 보여 주는 싱가포르 시티 갤러리가 1999년 도시 재개발청에 오픈했다. 과거의 도시 개발 과정과 미래의 도시 계획에 관한 각종 자료를 전시하고 있다. 미니어처 도시 모형과 270도 파노라마 쇼 등이 흥미롭다. 탄종 파가나 아모이 호커 센터를 다니다가 더워지거나 쉬고 싶으면 들르기 좋다. 싱가포르의 작은 모형도 있고 앉아서 쉴 수 있는 공간도 있으니 들러서 구경해 보다. 입구가 구분하기 쉽지 않아 자칫하면 그냥 지나칠 수 있다. 그러니 꼭 입구에 있는 모형을 기억하자. 만약 간다면 여행 초반보다는 여행 후반에 가서 싱가포르 전체 모형도를 보며 여기 여기 갔었다는 기억을 되살리며 보면 싱가포르를 더 이해하기 쉽다.

치킨라이스 맛집으로 유명한 맥스웰 호커 센터

맥스웰 호커 센터 Maxwell Hawker Centre

주소 1 Kadayanallur St, S 069184 **위치 ❶** 차이나타운역 A 출구에서 스미스 스트리트와 사우스 브리지 로드 따라 10분 **❷** 탄종 파가역 B 출구에서 맥스웰 로드 따라 도보 5분 **시간** 8:00~22:00

차이나타운에서 유명한 호커 센터로 현지인들도 많이 가는 곳이다. 호커 센터란 우리나라식으로 말하자면 푸드 코트인데 야시장 느낌의 식당들이 모여 있는 곳을 뜻한다. 이곳에서 가장 유명한 곳은 저렴한 가격을 내세우는 티안티안 하이난 치킨라이스 집이다. 그 밖에도 우리나라 지짐이와 비슷한 느낌의 프라이드 캐럿 케이크, 우리나라 자장면 같은 느낌의 차콰이 테오(볶음 국수), 코코넛 밀크로 국물을 우려내는 락사를 식사로 즐겨 보고, 싱가포르에서 많이 먹는 두유 푸딩이나 음료를 디저트 삼아 먹으면 좋다. 다양한 음식을 먹을 수 있

다는 장점이 있지만, 외국 음식이다 보니 호불호가 많이 갈리므로 자신이 좋아하는 스타일의 음식을 미리 정해서 가는 것이 좋다. 그리고 맥스웰 호커 센터는 대부분 늦게 오픈하기 때문에 이른 시간보다는 약간 늦은 시간에 가는 것이 좋다.

★ **인사이드** 맥스웰 호커 센터

티안 티안 하이난 치킨라이스 Tian Tian Hainanese Chicken Rice

위치 맥스웰 호커 센터 안 **시간** 10:00~20:00(화~일) **휴무** 월요일 **가격** S$4~5(치킨라이스) **전화** (65)9691 -4852

치킨라이스로 미쉐린에 연속 등극한 맛집이다. 많은 현지인과 여행자가 맥스웰 호커 센터를 찾는 이유가 티안 티안 호커센터를 찾

기 위해서다. 다만 호커 센터 안이라 살짝 덥다. 이 집은 월요일에는 휴무니 꼭 가고 싶다면 요일을 잘 체크하자.

튀김덮밥을 맛볼 수 있는 곳

텐동 긴자 이츠키 Tendon Ginza itsuki

주소 101 Tanjong Pagar Rd, S 088522 위치 탄종 파가역 A출구에서 도보 3분 시간 11:30~14:30, 17:30 ~22:00 가격 S$14(스페셜 텐동) 홈페이지 tendon-itsuki.sg 전화 (65)6221-6678

일식당으로 유명한 텐동 긴자 이츠키는 탄종 파가 센터 부근의 비교적 한산한 곳에 위치해 있다. 이곳은 중간 브레이크 타임이 있기 때문에 시간을 잘 보고 가야 한다. 전체적인 가격은 비싼 편이고 메뉴도 두 가지밖에 없다. 일본식 튀김덮밥으로 튀김을 전담하는 사람이 계속 튀기고 있는 모습을 볼 수 있다. 현금만 받으며 총 24좌석이라 규모는 크지 않다. 메뉴는 스페셜 텐동과 베지테리언 텐동으로 구분된다. 백김치 같은 것은 먹을 만큼 덜어 먹으면 되고 텐동 소스를 밥에도 뿌려 먹어도 좋다. 이 텐동 소스는 따로 구매도 가능한데 이 텐동 소스를 좋아하는 사람도 많다. 에피타이저로 계란찜(차왕무시)이 나오며 음료는 추가 금액이기 때문에 물을 달라고 하는 것이 좋다. 먹는 방법은 튀김때문에 아래 밥을 먹기 힘드니 테이블에 비치된 접시에 튀김을 옮기고 밥과 함께 먹는 것을 추천한다. 스페셜에는 치킨과 새우가 들어가 있다. 탄종 파가역에서 가는 길에 있는 일본식 라면 체인점인 라면 케이스케(Ramen Keisuke)도 유명하니 라면과 덮밥 중에서 더 먹고 싶은 곳으로 가면 된다.

텔록 에이어 산책하기
Telok Ayer

텔록 에이어(Telok Ayer)는 싱가포르가 동남아 상거래의 중심 항구로 발돋움하던 초기에 들어온 중국인 이주자들을 위한 거주 지역이었다. 이곳은 최초의 차이나타운이라 할 수 있으며, 항구를 중심으로 발전해 현재 높은 건물들이 많이 들어서 있다. 반면 텔록 에이어 스트리트를 주변으로는 아직 옛 모습을 갖추고 있어 불교 사원과 이슬람 사원, 오래된 음식점과 앤티크한 집들이 많다. 텔록 에이어역 A 출구에서 나와 텔록 에이어 스트리트를 따라 50m만 가면 우측에 인도인 무슬림을 위한 헤리티지 센터가 있고, 바로 옆에는 초기 이민자들의 조각상들이 있는 텔록

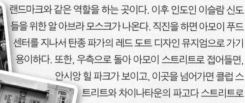

텔록 에이어 그린 공원

인디안 무슬림 헤리티지 센터

에이어 그린 공원이 붙어 있다. 그 바로 옆으로 싱가포르 옥황궁(Singapore Yu Huang Gong)이라는 도교 사원이 있다. 그다음이 중국인 이민 초기에 지어진 시안혹켕 사원이다. 텔록 에이어에 랜드마크와 같은 역할을 하는 곳이다. 이후 인도인 이슬람 신도들을 위한 알 아브라 모스크가 나온다. 직진을 하면 아모이 푸드 센터를 지나서 탄중 파가의 레드 도트 디자인 뮤지엄으로 가기 용이하다. 또한, 우측으로 돌아 아모이 스트리트로 접어들면, 안시앙 힐 파크가 보이고, 이곳을 넘어가면 클럽 스트리트와 차이나타운의 파고다 스트리트로 가기가 용이하다.

싱가포르 옥황궁

스위키 퍼시 헤드 누들

아모이 푸드 센터

초기 남인도 무슬림 이민자들의 쉼터

알 아브라 모스크
Al Abrar Mosque

주소 192 Telok Ayer St, S 068635 **위치** 텔록 에이어역 A 출구에서 텔록 에이어 스트리트 따라 도보 4분 **시간** 9:00~18:00 **요금** 무료입장 **전화** (65) 6220-6306

남인도에서 온 인도인 무슬림에 의해 1850년대 지어진 모스크다. 초기의 차이나타운이 인도인 노동자들에게도 삶의 터전이었다는 곳을 짐작하게 해 주는 랜드마크다. 무슬림을 위한 예배당이나 내부에는 특별히 볼 것이 없고, 산책하듯 지나가도 된다.

남인도 무슬림 이민자들의 역사를 볼 수 있는 곳

나고르 다르가 인디안 무슬림 헤리티지 센터
Nagore Dargah Indian Muslim Heritage Centre

주소 140 Telok Ayer St, S 068604 **위치** 텔록 에이어역 A 출구에서 텔록 에이어 스트리트 따라 도보 3분 **시간** 9:00~17:00 **요금** 무료입장 **홈페이지** www.ndsingapore.co **전화** (65)8591-5724

인도인 중에 남인도 출리아 출신의 인도인들이 최초로 싱가포르로 이주했다. 대부분 무슬림이었던 출리아 출신의 인도 이주자들은 무슬림 성자인 샤훌 하미드 다르가를 기리고, 이슬람을 전파하기 위해 1828~1830년 사이에 나고르 다르가(Nagore Dargah) 사원을 지었다. 나고르 두르가(Nagore Durgha)라는 이름으로도 알려져 있다. 같은 이름의 사원이 말레이시아 페낭에 있는데, 페낭 쪽이 먼저 지어졌다고 한다. 이후 1974년에 국가 기념물로 지정된 후, 1990년에 잠시 폐쇄됐다가, 2011년 5월에 인도 무슬림 헤리티지 센터로 다시 문을 열었다. 내부에는 남인도 무슬림 이주자들의 역사와 생활 물품들이 전시돼 있어, 잠시 여유를 즐기며 전시물을 감상할 수 있다.

일찍 문을 여는 호커 센터

아모이 푸드 센터 Amoy street food centre

주소 7 Maxwell Road, #01-50, S 069111 위치 ❶ 탄종 파가역 G 출구에서 도보 1분 ❷ 텔록 에이어역 A 출구
에서 도보 5분 시간 6:30~21:00 홈페이지 www.facebook.com/auntlilyswok/ 전화 (65)9738-4066

텔록 에이어에 미쉐린 맛집이 많이 들어가
있는 푸드 코트다. 텔록에이어역 A 출구에
서 천천히 걸어가면 나온다. 가는 길에 사원
도 있으니 구경하면서 천천히 가는 것도 좋
다. 만약 빨리 가고 싶다면 탄종 파가역 G 출
구로 나오면 보다 가깝다. 주변에 큰 건물들
이 많아서 11시 반쯤 되면 주변 직장인들이

많이 몰린다. 먹으러 갈거라면 점심시간을
피해서 가는 것이 좋다. 유명한 맛집의 경우
줄이 길고 에어컨도 없기 때문에 더운 곳에
서 오래 기다려야 한다. 그러므로 좀 일찍 가
든지 늦게 가든지 하는 것이 좋다. 음식을 다
먹고 나면 가져다 줄 것 없이 그대로 일어나
면 정리해 주는 사람이 알아서 치워 준다.

어 누들 스토리 A Noodle Story

위치 아모이 푸드 센터 1층(1-39번) 시간 월~금: 11:15~14:30, 16:30~19:30/ 토: 10:30~13:30 휴무 일
요일 가격 S$10 미만(1인당 식사비) 홈페이지 www.facebook.com/ANoodleStory/ 전화 (65)9027-6289

아모이 푸드 센터 내 유명한 미쉐린 맛집이
다. 공식 오픈 시간이 오전 11시 15분이지만
실제로는 그보다 늦을 수 있다. 현지인에게
도 유명해 오픈 전부터 줄을 서는 경우가 많
다. 그러므로 일찍 서둘러 줄을 서는 것이 좋
다. 줄을 서는 위치와 주문하는 시기, 돈을 내
는 시기 모두 점원의 표시에 따라야 한다. 국

물이 없는 드라이면에 소스가 섞여 있고 그
위에 차슈와 달걀, 새우튀김, 완탕이 올려져
있다. 한쪽에 소스와 다른 한쪽에 야채 다진
것이 있으니 섞어 먹는 것도 좋다. 하지만 면
이 생각보다 짜기 때문에 싱겁게 먹는 사람
들의 경우 싫어할 수도 있다. 위에 올려진 차
슈는 정말 부드럽고 새우튀김은 바삭하다.

커피 브레이크 coffee break

위치 아모이 푸드 센터 2층(2-78) **시간** 7:30~14:30(월~금) **휴무** 토, 일요일 **가격** S\$2 내외(커피) **홈페이지** www.facebook.com/coffeebreakamoystreet/ **전화** (65)9027-6289

1960년대부터 3대째 내려오는 커피 전문점이다. 현재는 젊은 남자가 운영한다. 원두도 직접 팔기 때문에 현지인들은 원두를 사러 오는 경우도 많다. 가격도 저렴해 편의점 생수 가격보다 더 싸다. 1층에서 국수를 먹고 이곳에서 커피를 마시기에 딱 좋다. 하지만 일찍 문을 닫으니 오후에 들르면 헛걸음할 가능성이 크니 점심 때 가는 것이 가장 좋다. 크림이 들어간 아이스커피도 맛있고 바다 소금 캐러멜 라테도 맛있으니 점심 식사 후 시원하게 한 잔 마시자.

중국 이민자들을 위한 가장 오래된 도교 사원

티안혹켕 사원 Thian Hock Keng Temple

주소 158 Telok Ayer St, S 068613 **위치** 텔록 에이어역 A 출구에서 텔록 에이어 스트리트 따라 도보 3분 **시간** 7:30~17:30 **홈페이지** www.thianhockkeng.com.sg **전화** (65)6423-4616

티안혹켕 사원은 중국 남동부 복건성에서 싱가포르로 건너온 이민자들이 무사 항해와 안녕을 기원하며 세웠다. 1839년에 지어져 싱가포르에서 가장 오래되고 중요한 의미를 가지고 있는 중국 도교 사원이다. 우리식 이름은 천복궁(天福宮)이며 바다의 여신 마주(Mazu)를 비롯해 여러 신을 모시고 있다. 중국 남부 양식에 따라 못을 사용하지 않은 점, 내부의 섬세한 양식이 역사적 가치를 인정받아 1973년에 국가 기념물로 지정받았다. 2001년에는 유네스코 아시아 태평양 문화유산상을 받았다. 쉽게 볼 수 있는 사원은 아니므로 한 번쯤 시간 내어 둘러보도록 하자.

차이나타운과 텔록 에이어를 연결해 주는 지름길

안시앙 힐 파크 Ann Siang Hill Park

주소 72 Amoy St, S 069891 **위치 ❶** 텔록 에이어역 A 출구에서 도보 7분 **❷** 알 아브라 모스크에서 아모이 스트리트 방향 **시간** 24시 **요금** 무료

아모이 스트리트에서 안시앙 로드로 넘어가는 길목 위 조그마한 언덕에 위치한 단순하면서도 예쁜 공원이다. 특히 복잡한 도심에서 나름 여유를 느낄 수 있고, 무엇보다 텔록 에이어 지역에서 차이나타운이나 탄종 파가로 넘어갈 때 필수적으로 거쳐야 하는 공원이다.

음식이 맛있는 카페

PS. 카페 PS. Café

주소 45 Ann Siang Rd, S 069719 **위치** 텔록 에이어역 A 출구에서 도보 5분 **시간** 11:30~23:00(월~수), 11:30~24:00(목~금), 9:30~24:00(토), 9:30~23:00(일) **가격** S$6(아이스커피) **홈페이지** pscafe.com **전화** (65)6708~9288

예전 차이나타운 카페 거리에 해당하는 안시앙 로드에 위치한 곳으로, 여행자들이 좋아할 만한 분위기의 카페이다. 차이나타운에서 가다 보면 자칫 길이 끝난 것처럼 보일 수 있는데 끝자락에 PS. 카페가 조용히 위치해 있고 더 가면 안시앙 힐 파크로도 갈 수 있다. 문을 열자마자 백합향이 맞이해 주는 곳으로 점원이 친절하게 자리를 안내해 준다. 커피보다는 음식이 맛있다고 소문난 곳이므로 가볍게 브런치를 즐기는 것도 좋다. 공간이 크

지 않은데 찾아오는 사람이 많아서 자칫하면 자리가 없는 경우가 많다. 이왕이면 1층보다는 2층이 좋고 영어를 잘하는 점원이 있어서 의사소통에는 크게 문제가 없는 곳이다. 단점이라면 전반적으로 가격이 비싼 편이어서 여행지에서 한숨 돌리며 기분 전환하고 싶을 때 가면 좋다. 고급스러운 분위기에 깔끔함을 갖추고 있고 화장실에 가면 비누도 세 가지 향이 나는 것이 준비돼 있는 세심함이 엿보이는 카페다.

분위기도 함께 느끼는 오리지널 야쿤 카야 토스트 본점

야쿤 카야 토스트 Ya Kun Kaya Toast

주소 18 China St #01-01, S 049560 위치 텔록 에이어역 B 출구에서 크로스 스트리트 지나 차이나 스트리트로 우회전해 도보 7분 시간 7:30~19:00(월~금), 7:30~16:30(토요일), 8:30~15:00(일요일) 휴무 국경일 가격 S\$4~5 홈페이지 www.yakun.com 전화 (65)6438-3638

1944년 중국계 이민자인 로이 아곤은 직접 만든 카야 잼과 계란 반숙을 내세워 텔록 에이어에 카야 토스트 전문점을 열었다. 그 최초의 카야 토스트 전문점이 차이나타운의 야쿤 카야 토스트 본점이다. 현재는 싱가포르 시내 곳곳에 지점이 있을 뿐만 아니라, 아시아 10개국에 매장을 운영하고 있다. 한국에도 11곳의 매장이 있긴 하지만, 싱가포르의 본점만큼은 가 볼 만하다. 창업 초기의 모습을 유지하고 있어, 먹는 맛과 보는 재미가 모두 있는 싱가포르 생활 문화의 명소다. 카야 잼과 버터를 발라 바삭하게 구운 토스트를 간장을 살짝 친 계란 반숙에 찍어 먹고, 진한

오리엔탈 커피를 함께 곁들이는 것이 이곳의 정석이다. 이곳에서는 야쿤 카야 오리지널 잼을 구매할 수도 있다. 선물용 카야 잼은 박스 유무에 따라 가격이 다르며, 유효 기간이 생각보다 짧다는 것을 명심하자. 버터를 바른 카야 토스트 2조각과 반숙 계란2개, 핫 커피가 세트 메뉴로 S\$4.8, 아이스커피로 하면 S\$5.6이다. 세트 메뉴는 1인분이다. 만약 2명이 맛만 보고 싶다면, 세트 메뉴에 커피만 추가해 맛보자. 이곳은 아침 식사로 추천한다. 점심 때는 가게 주변의 직장인들이 많아 자리 잡기 힘들다.

티옹 바루만의 분위기에서 크루아상을 꼭 먹어야 하는 곳

티옹 바루 베이커리 Tiong Bahru Bakery

주소 56 Eng Hoon St #01-70, S 160056 **위치** 오트램역 A 출구에서 길 건너 33, 63, 75, 851번 버스 타고
한 정거장(Block 55 정거장) 후 하차(도보로는 약 10~15분) **시간** 8:00~20:00(일~목), 8:00~22:00(금~토)
가격 S$2~5 **홈페이지** www.tiongbahrubakery.com/ **전화** (65)6220-3430

싱가포르의 가장 오래된 아파트 단지가 있
는 거주지인 티옹 바루에 위치해 있으며, 프
랑스에 유명한 스타 셰프인 곤트란 쉐리에
(Gontran Cherrier)가 운영하는 베이커리다.
한적한 주거지에 항상 사람들이 북적이는 활
기찬 느낌의 베이커리가 묘한 조화를 이루는
곳이다. 이곳의 대표 빵인 바삭한 크루아상
(Croissant)이 S$2.9부터, 달달한 퀴니아망
(Kouign Amann)이 S$3.5부터다. 습도가 높
아 눅눅한 동남아 날씨에 바삭함을 보다 오
래 유지하는 것이 이곳만의 차별점이자 인기

포인트다. 현재 싱가포르에는 시티 홀역의
래플즈 시티 쇼핑몰과 오차드의 탕 플라자
쇼핑몰에 분점이 있으며, 한국 서래마을에
도 '곤트란 쉐리에 블랑제리'라는 이름으로
운영되고 있다. 티옹 바루 본점은 분점과 다
른 분위기이기 때문에 꼭 와 볼 만한 곳이다.
그러나 티옹 바루 지역 자체가 크게 볼거리
가 있는 것도 아니고, 오트램역에서 10~15
분을 걷거나 버스를 이용해 이동을 해야 하
는 것이 단점이다.

> **TIP** 티옹 바루 베이커리와 함께 가기 좋은 곳
>
> 티옹 바루까지 와서 티옹 바루 베이커리 하나만 보기엔 아쉬움이 남는다. 티옹 바루 웨트 마켓 2층에 있는 호
> 커 센터에서 하이난 치킨라이스도 먹어 보고, 독립 출판사들을 위한 서점인 북스 액추얼리에 가서 유니크한
> 책도 구경하고, 싱가포르에서 커피 맛집으로 가장 유명한 포티 핸즈에서 커피를 음미하면 고품격 여행 일정
> 이 될 것이다.
>
> • 티옹 바루 호커 센터 **주소** 30 Seng Poh Rd, S 168898 **홈페이지** tiong bahru.market
> • 북스 액추얼리(BooksActually) **주소** 9 Yong Siak St, S 168645 **홈페이지** booksactually.com
> • 포티 핸즈 커피(40 hands Coffee) **주소** 78 Yong Siak St #01-12, S 163078 **홈페이지** www.40handscoffee.com

클락 키
CLARKE QUAY

밤이 더욱 화려한 엔터테인먼트 플레이스

약 4km의 싱가포르강을 따라 펼쳐진 이 지역은 곳곳에 싱가포르 역사와 생활 문화가 살아 있다. 그중 클락 키와 보트 키는 과거 부둣가의 창고를 개조한 곳이다. 낮의 클락 키에는 숍하우스들과 아기자기한 카페들이 펼쳐지고, 밤의 클락 키에는 즐거움을 주는 바와 클럽, 야경이 펼쳐져 낮과는 다른 아름다운 모습을 볼 수 있다. 보트 키는 고층 빌딩 속 직장인들을 위한 나이트 엔터테인먼트 장소들이 눈에 띄는 곳이다. 해가 질 때쯤 클락 키에서 리버 크루즈를 타고 저녁 노을을 감상하고, 밤에는 가장 핫한 클럽 아티카에서 열기를 느껴 보자. 클럽이 부담스럽다면, 그냥 강변을 따라 거닐며 야경을 구경해도 좋다.

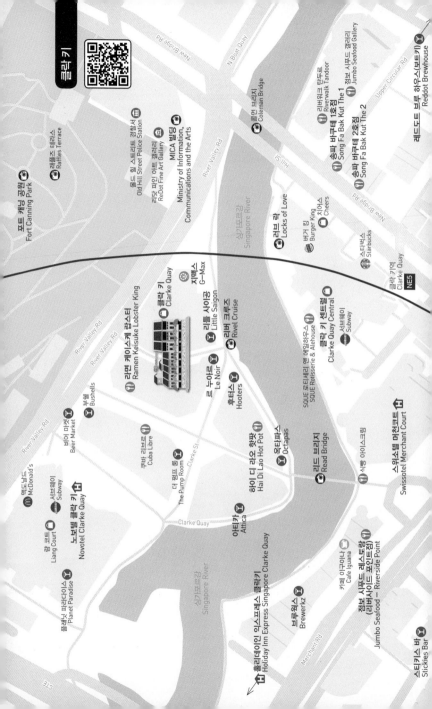

클라키

포트 캐닝 공원
Fort Canning Park

래플즈 테라스
Raffles Terrace

올드 힐 스트리트 경찰서
Old Hill Street Police Station

리닷 파인 아트 갤러리
ReDot Fine Art Gallery

MICA 빌딩
Ministry of Information,
Communications and the Arts

콜맨 브리지
Coleman Bridge

리버워크 탄두르
Riverwalk Tandoor

점보 시푸드 갤러리
Jumbo Seafood Gallery

송파 바쿠테 1호점
Song Fa Bak Kut The 1

송파 바쿠테 2호점
Song Fa Bak Kut The 2

싱가포르강
Singapore River

리버 밥
Locks of Love

버거 킹
Burger King

치어스
Cheers

스타벅스
Starbucks

레드도트 브루 하우스(브루키)
Reddot Brewhouse

클락 키역
Clarke Quay
NE5

맥도날드
McDonald's

서브웨이
Subway

량 코트
Liang Court

플래닛 파라다이스
Planet Paradise

노보텔 클락 키
Novotel Clarke Quay

비어 마켓
Beer Market

부쉘
Bushells

쿠바 리브르
Cuba Libre

더 펌프 룸
The Pump Room

라멘 케이스케 랍스터 킹
Ramen Keisuke Lobster King

클락 키
Clarke Quay

지맥스
G-Max

리틀 사이공
Little Saigon

르 누아르
Le Noir

리버 크루즈
River Cruise

후터스
Hooters

하이 디 라오 훠궈
Hai Di Lao Hot Pot

옥토파스
Octapas

리드 브리지
Read Bridge

SQUE 로티세리 앤 에일하우스
SQUE Rotisserie & Alehouse

클락 키 센트럴
Clarke Quay Central

서브웨이
Subway

아티카
Attica

Clarke Quay

스위소텔 머천코트
Swissotel Merchant Court

시벨 아이스크림

홀리데이 인 익스프레스 싱가포르 클락키
Holiday Inn Express Singapore Clarke Quay

카페 이구아나
Cafe Iguana

점보 시푸드 레스토랑
(리버사이드 포인트점)
Jumbo Seafood – Riverside Point

브루웍스
Brewerkz

싱가포르강
Singapore River

스티키스 바
Stickies Bar

클락 키 COURSE

대표 코스

오전 코스라면 1시간 이내로 가볍게 둘러보고 차이나타운 또는 올드 시티 코스로 넘어가는 것을 추천하며, 저녁 코스라면 여유 있게 시간을 할애해서 식사 후 야경과 나이트라이프를 즐기는 것을 추천한다.

클락 키역
C, F, G 출구

←도보 1분→ **클락 키 센트럴**

도보 3분→

리드 브리지

MICA 빌딩

←도보 3분→ **클락 키**
(숍하우스와 중앙 분수대)

←도보 1분→

TIP 이후의 연계 코스로는 중앙 소방서와 아르메니안 교회, 우표 박물관을 거쳐 올드시티 관광을 하거나 싱가포르강을 따라 래플즈 석상까지 갈 수도 있다. 아니면 송파 바쿠테에서 식사 후 차이나타운으로 가서 기념품 쇼핑을 하는 것도 좋다.

클락 키의 랜드마크가 된 현대식 쇼핑몰

클락 키 센트럴 Clarke Quay Central

주소 Eu Tong Sen St, S 059817 위치 클락 키역 C, F, G 출구에서 바로 시간 쇼핑몰 11:00~22:00/ 레스토랑 11:00~23:00 홈페이지 www.clarkequaycentral.com.sg 전화 (65)6532-9922

2007년에 문을 연 현대식 쇼핑몰로, 그동안 더위를 식힐 수 있는 곳이 마땅치 않았던 클락 키에 매우 반가운 장소다. 클락 키 센트럴 쇼핑몰에서는 더위를 식히며 음료나 식사를 즐기거나, 간단하게 쇼핑을 즐길 수도 있으며, 야간에는 쇼핑몰 앞 강변에 앉아 야경을 즐길 수도 있다. 외국인 관광객이 많은 지역인 만큼, 지하 1층과 3층에 한국 음식점을 포함한 다양한 식당들이 있다. 4층 63번의 노사인 보드에서 클락 키 강변을 감상하며 칠리크랩을 맛볼 수 있다.

 인사이드 **클락 키 센트럴**

러브 락 Locks of Love

위치 클락 키역 C, F, G 출구에서 바로 연결된 클락 키 센트럴 쇼핑몰 앞 시간 24시간 요금 S$4(자물쇠)

클락 키 센트럴 쇼핑몰 앞에 연인들이 사랑의 징표로 자물쇠를 주렁주렁 달아 놓아서, 일종의 볼거리를 제공한다. 커플 여행자들은 직접 자물쇠를 가져오거나 그 앞 자판기에서 S$4을 주고 구매해 달아 놓을 수 있다. 자물쇠를 잠근 후에는 그 열쇠를 클락 키 강변 또는 머라이언 파크 강변에 소원을 빌면서 던진다고 한다.

한국인 입맛에 딱 맞는 돼지 갈비탕 전문점

송파 바쿠테 Song Fa Bak Kut The

주소 11 New Bridge Rd, S 059383 **위치** ❶ 클락 키역 E 출구에서 길 건너 바로 앞에 1, 2호점 ❷ 차이나타운 포인트점 차이나타운 E 출구에서 도보 5분 후 차이나타운 포인트 1층 **시간 1호점** 9:00~21:15(화~토), 8:30~21:15(일/월요일 휴무)/ **2호점** 11:00~22:00/ **차이나타운 포인트점** 10:30~21:30 **가격** S\$10 내외 **홈페이지** www.songfa.com.sg **전화** (65)6533-6128

송파 바쿠테는 우리나라로 치면 돼지 갈비탕 전문점이다.1969년부터 영업을 해 온 만큼 역사가 깊고 맛이 뛰어나며 서비스도 좋다. 뉴 브리지 로드에 오픈형으로 된 1호점과 에 어컨이 있는 2호점이 나란히 있다. 또한 클락 키에서 멀지 않은 차이나타운 포인트에도 입 점해 있다. 먹는 분위기는 1호점이 더 좋아

보인다. 주문은 남성 1인 기준으로 S\$9짜리 바쿠테와 밥(S\$0.8)을, 여성 2인 기준으로는 S\$7짜리 바쿠테 2개와 밥 1개, 차이니스 브로콜리인 카이란 무침 1개(S\$4) 정도를 추천 한다. 국물은 계속 리필해 주며, 물티슈가 필 요 없는 경우 계산 시 빼 달라고 하면 된다.

칠리 크랩의 대명사로 불렸던 시푸드 레스토랑

점보 시푸드 레스토랑 Jumbo Seafood - Riverside Point

주소 30 Merchant Rd # 01-01/02 Riverside Point, S 058282 **위치 ❶** 클락 키역 G 출구에서 도보 5분 **❷** 포트 캐닝역 A 출구에서 리드 브리지 건너 도보 10분 **시간** 12:00~15:00, 18:00~24:00 **가격** S$100 내외 (칠리 크랩 1kg+ 번, 볶음밥) **홈페이지** www.jumboseafood.com.sg **전화** (65)6532-3435

한국에서 칠리 크랩의 대명사로 불렸던 레스토랑이다. 점보 시푸드는 싱가포르 내 5곳에 매장을 가지고 있으며, 여행자들은 그중에서 가장 여행지 분위기에 가깝고 접근성 좋은 리드 브리지 앞의 리버 사이드 포인트점을 많이 찾는다. 이곳에서 원하는 시간과 자리에서 식사를 하기 위해서는 사전 예약을 하는 것이 좋으며, 홈페이지를 통해 예약할 수 있다. 두 명이 함께 갔을 경우 칠리 크랩 1kg과 번, 볶음밥 또는 흰밥을 시키면 S$100 미만 예산을 잡고, 여기에 또 다른 인기 메뉴 시리얼 새우와 맥주를 시키면 S$150 미만으로 예산을 잡으면 된다. 싱가포르 항공 보딩패

스를 보여 주면 10% 할인이 되며, 창이 공항 내에 비치된 각종 지도나 쿠폰북에도 할인 쿠폰이 있고, 카드사에 따라 할인이 되는 경우도 있으니 꼭 챙겨 받자.

TIP 점보가 칠리 크랩의 전부인가

점보 시푸드는 여행자들 사이에서 호불호가 갈린다. 첫째, 맛있고 분위기 좋다는 여행자도 있지만, 다른 곳과 별 차이가 없는데 사전 예약도 해야 하고 번잡스럽다는 여행자도 있다. 둘째, 기본적으로 친절하지 않은 데다가, 땅콩과 차, 물티슈가 모두 유료인데, 이것을 안 먹고 안 쓰겠다고 하면 불친절함이 더 커진다는 것을 느꼈다는 여행자가 있다. 셋째, 같은 가격으로 뉴튼 호커 센터나 마칸수트라 호커 센터, 노 사인보드 체인점이나 이스트 코스트 파크의 시푸드 전문점이 더 낫다고 하는 여행자가 있다. 선택은 각자의 몫이므로 어디에 가서 먹을 건지 잘 골라 보자.

해피 아워가 좋은 곳
스티키스 바 Stickies Bar

주소 11 Keng Cheow St, #01-10, Singapore 059608, Keng Cheow St, S 059608 위치 클라 키역 B 출구에서 도보 7분 시간 12:00~24:00(월~일) *오후 2시 전까지 오픈 시간 유동적 가격 S$2(오후 2시 기준) 홈페이지 www.stickiesbar.com 전화 (65)6443-7564

여행지에서 낮술의 여유는 일종의 로망일 수 있다. 특히 가격도 저렴하면서 현지인들의 문화를 즐길 수 있는 곳이라면 더욱 즐겁다. 스티키스 바는 그러한 여행자들의 로망을 채워 줄 수 있는 곳으로, 시간에 따라 맥주 가격이 정해졌다. 술값 비싼 싱가포르에서 맥주를 최저 2불에 마실 수 있는 곳으로 클락 키에서도 매우 한적한 곳에 있으니 잘 찾아보고 가는 것이 좋다. 안에는 당구도 치며 편하게 마실 수 있게 되어 있다. 들어가서 맥주를 주문하면 영수증을 가져다주는데 그걸 나갈 때 계산하는 것이 아니라 바로 계산해야 한다. 주문할 때 카드로 할건지 현금으로 할건지 물어보고 계산서를 가져다준다. 그러면 바로 돈을 지불하자. 맥주는 오후 2시부터 와인은 3시부터 해피 아워가 운영된다. 만약 오후 3시 전에 가서 맥주를 마신다면 3시가 되기 전에 미리 두세 잔씩 시켜두자. 미리 시켜서 계산까지 끝내야 해피 아워 가격이 적용되기 때문이다. 다른 테이블의 사람들도 3시가 되기 전에 맥주를 여러 잔 더 주문하는 경우가 많다.

하우스 맥주의 진수를 맛볼 수 있는 곳
브루웍스 Brewerkz

주소 30 Merchant Rd, #01-05/06, Riverside Point, S 058282 위치 ❶ 클라 키역 G 출구에서 도보 5분 ❷ 포트 캐닝역 A 출구에서 리드 브리지 건너 도보 10분 시간 12:00~24:00(월~목 일), 12:00~다음 날 1:00(금~토) 가격 S$16(샘플러 맥주 기준) 홈페이지 www.brewerkz.com 전화 (65)6438-7438

싱가포르 강변에서 하우스 맥주로 유명한 맥주집이다. 실내에서도 먹을 수 있고, 노천에서도 먹을 수 있다. 처음 갔다면 먼저 125ml 4잔에 나오는 샘플러를 마시고, 자신의 입맛에 맞는 맥주를 골라 추가로 시키면 좋다. 샘플러가 아닌 맥주는 오후 3시, 7시 이후 단계별로 가격이 올라가니 낮에 가서 경제적으로 즐겨 보는 것도 좋다.

젊은이들의 만남이 이루어지는 야경 관람 포인트

리드 브리지 Read Bridge

주소 1B Clarke Quay, S 179023 **위치 ①** 클락 키역 G 출구에서 도보 5분 **②** 포트 캐닝역 A 출구에서 리드 브리지 건너 도보 7분

영국인 사업가 윌리엄 헨리 맥로드 리드의 이름을 따서 1889년에 지어진 다리. 현재는 보행자 도로로, 사람과 자전거만 다닐 수 있다. 이곳은 젊은 청춘들이 모여 맥주 한잔 하며 서로 이야기를 나누고, 야외 부킹을 하는 장소이기도 하다. 그러나 리콴유 수상의 서거와 같은 국가 상황에 따라 밤 10시 30분 이후는 공공장소에서 술을 마실 수 없는 경우가 있으니 그럴 때는 음료수로 대신하며 야경을 즐기자.

> **TIP 식빵 아이스크림**
>
> 싱가포르 시내 곳곳을 여행하다 보면 곳곳에 아이스크림을 파는 노점을 많이 볼 수 있다. 그런데 한국에서 보던 콘 아이스크림과 달리 식빵이나 웨하스에 싸서 준다. 일명 식빵 아이스크림이다. 일반적으로 식빵 샌드위치를 팔고, 일부 지역에서는 웨하스 샌드위치를 판다. 오차드, 올드 시티 강변, 부기스, 클락 키에서 주로 볼 수 있으며, 가격은 S$1~S$1.5로 지역마다 조금씩 다르다. 클락 키의 리드 브리지에도 웨하스 아이스크림 노점이 있다. 아이스크림으로 더위도 식히고 여행을 즐겨 보자.

진한 랍스터 국물의 일본식 라면
라면 케이스케 랍스터 Ramen Keisuke Lobster King

주소 3C River Valley Road, #01-07 The Cannery, Clarke Quay, S 179022 **위치 ①** 클락 키역 G 출구에서 리드 브리지 건너 도보 10분 **②** 포트 캐닝역 A 출구에서 도보 5분 **시간** 18:00~다음 날 5:00 **가격** S\$14 정도 (클리어 라면) **홈페이지** keisuke.sg **전화** (65)6255-2928

일본식 라면 맛집으로 싱가포르에 여러 지점이 있다. 그중 클락키 지점은 랍스터 라면이 유명해 오픈 전부터 사람들이 줄을 서 있다. 현지인 맛집으로 대부분이 현지 사람들이고 아직 외국인은 많지 않다. 국물은 리치와 클리어를 선택할 수 있는데 리치는 약간 느끼하기도 하고 간도 강한 편이라 클리어를 추천한다. 맥주 모양이 특이하니 함께 주문해 보는 것도 좋다. 라면에 랍스터는 없으나 20kg 정도의 랍스터를 6시간 이상 달여 국물을 내기 때문에 랍스터 맛과 향이 확 느껴지고 면은 일본식 느낌이 든다. 함께 주는 숙주나물은 참기름과 약간의 고춧가루를 넣어 간을 해서 무친 것으로 라면과 먹기 깔끔하다. 앞에는 삶은 계란이 준비돼 있으니 라면에 넣어서 먹으면 좋다. 앞쪽에 있는 양념들 중 고춧가루를 뿌려 먹으면 랍스터 향의 느끼함이 사라진다. 만약 처음부터 매콤하게 먹고 싶다면 주문 시 매콤한 것을 주문하자. 일찍 가서 먹고 싶다면 5시 반쯤 가서 준비된 의자에 앉아 기다리는 것이 좋다.

중국식 훠궈를 맛볼 수 있는 곳
하이 디 라오 핫팟 Hai Di Lao Hot Pot

주소 Clarke Quay, 3D River Valley Rd, #02-04, S 179023 **위치 ①** 클락 키역 G 출구에서 리드 브리지 건너 도보 7분 **②** 포트 캐닝역 A 출구에서 도보 7분 **시간** 10:30~18:00 **가격** S\$50 정도(1인 기준) **홈페이지** www.haidilao.com/sg **전화** (65)6337-8627

중국식 훠궈 전문점으로 싱가포르의 스팀보트와 비슷하다. 이 지점은 1층에 직원이 메뉴판을 들고 서 있는데 다가가면 메뉴를 설명해 주고 엘리베이터 타는 곳으로 안내해 준다. 중국식 독특한 향 때문에 호불호가 갈릴 수 있지만 소고기부터 해산물, 채소, 면류까지 다양한 메뉴를 즐길 수 있다. 뷔페식은 아니라 선택하는 메뉴에 따라 요금이 추가되며, 주문 방법은 원하는 육수를 선택하고 익혀 먹을 음식의 재료를 주문하면 된다. 그리고 다양한 소스를 선택해서 찍어 먹으면 된다. 이색적인 것은 누들을 만드는 과정을 보여 주는 것인데 면으로 춤을 추듯이 뽑아서 넣어 준다. 단 이 이벤트를 보고 싶다면 춤추는 면을 따로 주문해야 한다. 하이 디 라오 핫팟은 서울에도 지점이 있을 정도로 세계로 진출하고 있으니 한 번 경험해 보는 것도 좋다.

클락 키에서 가장 핫한 클럽
아티카 Attica

주소 3A River Valley Rd #01– 03 Clarke Quay, S 179020 **위치** ❶ 클락 키역 G 출구에서 리드 브리지 건너 도보 7분 ❷ 포트 캐닝역 A 출구에서 도보 7분 **시간** 1층 22:30~다음 날 4:00(수·금·토·공휴일 전날) / 2층 23:00~다음 날 5:30(수·금·토·공휴일 전날) **가격** S\$28(음료 2잔 포함) *매주 수요일 레이디스 데이에 여성 무료입장 **홈페이지** www.attica.com.sg **전화** (65)6333-973

싱가포르의 가장 핫한 클럽 중 하나이며, 무엇보다 외국인들이 많은 클락 키에 있는 클럽이라 외국인 여행자에게는 최고의 핫한 클럽이라 할 수 있다. 이 클럽은 10년이 넘게 클락 키 나이트라이프를 지켜 온 클럽으로, 1층은 R&B와 힙합류의 음악이 나오며, 내부 야외 흡연 구역을 거쳐 2층으로 가면 일렉트로닉 댄스 클럽이 나온다. 규모가 큰 편은 아니지만 자정을 넘어 1~2시가 되면 분위기가 핫해진다. 가장 도도하고 섹시하고 멋있게 꾸며서 잊지 못할 나이트라이프를 즐겨 보자.

> **TIP 클락 키의 나이트라이프 즐기기**
>
> 여행을 와서 밤을 보다 즐겁게 보내고 싶을 때, 추천하는 곳이 클락 키다. 낮보다 아름다운 밤이 있는 클락 키를 제대로 즐기는 법을 소개한다. 첫째, 리드 브리지에서 식빵 아이스크림을 사 먹으며 강변을 거닐고, 가끔 펼쳐지는 중앙 분수대 이벤트와 지맥스 타는 사람들을 구경하며, 클락 키에서의 기념사진을 남긴다. 둘째, 강변을 거닐며 야경을 감상하다가, 다이내믹한 클락 키 분위기에 취해 라이브 공연을 하는 바에서 맥주 한잔을 한다. 클락 키의 바는 대부분 해피 아워가 있으니 이를 잘 이용한다. 셋째, 밤을 아주 화끈하게 보내고 싶은 여행자라면 숙소에서 충분히 휴식을 취한 후, 밤 11시쯤 클락 키로 출발한다. 그리고 싱가포르의 제일 핫한 클럽인 아티카로 가서 싱가포르의 클럽 문화를 즐겨 보자.

슬링을 마시며 야경 즐기기 좋은 스페인 바
옥타파스 Octapas

주소 D River Valley Rd, 01-08, S 179023 **위치** ❶ 클락 키역 G 출구에서 리드 브리지 건너 도보 7분 ❷ 포트 캐닝역 A 출구에서 도보 7분 **시간** 12:00~다음 날 1:00(일~목), 12:00~다음 날 2:00(금·토·공휴일 전일) **가격** S\$20.5(슬링), S\$21(상그리아) **홈페이지** octapasasia.com **전화** (65)6837-2938

맥주와 칵테일, 와인 등 다양한 주류가 있으며, 싱가포르 슬링이 괜찮다. 위치가 매우 좋은 바이기 때문에 리드 브리지의 야경을 구경하다 들르기 좋다.

클락 키에서 한국형 호프집이 생각날 때
후터스 Hooters

주소 3D River Valley Rd, 01-03, S 179023 **위치** ❶ 클락 키역 G 출구에서 리드 브리지 건너 도보 7분 ❷ 포트 캐닝역 A 출구에서 도보 7분 **시간** 11:00~24:00(일~목), 14:00~다음 날 2:00(금·토·공휴일 전일) **가격** S$15 내외(맥주) **홈페이지** hooters.com.sg **전화** (65)6332-1090

치킨 윙이 대표 안주이고, 건강미를 자랑하는 여성들이 서빙을 하는 곳으로 유명하다. 한국 호프집과 비슷해서 익숙한 분위기이다.

클락 키 중심의 신나는 노천 바
르 누아르 Le Noir

주소 3C River Valley Rd, S 179022 **위치** ❶ 클락 키역 G 출구에서 리드브리지 건너 도보 7분 ❷ 포트 캐닝역 A 출구에서 도보 7분 **시간** 17:00~다음 날 1:00(일~화), 17:00~다음 날 3:00(수~금), 17:00~다음 날 4:00(토) **가격** S$15 내외(맥주) **홈페이지** barlenoir.com **전화** (65) 6339-6365

실외 라이브 공연을 하는 바로서, 파티가 열리는 날이면 바와 클럽의 구분이 모호해질 정도로 활기찬 곳이다.

베트남 분위기가 물씬 풍기는 바
리틀 사이공 Little Saigon

주소 River Valley Rd,#01-02, BLK E, Clarke Quay, S 179020 **위치** ❶ 클락 키역 G 출구에서 리드 브리지 건너 도보 7분 ❷ 포트 캐닝역 A 출구에서 도보 7분 **시간** 12:00~다음 날 1:00(일~목), 15:00~다음 날 3:00(금~토·공휴일) **가격** S$15 내외(맥주) **홈페이지** littlesaigonasia.com **전화** (65) 6337-5585

베트남 느낌이 나는 인테리어와 분위기로 꾸며진 곳이다. 라이브 공연을 하는 바이므로 라이브를 즐기는 사람이라면 추천한다.

싱가포르강을 한 번에 돌아보기

리버 크루즈 River Cruise

주소 Canning Ln, Clarke St, Clarke Quay, S 179023 **위치 ❶** 클락 키역 G 출구에서 도보 7분 후 리드 브리지 건너 우측으로 도보 2분 **❷**포트 캐닝역 A 출구에서 도보 7분 **시간** 9:00~마지막 탑승 22:30(15분마다 출발)/ 레이저 쇼 크루즈 19:30, 21:00(2회 출발) **요금** S$25(성인), S$15(어린이)/ 레이저 쇼 크루즈 S$38(성인), S$22(어린이) **홈페이지** www.rivercruise.com.sg **전화** (65)6336-6111

'클린 리버 캠페인'의 일환으로 사라졌던 작업용 범 보트(Bum boat)가 시민들에게 과거의 향수와 강변에서의 즐거움을 주기 위해 1987년 새단장했다. 관광용 범 보트로 재탄생돼 리버 크루즈라는 이름으로 불리고 있다. 현재 강변에 리버 크루즈 말고도 리버 익스플로러, 리버 택시 등 다른 수상 운송 서비스가 있으니 헷갈리지 말자. 리버 크루즈는 보통 저녁 노을과 마리나 베이의 레이저 쇼를 감상하는 시간대에 가장 많이 탄다. 그만큼 저녁과 밤에 대기 줄이 제법 길 수 있으니

참고하자. 크루즈 위에서 레이저 쇼를 보는 것이 주목적이라면, 조금 더 비싸더라도 '레이저 쇼 크루즈'를 이용하는 것도 좋다. 코스는 클락 키에서 출발해 리버 사이드 포인트, 보트 키, 플러튼 호텔, 머라이언 파크, 마리나 베이 샌즈, 플라이어, 에스플러네이드를 거쳐 다시 클락 키로 돌아오며, 시간은 약 40분이 소요된다. 티켓을 인터넷이나 현지 여행사에서 예매하면 현장보다 저렴하게 구매할 수 있다.

도심에서 즐기는 익사이팅 놀이 기구

지맥스 G-Max

주소 3 River Valley Rd Clarke Quay, S 179024 **위치 ❶** 클락 키역 E 출구에서 도보 3분 **❷** 포트 캐닝역 A 출구에서 도보 5분 **시간** 16:30~23:30 **요금** S$45(성인), S$35(학생) **홈페이지** www.gmaxgx5.sg **전화** (65)6338-1766

지맥스는 밑에서 위로 올라가는 지맥스 리버스(G-Max Reverse) 번지와 바이킹과 같은 지엑스 파이브(GX-5) 익스트림 스윙 2가지 형태가 있다. 지맥스를 즐기기 위해서는 키 120cm 이상, 나이도 12세 이상이어야 한다. 안전 장치가 잘 되어 있어, 마음의 준비만 됐다면 여럿이서 즐겨 보는 것도 좋다. 비디오 촬영 후 USB로 받는 경우 S$20을 받아서 조금 부담스러운 편이다.

역사가 숨겨져 있는 무지개색 건물

MICA 빌딩 Ministry of Information, Communications and the Arts

주소 140 Hill St, Old Hill Street Police Station, S179369 **위치 ❶** 글락 키역 E 출구에서 도보 3분 **❷** 포트 캐닝역 A 출구에서 도보 5분 **시간** 8:30~18:00(월~금) **휴무** 토·일요일 **요금** 무료 **홈페이지** mci.gov.sg **전화** (65)6270-7988

1934년 중국계 비밀 결사 조직에 대처하기 위해 만들어진 경찰서 건물로, 제2차 세계 대전 당시 죄수 수용소 역할을 하다가 다시 경찰서로 사용됐다. 이후 1998년 국가 기념 건축물로 지정돼, 정보·통신·예술부 관청으로 새단장한 후 2000년 MICA 빌딩으로 명칭이 변경됐다. 2012년부터는 올드 힐 스트리트 경찰서가 들어가 있다. 총 927개의 무지개색 창문이 여행자들의 시선을 잡고 있으며, 싱가포르 기념사진 찍기에 좋은 곳이다. 또한 내부에 무료 전시회도 하니 시간이 되면 살짝 안으로 들어가 보자.

다운타운 한가운데 있는 언덕 위 공원
포트 캐닝 공원 Fort Canning Park

주소 Canning Rise, S 179869 **위치** 포트 캐닝역 B 출구에서 바로 **시간** 연중무휴 **요금** 무료 **홈페이지** www.nparks.gov.sg

높은 산이 없는 싱가포르에서는 꽤 높은 편에 속하는 언덕에 위치한 공원이다. 제2차 세계 대전과 관련된 유적과 행사장, 현지인들의 운동 장소로 애용되며, 조금 높은 위치에서 클락 키와 강변을 볼 수 있는 곳이다. 아침 산책을 하고 싶거나, 도심 속 자연을 보고자 한다면 가 볼 수 있겠지만, 무더운 여름날 언덕길을 오르는 코스를 추천하고 싶지는 않다. 공원이 넓은 만큼 여러 개의 진입로가 있는데 국립 박물관 뒤쪽에 연결된 입구, 중앙 소방서 옆 힐 스트리트 쪽 입구, 클락 키의 량코트 브리지로 연결된 입구, 클락 키 MICA 빌딩 옆 리버밸리 로드 쪽에 입구가 있다.

수제 맥주를 즐길 수 있는 곳
레드도트 브루 하우스(보트 키) Reddot Brewhouse

주소 33/34 Boat Quay, S 049823 **위치** 래플스 플레이스역 G 출구에서 도보 5분 **시간** 12:00~24:00(월~목), 12:00~다음 날 2:00(금), 15:00~24:00(토) **휴무** 일요일 **가격** S\$11 내외(맥주)*현금 결제만 가능 **홈페이지** reddotbrewhouse.com.sg **전화** (65)6535-4500

눈과 입으로 맥주를 맛볼 수 있는 수제 맥주 전문점이다. 총 9가지의 직접 만든 맥주가 있는데 그중 가장 유명한 것은 몬스터 그린 맥주이다. 부드러운 맛에 라거 스타일의 맥주로 초록색이라고 해서 특별한 다른 향이나 맛은 없고 그냥 맥주 맛이다. 부가세가 붙기 때문에 생각보다 비싼 맥주이긴 하지만 기분 좋게 강을 바라보며 마시기 좋다. 색이 특이해서 먹는 기분도 좋고 오랫동안 계속 기

포가 보글보글 올라와서 재미도 있다. 직원들도 매우 친절하고 강가라 바람도 불어 특별히 에어컨이 없어도 마시기 좋다. 하지만 강가 주변이다보니 작은 날벌레가 있어서 날아다니다 맥주에 빠질 수도 있으니 주의해서 마시자.

오차드
ORCHARD ROAD

싱가포르의 부를 상징하는 쇼핑가

오차드는 싱가포르 최대의 쇼핑가다. 오차드를 보고 있자면, 싱가포르 사람들은 매일 쇼핑만할 것 같다고 느껴질 정도다. 과거 과수원이자 농장이었던 곳에 사람들이 몰려들어 마을과 시장이 형성됐고, 영국 식민지 시대에는 관료들의 저택들이 들어섰으며, 20세기 후반부터는 도시 정책에 따라 싱가포르의 부를 상징하는 쇼핑 거리로 탈바꿈했다. 오차드 로드 최초의 백화점 탕 플라자, 명품 백화점 파라곤과 2009년에 문을 연 아이온 오차드는 오차드의 대표적인명소다. 오차드에서 여행다운 여행을 할 만한 곳은 보태닉 가든과 아이온 오차드의 55층인아이온 스카이 무료 전망대가 있다. 보태닉 가든은 한낮의 더위를 피해 오전에 간단한 간식을챙겨 소풍 가기를 추천하며, 돌아오는 길에 쇼핑몰에 가서 시원한 에어컨 바람으로 땀도 식히고 배도 채우자. 아이온 스카이 전망대는 오후 3~6시까지 입장이 가능하니 시간을 잘 체크해서 움직여야 한다.

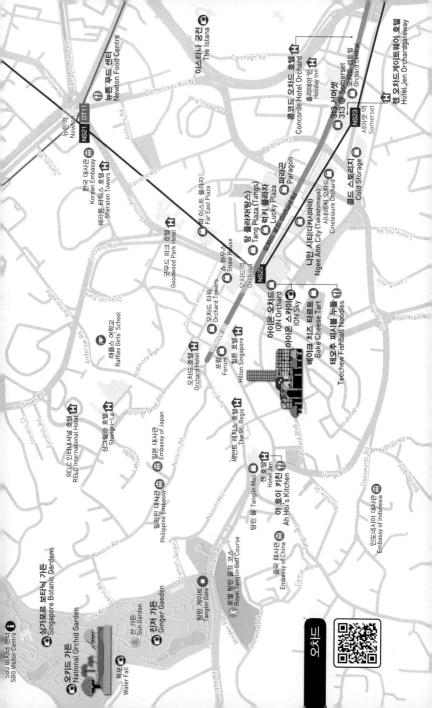

오차드 COURSE

쇼핑몰 코스

화려한 곳에서 쇼핑하는 것이 주 테마인 추천 코스로, 총 2시간 정도 소요된다. 아이온 스카이 전망대를 관람하기 위해서는 오후 코스로 추천한다.

오차드역 E 출구 —도보 1분→ 아이온 오차드 (아이온 스카이) —도보 3분→ 니안 시티 (다카시마야) —도보 1분→ 파라곤 —도보 3분→ 탕 플라자

싱가포르 보태닉 가든 코스

코스에 따라 소요 시간이 다르므로 자신의 일정에 맞게 추천 코스를 선택하면 된다. 소요 시간은 1시간에서 3시간 정도인데 모두 걷는 양도 많고 더위를 피할 곳이 마땅치 않기 때문에 양산이나 음료를 챙겨 가면 좋다. 오차드역 B 출구에서 버스 탑승 후 보태닉 가든에 하차해 탕린 게이트 앞 혹은 보태닉 가든역 A 출구, 부킷 티마 게이트 앞에서 관광을 시작하면 된다.

이지 코스 총 거리 1km, 소요 시간 1시간 예상(시티 투어 또는 택시 이용 시)

SBG 비지터 센터 —도보 10분→ 오키드 가든 —도보 1분→ 진저 가든 —도보 10분→ SBG 비지터 센터

핵심 코스 총 거리 1.2km, 소요 시간 1시간 30분 예상

탕린 게이트 —도보 10분→ 선 가든 —도보 5분→ 진저 가든 —도보 1분→ 오키드 가든 —도보 15분→ 탕린 게이트

횡단 코스 총 거리 1.7km, 소요 시간 2시간 예상

부킷 티마 게이트 (보태닉 가든역) —도보 20분→ 오키드 가든 (진저 가든) —도보 5분→ 선 가든 —도보 10분→ 탕린 게이트

풀 코스 총 거리 2.1km, 소요 시간 2시간 40분 예상

탕린 게이트 —도보 10분→ 선 가든 —도보 5분→ 오키드 가든 (진저 가든) —도보 10분→ SBG 비지터 센터 (힐링 가든) —도보 15분→ 부킷 티마 게이트 (보태닉 가든역)

오차드 로드 즐기기
Orchard Road

오차드 로드는 싱가포르의 발전상과 부를 상징하는 싱가포르 최대의 쇼핑 거리다. 총 길이 2.2km의 일방통행 도로에 도비 고트역, 서머셋역, 오차드역이 있으며, 도로 양쪽으로는 대형 쇼핑몰과 호텔이 즐비하고, 중간중간 공원과 숍하우스들이 펼쳐져 있다. 오차드를 관광 목적으로 온다면 2가지 포인트를 기억해 두는 것이 좋다. 하나는 아이온 스카이 전망대 관람이고, 또 하나는 오차드 로드 거리 자체에서 식빵 아이스크림을 먹고 화려한 쇼핑몰 건물들을 배경으로 기념사진을 남기는 것이다. 특히 연말이나 특별한 날이면 오차드 로드 자체를 매우 화려하게 꾸며, 오차드 로드를 걷기만 해도 기분이 상승된다.

오차드 로드를 대표하는 고급 쇼핑몰
아이온 오차드 ION Orchard

주소 2 Orchard Turn, S 238801 **위치** 오차드역 E 출구에서 지하로 연결 **시간** 10:00~22:00 **홈페이지** www.ionorchard.com **전화** (65)623-80-8228

2009년에 오픈한 오차드 로드의 새로운 랜드마크 쇼핑몰로 총 300개 이상의 상점과 레스토랑이 입점해 있다. 아이온 오차드는 56층, 218m로 오차드 로드에서 가장 높은 높이를 자랑한다. 지상 8층까지는 쇼핑몰로 운영 중이고, 55~56층은 아이온 스카이 전망대로 운영되고 있다. 쇼핑에 관심 없는 여행자라도 아이온 스카이에서 스카이라인을 감상하는 것은 놓치지 말자.

아이온 스카이 ION Sky

위치 아이온 오차드 55층 **시간** 14:00~20:30(입장 마감 19:45) **요금** 무료(S$20 이상 구매 영수증 제시 시 최대 5명)

오차드 로드에서 유일하게 고층에서 360도로 싱가포르 관람이 가능한 무료 전망대로 여행자들에게는 빠트릴 수 없는 필수 코스다. 아이온 오차드에서 구매한 S$20의 영수증만 있으면 최대 5명까지 전망대 입장을 할 수 있다. 물품뿐만 아니라 식음료 영수증도 모두 가능해, 이 영수증을 가지고 4층에서 출입 예약을 하면 된다. 우선 4층의 아이온 아트까지 간 후, 그곳에서 전용 엘리베이터를 타고 55층의 아이온 스카이 전망대로 올라간다. 관람 시간은 오후 2시부터 45분 간격으로 입장 가능하며, 마지막 입장은 오후 7시 45분이다. 시간에 딱 맞춰 올라가면 3분 30초짜리 짧은 영상을 보여 주고 스크린이 올라가면 외부를 볼 수 있다. 돌아가면서 창문에 쓰여 있는 위치 표시를 보면서 천천히 감상하면 시내를 한눈에 볼 수 있다.

레스토랑	Jimbo Seafood(점보 씨푸드)	탁 트인 전망을 보며 즐길 수 있는 칠리 크랩	4층 9번
	Imperial Treasure Noodle & Congee House (임페리얼 트레저 누들 앤 콘지 하우스)	광동식 차이니스 레스토랑	4층 12A번
캐주얼 푸드 & 패스트 푸드	Monster Curry (몬스터 커리)	양도 풍부하고 다양한 커리 맛집	지하 4층 52번
	Food Opera (푸드 오페라)	푸드 코트, 음식 구매 후 지하 스탠딩 테이블에서 식사	지하 4층 3번
	Lim Chee Guan (림치관)	육포 전문점	지하 4층 37번
디저트 & 카페	Bread Society (브레드 소사이어티)	정통 방식으로 갓구운 웰빙 베이커리	지하 4층 8번
	Koi The(코이 테)	차 전문점	지하 4층 35번
	Bengawan Solo (벵가완 솔로)	쿠키와 판단케익이 유명한 베이커리	지하 4층 38번
	TCC - CONNOISSEUR CONCERTO (TCC-코노소어 콘체르토)	다양한 추출 방식의 커피 전문점	지하 2층 49번
	TWG Tea Salon & Boutique (TWG 티 살롱 앤 부티크)	홍차 매장	2층 20번
쇼핑 & 기타	Daiso(다이소)	대형 다이소 매장	지하 4층 47번
	Charles & Keith (찰스 앤 키스)	싱가포르 브랜드, 저렴한 가격의 구두와 가방	지하 3층 58번
	Pedro (페드로)	스웨이드 재질의 로퍼가 유명	지하 3층 10번
	Sephora (세포라)	향수, 화장품, 네일 관련 제품	지하2층 9번
	Starhub(스타허브), MI, 싱텔	모바일 대리점, 유심 칩 판매	지하 4층 20번
	Singapore Airlines (싱가포르 에어라인)	항공 일정 변경 문의처	4층 5번
	ION Art(아이온 아트)	갤러리	4층 1번

세포라 Sephora

위치 아이온 오차드 쇼핑몰 지하 2층 9번 **시간** 10:00~22:00 **전화** (65)6341-9017

화장품을 좋아하는 사람은 누구나 알 만한 곳으로 다양한 화장품이 가득하다. 아이온 오차드에 있는 매장은 오차드역에서 나와 찾아가기도 쉽고 매장이 규모가 커서 다양한 제품을 비교하고 구매하기에 좋다. 직원이 친절하게 설명도 해 주고 직접 화장도 해 주기 때문에 한 번 들어가면 오랜 시간을 보내게 되는 곳이다. 특히 예쁘고 다양한 제품들에 마음이 뺏겨 도저히 하나만 고르기 힘들다. 여기에서 물건을 사면 금방 S\$20를 넘기기 때문에 이 영수증으로 아이온 스카이에 올라가면 좋다.

테오추 피시볼 누들 Teochew Fishball Noodles

위치 아이온 오차드 내 푸드 오페라 안 **시간** 10:00~22:00 **가격** S\$6 **전화** (65)6509-9198

아이온 오차드 내에 푸드 코트인 푸드 오페라 (Food Opera) 안에 있는 피시볼 누들 맛집이다. 국물과 국물 없는 것을 선택할 수 있는데 주문을 하고 기다리면 바로 면을 삶아 만들어준다. 국물 없는 것은 소스를 맵게 선택할 수 있는데 생각보다 맵지 않으니 맵게 해달라고 해도 좋다. 하지만 생각보다 소스가 짜서 싱겁게 먹는 사람들은 짜다고 느낄 수 있다. 이때는 같이 나온 피시볼이 들어간 국물을 조금 부어서 먹는 것도 좋다. 피시볼은 우리나라 어묵보다 조금 더 탱글탱글한 느낌이 나는 것으로 간이 세지도 않고 먹기 좋다.

티옹 바루 베이커리가 있는 백화점
탕 플라자(탕스) Tang Plaza (Tangs)

주소 310 Orchard Rd, S 238864 **위치** 오차드역 A 출구에서 지하로 연결 **시간** 10:30~21:30, 11:00~ 20:30(일) **홈페이지** www.tangs.com.sg **전화** (65)6737-5500

기와지붕을 얹은 커다란 건물이 중국의 성에 온 듯한 느낌을 주는 곳이다. 오차드 로드 최초의 백화점이자, 위쪽은 메리어트 호텔이

다. 오차드역 A 출구와 지하로 바로 연결돼 있다. 1층에 티옹 바루 베이커리가 있어 맛있는 빵을 먹을 수 있는 곳이기도 하다.

필리핀 사람들의 만남의 장소
럭키 플라자 Lucky Plaza

주소 304 Orchard Rd, S 238863 **위치** 오차드역 A 출구에서 서머셋역 방향으로 도보 2분 **시간** 8:00~22:00 **홈페이지** www.luckyplaza.com.sg **전화** (65)6235-3294

럭키 플라자는 남대문 시장과 같은 느낌의 쇼핑몰이다. 싱가포르 거주 필리핀 사람들이 주말만 되면 모이는 곳이기도 하다. 주말이 되면 좁은 인도에 사람들이 많아서 조금 복잡한 느낌이 들며, 크게 특색이 있는 곳은 아니니 가볍게 둘러보며 지나가자.

오차드 로드에서 최대 규모의 일본식 백화점

니안 시티(다카시마야) Ngee Ann City (Takashimaya)

주소 391 Orchard Rd, S 238873 **위치** 오차드역 C 출구에서 도보 5분 **시간** 10:00~21:30/ 레스토랑 10:00 ~23:00 **홈페이지** www.ngeeanncity.com.sg **전화** (65)6506-0460

니안 시티는 오차드 로드에 있는 최대의 쇼핑몰로, 그 안에 다카시마야 백화점이 들어와 있나. 이곳은 조금 오래된 듯한 분위기지만 일본식 백화점다운 상점과 맛집들이 많이 있다. 지하 2층에는 콜드 스토리지 마켓과 저렴하게 식사를 할 수 있는 일본식 푸드 코트가 유명하다. TWG 매장도 지하 2층과 지상 2층에 있다. 지하 1층에는 생필품 매장이 들어와 있으며, 2~3층은 명품 중심의 패션 매장이다. 4~5층은 주로 레스토랑이 입점해 있다.

TIP 니안 시티(다카시마야)에서 한국인들이 많이 찾는 숍과 레스토랑			
레스토랑	COCA Restaurant (코카 레스토랑)	스키 레스토랑	4층 23번
	Crystal Jade (크리스탈 제이드)	딤섬 레스토랑, 캐주얼한 분위기	지하 2층 36번
	Crystal Jade Place (크리스탈 제이드 플레이스)	딤섬 레스토랑, 고급스러운 분위기	4층 19번
	Tonkichi(돈키치)	돈가스 레스토랑	4층 24번
캐주얼·패스트 푸드	TWG Tea(TWG 티)	홍차 매장	지하 2층과 지상 2층
	Food Village(푸드 빌리지)	일본식 푸드 코트	지하 2층
잡화 & 기타	Charles & Keith(찰스 앤 키스)	신발 & 가방 등	지하 2층 12번
	Sephora(세포라)	화장품	지하 1층 5번
	Books Kinokuniya (북스 코노쿠니야)	대형 서점	4층 20번
	Cold Storage(콜드 스토리지)	대형 마트	지하 2층

분위기가 다른 딘타이펑 맛집이 있는 백화점

파라곤 Paragon

주소 290 Orchard Rd, S 238859 **위치** 오차드역 A 출구에서 오른쪽으로 도보 10분 **시간** 10:00~22:00 **홈페이지** www.paragon.com.sg **전화** (65) 6738-5535

명품 브랜드가 즐비한 백화점으로 한때 명성을 날렸으나, 현재는 많이 퇴색된 느낌이다. 그러나 지하 1층에 있는 딘 타이펑은 싱가포르 내 다른 지점들보다 유명하다. 유리창 안으로 요리사들이 마치 대수술을 하듯 요리하는 모습이 독특하며, 항상 사람이 많아서 대기를 해야 하는 곳이다.

곳곳에 젊은 감각이 돋보이는 쇼핑몰

313 서머셋 313@Somerset

주소 313 Orchard Rd, S 238895 **위치** 서머셋역 B와 C 출구에서 지하로 연결 **시간** 10:00~22:00(일~목), 10:00~23:00(금~토) **홈페이지** www.313somerset.com.sg **전화** (65)6496-9313

서머셋역과 직접 연결돼 있는 쇼핑몰로, 오차드 게이트웨이, 오차드 센트럴, 오차드 쇼핑센터와 서로 모호하게 연결돼 있다. 이곳은 아이온 오차드, 니안 시티와는 다르게 좀더 젊은 감각이 돋보이는 쇼핑몰로서, 곳곳에 카페가 있고 아이쇼핑하며 잠시 쉬기 좋은 곳이다. 맞은편에는 페라나칸 문화가 엿보이는 숍하우스들과 싱가포르 여행 정보 센터가 있어 각종 정보를 얻는 데 도움이 된다.

칠리 크랩과 페퍼 크랩 맛집
아 호이 키친 Ah Hoi's Kitchen

주소 1A Cuscaden Rd, S 249716 **위치** 오차드역 B출구에서 오차드 로드 따라 도보 15분 **시간** 12:00~14:30, 18:30~22:00 **가격** S\$75 정도(칠리 크랩) **홈페이지** hoteljen.com **전화** (65)6831-4373

오차드 로드 호텔에 있는 칠리 크랩 맛집으로, 젠 호텔(Hotel Jen) 4층에 있다. 택시 타면 이전 호텔명인 트레이더스 호텔(Traders Hotel)이라 해야 잘 알아든는다. 또한 오차드 로드에 젠 호텔이 2개 있으니 만약 찾아간다면 탕린몰 옆에 있는 젠 호텔로 가야 한다. 홀의 공간도 넓고 직원들도 친절하며 칠리 크랩과 페퍼 크랩 모두 맛있다. 한쪽 공간에 과자, 오이, 방울토마토를 가져다 먹을 수 있게 했는데 이 과자를 칠리 크랩 소스에 찍어 믹

어도 맛있다. 예전에는 스리랑카산과 인도네시아산 크랩이 있었는데 이제는 스리랑카산 하나만 있으니 그냥 그걸 주문하면 된다. 가격은 S\$75인데 살도 꽉 차고 맛도 좋다. 점보나 노 사인보드처럼 사람이 많고 붐비는 곳에서 먹기 싫다면 이곳에서 먹는 것도 추천한다. 아직 사람이 많이 몰리는 곳이 아니기 때문에 편안하고 조용하게 먹을 수 있다. 세금이 붙을 것을 생각해서 예산을 잡으면 된다.

칠리 크랩으로 유명한 호커 센터
뉴튼 푸드 센터 Newton Food Centre

주소 500 Clemenceau Ave North, S 229495 **위치** 뉴튼역 B 출구에서 공원 가로질러 육교 건너 도보 약 3분 **시간** 12:00~다음 날 2:00 **가격** S\$67 내외(2인 기준)

현지인들에게도 유명한 호커 센터로, 시내 호커 센터에 비해 현지인들의 모습이 더 많이 보인다. 여행자들이 이곳을 찾는 이유는 칠리 크랩을 보다 저렴하게, 현지인들 속에서 먹기 위해서다. 한국인들이 많이 가는 곳은 27번으로, 한국 여행자들을 위한 세트 메뉴가 있어서 주문하는 데 별로 어려움이 없다. 세트 메뉴는 2인 기준 S\$67이며, 칠리 크랩 또는 페퍼 크랩, 시리얼 새우, 볶음밥, 번이 나오며, 깡콩(Kang Kong)을 추가로 시켜 먹으면 좋다. 또한 웃으며 S\$65로 해 달라

하면 알아서 에누리도 해 준다. 맥주는 전용 가게에서 주문하며 한 병당 S\$7.5이다. 단, 27번은 매주 수요일이 휴무니 참고하자. 그 밖에 31, 36, 70번대의 식당도 27번과 비슷한 가격과 분위기니, 취향에 따라 선택하자. 주말 저녁에는 사람이 매우 많아서 지치고 힘든 상태에서 굳이 이곳을 오는 것보다 마칸수트라 칠리 크랩을 이용하는 쪽을 추천한다. 여행자에 따라 이곳보다 마칸수트라 칠리 크랩을 선호하는 경우도 있다.

일년에 다섯 번만 볼 수 있는 대통령 궁

이스타나 궁전 The Istana

주소 Orchard Road, S 238823 **위치** 도비갓역 D번 출구에서 도보 3분 **시간** 8:30~18:00 **요금** S$2(입장료), S$4(관저) **홈페이지** istana.gov.sg(*개방일 홈페이지 참조)

이스타나 궁전은 일 년에 다섯 번만 개방하니 만약 여행 일정에 맞는 날짜가 있다면 꼭 가 보도록 하자. 생각보다 찾아가기도 편하고 볼 것도 쏠쏠하다. 이스타나는 말레이어로 '궁전'을 뜻하며, 싱가포르가 영국 통치하에 있을 때는 식민지 정부 청사(Government House)로 사용되다가 현재는 총리의 집무실이자 고관 방문을 맞이하는 장소로 활용되고 있다. 돌아보는 시간은 총 한 시간 정도고 쉬고 싶다면 시간을 더 길게 잡아도 좋다. 입장료는 S$2이고 특별히 여권을 검사하지 않지만 짐은 엑스레이기로 검사한다. 하지만 혹시 모르니 여권은 챙기도록 하자. 들어가자마자 보이는 것은 넓은 잔디 언덕이다. 잔디를 밟으며 풀냄새도 맡으며 천천히 올라가면 위쪽에 작은 음악회를 하고 방문객들을 위한 의자들이 비치돼 있다. 작은 놀이터도 마련

돼 있으니 아이들과 방문했다면 들러서 시간을 보내 보자. 이곳에서 조금 더 올라가면 이스타나 궁이 나온다. 궁에 들어가려면 입장료 S$4를 더 내야하는데, 궁에 입장료가 있어서 들어가는 것을 망설인다면 관람하는 것을 추천한다. 입구에서 가이드 투어를 신청할 수 있다. 궁 내에는 시원한 에어컨이 나오고 각국에서 보내온 선물들이 전시된 전시실도 볼 수 있다. 북한이 1987년에 보낸 도자기도 볼 수 있는데 이걸 보면 북한은 오래전부터 싱가포르와 교류를 맺어온 것을 알 수 있다. 방문객들 대부분이 어떤 나라에서 뭘보냈는지 보면서 자신의 나라 선물을 찾는데 남한에서 보낸 선물이 있는지 있다면 뭔지 찾는 것도 재미있다. 한쪽에는 손님을 맞이하는 장소가 있으며 이곳에서 싱가포르 국기에 그려진 별 다섯 개의 의미를 알 수 있다.

> **TIP** 이스타나 궁전 개방일
> - 음력설 Chiness New Year(2nd Day)
> - 노동절 Labour Day(Actual Day) 5월 1일
> - 하리라야 푸아사 Hari Raya Puasa(Actual Day)
> - 독립기념일 National Day
> - 디파발리 Deepavali

정원의 도시 싱가포르에 있는 도심 속 정원

싱가포르 보태닉 가든 Singapore Botanic Gardens

주소 1 Cluny Rd, S 259569 **시간** 5:00~24:00 **요금** 무료입장(오키든 가든 별도 입장료 있음) **홈페이지** www.sbg.org.sg **전화** (65)6471-7138

1859년에 조성돼 150년이 넘는 역사를 가지고 있는 싱가포르 보태닉 가든은 6만 종 이상의 식물이 있는 대규모 정원이다. 싱가포르 사람들에게는 아침에는 운동 장소로, 낮에는 소풍 장소로, 저녁에는 데이트 장소로 애용된다. 여행자들에게는 녹색의 자연 환경과 아름다운 조경 그리고 다양한 식물을 둘러보며 힐링할 수 있는 장소로 사랑받는 곳이다. 총 면적이 82ha, 남북의 길이가 약 2.5km에 이르는 거대한 정원은 백조 호수와 선 가든이 있는 탕린 구역, 오키드 가든과 진저 가든이 있는 중앙 구역, 제이콥 발라스 어린이 정원과 허브 가든 등이 있는 부킷 티마 구역 등으로 나뉜다. 2015년에는 싱가포르 최초로 유네스코 세계 문화유산에 등재됐다. 2018년 7월에는 문재인 대통령 부부가 우리나라 대통령으로는 처음으로 난초 명명식에 참석했다.

> **TIP 오차드역에서 보태닉 가든 오가기**
>
> **버스 이용**
>
> **오차드역 ↔ 보태닉 가든 탕린 게이트**
> - 오차드의 Opp Orchard Stn 버스 정류장에서 7, 77, 106, 123, 174,174e번 버스 승차 후, 크게 보이는 탕린 몰(Tanglin Mall)을 지나, 다다음 정거장(Opp S'pore Botanic Gdns) 하차한다(약 20분 정도 소요).
> - Opp S'pore Botanic Gdns 버스 정류장에서 하차 후 육교로 길을 건너면 보태닉 가든 탕린 게이트가 있다.
> - 보태닉 가든 탕린 게이트에서 오차드역으로 갈 경우 길을 건너지 않고 버스를 탑승하면 된다.
>
> **MRT 이용**
>
> **오차드역 ↔ 부킷 티마 게이트(보태닉 가든역)**
> - 오차드역에서 MRT를 타고 5 정거장 후 비산역(Bishan)에서 환승한다.
> - 비산역에서 3 정거장 후 보태닉 가든역에서 하차한다(약 20분 정도 소요).

오키드 가든 National Orchid Garden

위치 보태닉 가든 내 **시간** 8:30~19:00(입장 마감 18시까지) **요금** S$5(성인), S$1(학생 및 60세 이상), 무료(12세 이하) **전화** (65)6471-7361

보태닉 가든 내에 있는 곳으로 1,000여 종이 넘는 난이 있다. 싱가포르가 세계 제일의 난 수출국인 만큼 형형색색의 다양한 난을 볼 수 있다. 매년 수많은 난의 교배종 실험을 통해 2천여 종이 넘는 난이 있는 만큼 국내에서 접하지 못하는 다양한 난을 접할 수 있다. 그중에서도 은밀한 분위기를 연출하는 VIP 오키드 가든에는 VIP 방문을 기념한 난을 따로 전시해 놓았다. 고 노무현 대통령과 영부인의 방문을 기념한 'Yang-Suk' 난과 함께 다이애나, 대처, 만델라 등의 이름을 붙인 난도 있다.

진저 가든 Ginger Gaeden

위치 보태닉 가든 내 **시간** 5:00~24:00 **요금** 무료

2003년 10월에 공식적으로 오픈했다. 3천 평의 크기에 약 550종의 생강 식물이 펼쳐져 있는 곳으로, 무엇보다 시원한 폭포수를 배경으로 사진 찍기에 좋은 곳이다. 보태닉 가든에 왔다면 절대 빠트리지 말고 꼭 가보자.

TIP 싱가포르 보태닉 가든을 즐기는 추천 코스

10개가 넘는 정원과 3개의 호수가 있는 이곳 전체를 계획 없이 둘러보다간, 더운 날씨에 시간과 체력을 낭비할 수도 있다. 자신에게 맞는 코스와 시간을 계획하고 둘러보자. 보태닉 가든 안에는 에어컨을 쐴 수 있는 곳이 마땅치 않아, 주로 오전에 방문해 산책을 겸해 둘러보는 것이 좋다. 조금 더 시간적 여유가 있다면 오전에 마트에서 간식을 사 가지고 와서 피크닉을 즐기는 것을 추천한다. 아침에 첫 코스로 보태닉 가든을 2시간가량 둘러본 후에 오차드 로드의 맛집을 찾아 점심 식사를 하고 구경 또는 쇼핑을 즐기는 것을 추천한다.

센토사
SENTOSA

도심 속 휴양지 & 테마파크 아일랜드

'도심에서 즐기는 환상의 보물섬', 바로 센토사의 모습이다. 시내에서 단 20분이면 도착할 수 있는 도심 속 휴양지로, 이전에 영국 군사 기지로 쓰였던 곳을 1972년에 대규모로 개발해 싱가포르를 대표하는 관광지이자 휴양지로 탈바꿈시켰다. 비록 인공미가 느껴지는 면도 있지만, 섬 구석구석 볼거리와 놀이 시설로 가득해 자연 속에서 여유와 즐거움을 동시에 주는 보물섬 같은 곳이다. 특히 리조트 월드 센토사는 복합 리조트 단지로서, 영화 테마파크인 유니버설 스튜디오, 세계 최대의 수족관 어드벤처 코브 워터 파크, 수족관에서 즐기는 하룻밤 오션 스위트, 무료 나이트 쇼인 크레인 댄스 등 셀 수 없는 즐거움이 숨겨져 있다. 센토사는 겨우 하루만 머무르기에 아까운 곳이다. 어쩔 수 없이 일부만 봐야 한다면 필수 코스 루지 앤 스카이라인 타기, 유니버설 스튜디오 놀이 기구 타기, 윙즈 오브 타임 분수 쇼는 꼭 챙겨 보자. 하버 프런트에 있는 비보시티도 원스톱 쇼핑몰로 추천한다.

© MJ Prototype

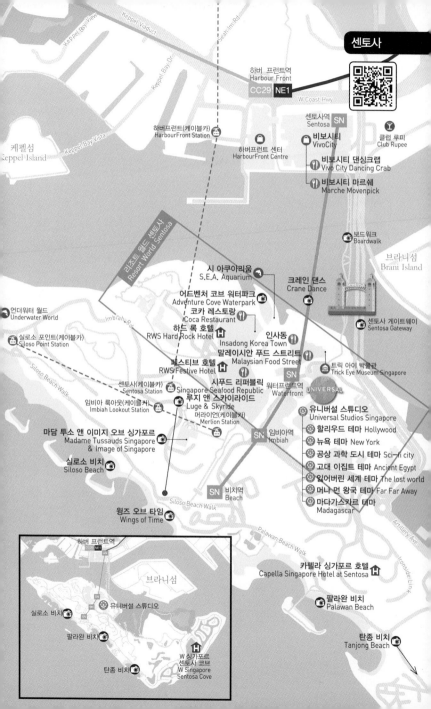

센토사

하버 프런트역
Harbour Front
CC29 NE1

W.Coast Hwy

하버프런트(케이블카)
HarbourFront Station

하버프런트 센터
HarbourFront Centre

센토사역
Sentosa SN

비보시티
VivoCity

클럽 루피
Club Rupee

비보시티 댄싱크랩
Vivo City Dancing Crab

비보시티 마르쉐
Marche Movenpick

케펠섬
Keppel Island

리조트 월드 센토사
Resort World Sentosa

보드워크
Boardwalk

브라니섬
Brani Island

시 아쿠아리움
S.E.A. Aquarium

크레인 댄스
Crane Dance

어드벤처 코브 워터파크
Adventure Cove Waterpark

언더워터 월드
Underwater World

코카 레스토랑
Coca Restaurant

Imbiah Rd.

하드 록 호텔
RWS Hard Rock Hotel

인사동
Insadong Korea Town

센토사 게이트웨이
Sentosa Gateway

실로소 포인트(케이블카)
Siloso Point Station

말레이시안 푸드 스트리트
Malaysian Food Street

트릭 아이 박물관
Trick Eye Museum Singapore

페스티브 호텔
RWS Festive Hotel

시푸드 리퍼블릭
Singapore Seafood Republic

워터프런트역
Waterfront SN

센토사(케이블카)
Sentosa Station

루지 앤 스카이라이드
Luge & Skyride

유니버설 스튜디오
Universal Studios Singapore

임비아 룩아웃(케이블카)
Imbiah Lookout Station

머라이언(케이블카)
Merlion Station

임비아역
Imbiah SN

할리우드 테마 Hollywood

마담 투소 앤 이미지 오브 싱가포르
Madame Tussauds Singapore
& Image of Singapore

뉴욕 테마 New York

공상 과학 도시 테마 Sci-fi city

고대 이집트 테마 The lost world

실로소 비치
Siloso Beach

잃어버린 세계 테마 The lost world

머나 먼 왕국 테마 Far Far Away

비치역
Beach SN

마다가스카르 테마
Madagascar

윙즈 오브 타임
Wings of Time

Siloso Beach Walk

Palawan Beach Walk

카펠라 싱가포르 호텔
Capella Singapore Hotel at Sentosa

하버 프런트역
N1

브라니섬

실로소 비치

유니버설 스튜디오

팔라완 비치
Palawan Beach

팔라완 비치

탄종 비치
Tanjong Beach

탄종 비치

W 싱가포르
센토사 코브
W Singapore
Sentosa Cove

COURSE

센토사 하루 풀코스

센토사를 하루에 모두 즐기는 코스로 총 12시간이 소요된다. 유니버설 스튜디오에서 시작해서
센토사의 주요 볼거리와 야간 쇼까지 모두 감상할 수 있는 코스다.

⭐ 🚌 모노레일 15분→
하버 프론트역
E 출구

⭐ 🚶 도보 1분→
워터프런트역

⭐ 🚌 모노레일 5분→
유니버설
스튜디오

⭐ 🚶 도보 1분→
마담 투소 &
이미지 오브 싱가포르

⭐
루지 &
스카이라이드

⭐ ←모노레일 17분
비보시티

⭐ ←비치트램 5분
윙즈 오브 타임

⭐ ←비치트램 5분
팔라완 비치

TIP 윙즈 오브 타임을 안 보는 경우 모노레일을 이용해 워터프런트역으로 이동해 크레인 댄스를 구경하
자. 보드워크 야경을 구경하며 비보시티까지 걸어 보는 여유로움도 얻을 수 있을 것이다.

야경까지 즐기는 오후 코스

센토사를 대표하는 코스로 오후에 들어가서 센토사 머라이언의 전망대와 루지를 즐기고, 비치
에서 여유롭게 쉬다 야간 공연과 야경까지 함께 즐기는 대중적인 코스다. 비치에서 마음껏 놀
수 있고 쇼를 감상할 수도 있어 총 8시간 정도 소요된다.

⭐ 🚌 모노레일 16분→
하버 프론트역
E 출구

⭐ 🚶 도보 1분→
임비아역

⭐ 🚶 도보 1분→
센토사 머라이언

⭐ 🚶 도보 1분→
마담 투소 &
이미지 오브 싱가포르

⭐
루지 &
스카이라이드

⭐ ←도보 30분
비보시티

⭐ ←버스 5분
윙즈 오브 타임

⭐ ←버스 5분
실로소 &
팔라완 비치

센토사 익스프레스(모노레일)

센토사로 들어갈 때 가장 많이 이용하는 교통수단이다. 하버 프런트역 하차 후 비보시티 3층으로 가서 탑승할 수 있다.

• 운행 시간: 7:00~24:00(5~8분 간격 운행)
• 요금: 센토사 입장료 포함 S$4(3세 이상)/ 이지링크 카드 사용 가능

버스

시내 지점과 하버 프런트역과 비보시티를 거쳐 리조트월드 센토사와 비치 스테이션으로 가는 시내버스 123번과 하버 프런트역과 비보시티에서 리조트월드 센토사로 가는 RWS8번 버스가 있다.

• 시내버스 123번: 5:45~23:45(10~16분 간격 운행)
• 순환버스 RWS8번: 5:45~23:45(5~10분 간격 운행)
• 요금: 시내버스는 출발지에 따라 시내버스 요금 적용 / 순환버스 요금 S$1 / 이지링크 카드 사용 가능

택시

택시 요금은 시내에서 S$10 내외고, 센토사섬 입장 시간에 따라 입장료 S$2~6가 추가 부과된다. 2인 이상인 경우 택시를 이용하는 것이 편리하다.

• 단, 유니버설 스튜디오로 택시를 타고 들어오는 경우 센토사섬 입장료가 없으니, 우선 유니버설 스튜디오로 들어와서, 워터프런트역에서 모노레일을 타고 이동하자.
• 센토사섬 내 숙소가 있는 경우 숙소 바우처 또는 키를 보여 주면 입장료가 없으니 참고하자.

도보

유니버설 스튜디오가 첫 번째 목적지라면, 비보시티에서 간식을 사서 산책 삼아 보드워크로 걸어가는 것도 좋다.

• 운행 시간: 24시간
• S$1의 이용료가 있으나 무기한 도보 입장은 무료

케이블카

하버 프런트역 B 출구로 나가 케이블카 표지판을 따라 하버 프런트 타워 2에서 탑승한다. 센토사 방향은 줄이 길어서 오래 대기해야 할 때가 있다. 그럴 땐 반대 방향인 마운트 페이버 방향으로 타서 순환해 다시 센토사로 가는 것을 추천한다. 케이블카는 센토사로 들어가는 마운트 페이버 라인과 센토사 내에서 이동하는 센토사 라인으로 구분된다.

• 마운트 페이버 라인: 마운트 페이버역-하버 프런트역(MRT 연계)-센토사역
• 센토사 라인: 머라이언역(모노레일 연계)-임비아룩아웃역-실로

© nattanan726

201

싱가포르 최대의 복합 쇼핑몰

비보시티 | VivoCity

주소 1 Harbourfront Walk, S 098585 **위치** 하버 프런트역 E 출구에서 쇼핑몰 지하 2층으로 바로 연결 **시간** 10:00~22:00 **요금** 매장마다 다름 **홈페이지** www.vivocity.com.sg **전화** (65)6377-6870

싱가포르에서 제일 큰 복합 쇼핑몰로, 2006
년에 오픈했다. 특히 센토사와 이어지는 하
버 프런트 지역의 관광 명소이기도 하다. 쇼
핑몰 내부는 곡선형으로 이루어져 있어, 시
야가 트여 눈이 즐겁다. 그러나 길을 찾을 때
헷갈리기도 하니 구경할 때는 자신이 가던
방향을 꼭 기억하고 숍에 들어가자. 여행자
들이 비보시티를 오는 이유는 2가지다. 첫째
는 센토사섬으로 들어가는 모노레일을 타기
위해서고, 둘째는 싱가포르 인기 쇼핑 아이
템을 이곳에서 한번에 쇼핑하기 위해서다.
센토사에 들어가기 전 이곳 지하 마트에서
간식과 음료를 사거나, 센토사에서 식사할
곳이 마땅하지 않을 때, 보드워크(Boardwalk)
의 야경을 즐기러 올 때도 이곳을 잘 활용해
보자.

TIP 비보시티에서 한국인들이 많이 찾는 숍과 레스토랑

레스토랑 & 푸드코트	HaiDiLao HotPot (하이디라오 핫팟)	사천식 전골요리	3층 9번
	Bornga(본가)	우삼겹 전문점	2층 123번
	Sushi Tei(스시 테이)	스시 전문점	2층 152번
	Food Republic(푸드 리퍼블릭)	푸드 코트	3층 1번
	No Signboard (노 사인보드)	칠리 크랩 맛집	3층 2번(스카이 파크)
	Dancing Crab(댄싱 크랩)	칠리 크랩, 랍스터 샌드위치	3층 10번(스카이 파크)
	Marche Movenpick (마르쉐 모벤피크)	피자, 파스타, 해산물	3층 14번(스카이 파크)
쇼핑	Giant & Cold Storage (자이언트 앤 콜드 스토리지)	슈퍼마켓	지하 2층부터 1층까지 있음
	kikki.K(키키.케이)	북유럽 감성의 문구와 소품	1층 K32번
	Sephora(세포라)	화장품	1층 178번
	Miniso(미니소)	흥미로운 종합 소품 숍	지하 2층 3번
	Typo(타이포)	문구, 디자인 제품	2층 39번
	Toys"R"Us(토이저러스)	완구	2층 183번
	Charles & Keith(찰스 앤 키스)	구두, 가방 등	2층 184번
	Pedro(페드라)	구두, 가방 등	2층 186번
	Jelly Bunny(젤리 버니)	젤리 슈즈	2층 200번
기타	Golden Village(골든 빌리지)	영화관	2층 30번
	Starhub, M1, Singtel (스타허브, 엠1,싱텔)	통신사	2층 216번과 202번
	Sky Park(스카이 파크)	인공 해변, 전망대	3층
	Sentosa Express-Monorail (센토사 익스프레스-모노레일)	센토사 모노레일 탑승장	3층

댄싱 크랩 Dancing Crab

위치 비보시티 3층 스카이 파크 오른쪽 길 따라 안쪽 **시간** 11:30~15:00, 17:30~22:00 **가격** S$56(칠리 크랩800g), S$36(랍스터 롤) **홈페이지** dancingcrab.com.sg **전화** (65)6222-7377

비보시티 3층 스카이 파크 오른쪽으로 쭉 들어가면 있다. 비보시티에서 크랩을 먹고 싶다면 이곳도 추천한다. 왼쪽으로 가면 노 사인보드도 있는데 너무 유명한 곳을 피하고 싶다면 여기도 좋다. 댄싱 크랩이 싱가포르에 3개가 있는데 오차드 로드와 비보시티에 있는 것이 관광객들이 가기 편한데 센토사 갔다 오는 길에 들러 먹기가 편하다. 칠리 크랩도 맛있지만 랍스터 샌드위치도 추천한다.

마르쉐 모벤피크 Vivo City Marche Movenpick

위치 비보시티 3층 스카이 파크 오른쪽 **시간** 11:00~22:00(일~목), 10:00~23:00(금), 10:00~22:00(토) **가격** S$10~15(런치세트) **홈페이지** marche-movenpick.sg **전화** (65)6376-8226

비보시티 3층 스카이 파크 오른쪽으로 들어가면 있는 음식점 중 하나다. 런치 메뉴가 있어서 외국인들이 많이 들어가서 먹는다. 스카이 파크를 간단히 구경하고 들어가서 먹기 좋다. 피자, 파스타, 해산물 요리 등 다양하게 있어서 주로 아이들과 많이 가는 곳이다.

싱가포르의 역사를 재미있게 즐길 수 있는 곳

마담 투소 앤 이미지 오브 싱가포르
Madame Tussauds Singapore & Image of Singapore

주소 40 Imbiah Rd,S 099700 **위치** 센토사 익스프레스 임비아역 맞은편 에스컬레이터 타고 끝까지 올라가면 바로 **시간** 11:00~20:30 **홈페이지** www.imagesofsingaporelive.com 혹은 www.madametussauds.com/singapore **전화** (65)6715-4000

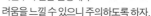

세계 유명인들의 밀랍 인형이 전시돼 있는 마담 투소 박물관은 전 세계 곳곳에 있는 명소다. 싱가포르 센토사의 마담 투소는, 싱가포르의 역사를 밀랍 인형을 통해 보여 주는 이미지 오브 싱가포르와 함께 있다. 열기를 식히기 어려운 센토사에서 시원한 에어컨 바람을 맞으며 유명인들과 사진을 함께 찍기도 하고, 보트를 타고 싱가포르의 역사도 재미있게 알아가 보자. 만약 다른 나라에서 마담 투소를 관람한 적이 있다면 바쁜 일정에 굳이 넣지 말고 다른 곳으로 가자. 그리고 가족 여행을 하는 경우라면 아이가 어릴수록 밀랍 인형에 두려움을 느낄 수 있으니 주의하도록 하자.

누구나 즐길 수 있는 스릴 만점의 놀이 기구

루지 앤 스카이라이드 Luge & Skyride

주소 45 Siloso Beach Walk Sentosa, S 099003 **위치** 센토사 익스프레스 비치역에서 도보 2~3분 후 센토사 케이블카 터미널 바로 맞은편 **시간** 10:00~21:30 **요금** S$ 24(루지 & 스카이라이드 통합 2회권), S$29(1인 4 회권), S$54(3인 가족 2회권), S$6(동반 탑승 아동) *6세 이하 또는 110cm 이하 아동 단독 탑승 불가 **홈페이지** www.skylineluge.com/luge-singapore/skyline-luge-sentosa **전화** (65)6274-0472

루지는 센토사에서 가장 인기 많은 곳으로, 600m가 넘는 2개의 코스 중 하나를 루지를 타고 내려오면 된다. 내려올 때의 코스는 우 측의 드래곤 코스와 좌측의 정글 코스로 나 뉜다. 드래곤 코스가 더 재미있으나 날씨에 따라 코스가 제한될 수 있다. 헬멧을 골라 순 서에 따라 루지에 탑승하면 간단한 교육을 해 주는데, 손잡이를 몸쪽으로 잡아당기면 브레이크고, 앞으로 밀면 속력이 올라 간다. 루지를 타고 내려가면 실로소 비치에 도착 하고, 다시 스카이라이드를 타고 올라갈 수 있다. 루지를 타고 내려오는 시간은 약 5분 정도며, 스카이라이드를 타고 올라가는 시

간은 약 10분 정도다. 보통 1회만 타면 아쉬 운 경우가 많으니 3회권을 구매할 것을 추천 한다. 3회권으로 한 번 타 보고 추가 탑승이 부담되면, 매표소에 이야기하면 1회권 가격 만큼 공제하고 차액은 환불해 준다. 혹시 루 지가 불안한 경우는 스카이라이드를 타고 내려갈 수 있다. 6세 미만 및 키 110cm 미만 어린이는 성인과 동반 탑승만 가능하다. 루 지는 안전 장치가 있고 교육을 해 주기 때문 에 남녀노소 모두 즐길 수 있는 놀이 기구다. 루지를 많이 타고 싶다면 온라인에서만 판 매하는 6회권을 구입하면 된다. 이 표는 1인 은 S$30이고, 동반 탑승 아동은 S$15이다.

야간에 펼쳐지는 불꽃 레이저 쇼
윙즈 오브 타임 Wings of Time

주소 Beach View, S 098604 **위치** 센토사 익스프레스 비치역에서 바다 쪽으로 도보 2분 **시간** 19:40, 20:40 2회 공연(공연 시간 20분 미만) **요금** S$18(일반 좌석), S$23(프리미엄 좌석) **홈페이지** www.wingsoftime. com.sg **전화** (65)1800-736-8672

윙즈 오브 타임은 바다를 배경으로 분수와 레이저, 각종 조명과 불꽃으로 펼쳐지는 나이트 쇼다. 비치역 바로 앞에 입구가 있어 찾기도 매우 쉬우며, 센토사 여행의 스테디셀러다. 레이저 쇼, 분수 쇼, 불꽃 쇼가 어우러져 하나의 이야기를 만들어 가는데, 아이들도 좋아하니 놓치지 말자. 이 쇼의 스토리는 선사 시대의 새 샤베즈와, 호기심과 에너지가 넘치는 레이첼 그리고 소심하고 보수적인 펠릭스가 만나서 시간 여행을 통해 샤베즈의 집을 찾고, 두 친구는 진실한 우정을 찾는다는 모험 이야기다. 모래사장 앞 벤치는 자유석이며, 일반 좌석 티켓으로 끊고 일찍 들어가면 보다 좋은 자리를 맡을 수 있으나, 이때 모래사장 쪽으로 가면 이물질이 튈 수 있다. 중앙 벤치로 자리를 잡는 것이 좋다. 공연이 끝나면 한꺼번에 많은 사람이 센토사섬을 나가려고 해서, 모노레일과 무료 셔틀버스, 택시 모두 이용하기 힘드니 여유를 갖고 걸어 보는 것도 좋다.

> **⚑TIP 야간 공연 관람 후 센토사 빠져나가기**
> 관광객 대부분은 윙즈 오브 타임 쇼가 끝나고 센토사를 나오기 때문에, 택시 및 모노레일을 타려면 많은 시간을 기다려야 한다. 이때, 체력이 남아 있다면 비치역에서부터 천천히 산책하듯이 걸어가는 것을 추천한다. 아름다운 야경을 감상하며 비치역-임비아역-리조트 월드 센토사-보드워크를 지나 비보시티까지 가면 약 30분이 소요된다.

다양한 즐거움이 숨어 있는 센토사 대표 해변

실로소 비치 Siloso Beach

주소 Siloso Beach, Sentosa Island **위치** 센토사 익스프레스 비치역에서 실로소 방향 비치 트램 탑승 후 실로소 비치 하차 **시간** 24시간 **요금** 무료 **홈페이지** www.sentosa.com.sg **전화** (65)1800-736-8672

실로소 비치는 센토사섬을 들어가서 가장 우측에 있는 해변으로, 루지를 타고 내려오면 바로 맞이할 수 있다. 이 해변은 실로소 비치 인증 조각상과 트라피자(Trapizza), 비키니 바(Bikini Bar), 코스테즈(Coastes), 아주라 비치 클럽(Azzura Beach Club) 그리고 인공 파도에서 서핑하는 웨이브 하우스(Wave House Sentosa)로 유명하다. 전 세계 모든 비치가 그렇겠지만, 이곳도 실로소 비치 인증 조각상을 빼면 관광할 만한 것이 없다. 비치 바를 하나 골라 맥주 한잔하며 여유를 즐겨 보는 것이 좋다. 비치 바는 보통 맥주가 S$20 이하, 음료는 S$10 이하, 식사는 S$30 내외다. 한국 여행자들에게 유명한 트라피자의 피자와 파스타는 S$18~25 사이로 예산을 잡고 가면 된다.

> **TIP 센토사 비치 즐기기**
>
> 다양한 놀이 기구를 타고 레이저 분수 쇼를 보러 센토사에 오기도 하지만, 해변에서의 휴양과 레저를 즐기러 오기도 한다. 센토사에서 즐길 수 있는 해변은 총 3개가 있으며, 각각의 해변마다 특색을 가지고 있으니 자신과 잘 어울리는 해변에서 맥주 한 잔의 여유를 즐겨 보자. 단, 3개의 해변 모두를 걸어서 정복하는 것은 현실적으로 무리니 비치 트램을 꼭 이용하자. 초보 싱가포르 여행자 및 시간 여유가 많지 않은 여행자들은 루지를 타고 내려와 트램을 타자. 실로소 비치의 조각상으로 이동해 실로소 비치 기념사진을 남긴
>
> 후, 트라피자에서 피자와 음료 또는 맥주 한잔을 즐기자. 다시 트램을 타고 팔라완 비치로 가서 아시아 최남단 포인트에서 기념사진을 남긴 후 다시 트램을 타고 비치역으로 오면 아쉬움 없는 여행이 될 것이다.

센토사 내 무료 교통수단

	센토사 익스프레스(모노레일)	비치 트램	더 센토사 버스
코스	워터프런트역 – 임비아역 – 비치역	실로소 포인트-실로소 비치 리조트-실로소 비치-모노레일 비치역-포트 오브 로스트 원더-애니멀 앤 버드 인카운터스-땅끝 전망대-팔라완 비치-센토사 리조트 앤 스파-탄종 비치	모노레일 비치역-임비아 룩아웃-실로소 포인트-리조트 월드 센토사 지하-센토사 머라이언-비치역
운행 시간	매일 7:00~24:00 5~8분 간격 운행	일~금 9:00~22:30(10분 간격) 토요일 9:00~24:00(10분 간격)	일~금 7:00~22:30 토요일 7:00~24:00 (21:30 이전에는 10~15분 간격, 23:30부터는 30분 간격)
요금	센토사섬 안에서는 무료	무료	무료

아시아 최남단 포인트가 있는 해변

팔라완 비치 Palawan Beach

주소 Palawan Beach, Sentosa Island **위치** 센토사 익스프레스 비치역에서 탄종 비치 방향 비치 트램 타고 팔라완 비치 하차 **시간** 24시간 **요금** 무료 **홈페이지** www.sentosa.com.sg **전화** (65)1800-736-8672

팔라완 비치는 비치역 좌측에 있으며, 아시아 최남단 포인트가 있는 곳으로 유명하다. 센토사에서 흔들다리로 연결된 조그마한 모래섬에 두 개의 전망 타워가 있는데, 그곳이 아시아 최남단 포인트니 이곳을 배경으로 기념사진을 남겨 보자. 이후 일정을 따로 잡지 않았다면 조금 기다렸다가 아름답게 물들어 가는 석양을 즐겨 보자.

탄종 비치 클럽을 즐기자

탄종 비치 Tanjong Beach

주소 Tanjong Beach, Sentosa Island **위치** 센토사 익스프레스 비치역에서 탄종 비치 방향 비치 트램 타고 종점 하차 **시간** 24시간 **요금** 무료 **홈페이지** www.sentosa.com/ **클럽** www.tanjongbeachclub.com **전화** (65)1800-736-8672

탄종 비치는 비치역에서 트램을 타고 팔라완 비치를 지나 맨 끝에 있는 해변으로, 특별히 볼거리가 있는 곳은 아니지만, 클럽에 가거나, 해변에서 휴식을 취하고 식사를 하거나, 수영장을 이용하면서 지낼 수 있다. 탄종 비치 클럽(Tanjong Beach Club)에서 간단한 식사와 스낵은 S\$30 내외, 맥주는 S\$20 이하, 칵테일은 S\$20 이상, 시푸드 바비큐 코스 요리는 2인 S\$98에 세금과 서비스 요금이 붙는다. 주중에는 밤 10시, 주말에는 밤 11시까지 영업하며, 매주 월요일은 휴무다.

센토사 안의 또 다른 세상
리조트 월드 센토사 Resort World Sentosa

주소 8 Sentosa Gateway, S 098269 **위치** 센토사 익스프레스 워터프런트역에서 바로 **시간** 종류마다 다름
요금 종류마다 다름 **홈페이지** www.rwsentosa.com **전화** (65)6577-8888

리조트 월드 센토사는 센토사섬 안에 있는 복합 리조트 단지로, 총 6개의 호텔과 3대 테마파크, 카지노와 어트랙션들 그리고 다양한 종류의 레스토랑과 명품 쇼핑몰로 이루어져 있다. 가족이 숙박하는 경우 페스티브 호텔을 추천하며, 친구 또는 커플이 숙박할 경우 감각적인 룸을 원한다면 하드 록 호텔로 선택하면 좋다. 인공 모래사장으로 유명한 하드 록 호텔의 수영장은 리조트 월드 센토사 어느 호텔에 머물더라도 이용 가능하다. 리조트 월드 센토사의 3대 테마파크는 유니버설 스튜디오와 어드벤처 코브 워터파크, 시 아쿠아리움이다. 어트랙션은 각종 행사 등으로 관람 시간이 단축되거나 운영을 안 할 수 있으니, 사전에 홈페이지에서 확인해 보자.

말레이시안 푸드 스트리트
Malaysian Food Street 🍴

위치 센토사 익스프레스 워터프런트역 앞 우측 상가 1층 **시간** 11:00~22:00(월·화·목), 9:00~23:00(금·토), 9:00~22:00(일) **휴무** 수요일 **홈페이지** www.rwsentosa.com **전화** (65)6577-8888

주중은 22시까지, 금~토요일은 23시까지 운영한다. 센토사에서 비교적 부담 없이 식사할 수 있는 곳으로, 아시안 요리를 파는 푸드 코트다.

인사동
Insadong Korea Town 🍴

위치 센토사 익스프레스 워터프런트역 앞 우측 상가 1층 **시간** 9:30~22:00 **홈페이지** www.rwsentosa.com **전화** (65)6238-8221

한국 요리사가 직접 만드는 푸드 코트식의 한국 음식점과 한국 소품, 액세서리를 파는 상점이 있다. 말레이시안 푸드 스트리트 바로 옆에 있으며, 이곳도 비교적 부담 없이 식사할 수 있는 곳이다.

시푸드 리퍼블릭 Singapore Seafood Republic

주소 26 Sentosa Gateway, #02-138 Festive Walk, Resort World Sentosa **위치** 센토사 익스프레스 워터프런트역에서 좌측 분수대 방향으로 도보 3분 **시간** 12:00~15:00(런치), 18:00~23:30(디너) **가격** S$100 내외(2인 기준) **홈페이지** www.singaporeseafoodrepublic.com **전화** (65)6265-6777

칠리 크랩 전문 시푸드 레스토랑으로, 클락 키의 점보 시푸드 레스토랑과 협업하고 있다. 2인 기준 칠리 크랩 1kg, 번과 볶음밥, 음료를 주문하면 S$100 정도 예산을 잡으면 된다. 점보 시푸드 레스토랑만큼 유명하지는 않지만 더 추천할 만하다.

센토사에서 무료로 즐기는 나이트 쇼

크레인 댄스 Crane Dance

주소 8 Sentosa Gateway, Resorts World Sentosa **위치** 센토사 익스프레스 워터프런트역에서 원형 광장 우측으로 도보 5분 **시간** 20:00(1회 공연) **요금** 무료 **홈페이지** www.rwsentosa.com/language/en-US/Homepage/Attractions/CraneDance **전화** (65)6577-8888

크레인으로 만들어진 두 마리의 새가 사랑을 하는 모습을 멋진 조명과 분수, 디지털 화면으로 표현한 꽤 괜찮은 무료 나이트 쇼다. 이 쇼는 리조트 월드 센토사에서 운영하며 저녁 8시에 10분 동안만 공연한다. 리조트 월드 센토사 내에 투숙하는 사람이라면 저녁 시간에 보러 가기 좋다. 센토사에서 숙박하지 않는 경우라면 센토사 관광을 마치고 걸어서 이곳으로 이동해 쇼를 관람한 후, 멋진 야경을 보면서 보드워크를 건너 비보시티로 가는 것을 추천한다. 단, 공연이 없는 날도 있고, 시즌에 따라 공연 시간이 변경되는 경우도 있으니 홈페이지에서 미리 확인하자.

세계 최대 규모의 아쿠아리움
시 아쿠아리움 S.E.A. Aquarium

주소 8 Sentosa Gateway, #01-085/086 Resorts World Sentosa **위치** 센토사 익스프레스 워터프런트역에서 원형 광장 우측으로 도보 3분 **시간** 10:00~19:00(종료 시간이 달라질 수 있으니 사전에 홈페이지 확인) **요금** S\$41(성인), S\$30(4~12세, 60세 이상) *원데이 패스로 재입장 가능 **홈페이지** www.rwsentosa.com/en/attractions/sea-aquarium **전화** (65)6577-8899

세계 최대의 수족관으로 800종, 10만 마리 이상의 물고기들이 살고 있다. 특히 아이맥스 윈도우 수족관이 각광받는 곳이니, 이곳에서 잠시 동안 쉬면서 감상을 해 보자. 그냥 수족관이라고 하기에는 규모면에서 어마어마하고, 바다에 침몰한 보물선을 콘셉트로 한 도입부를 지나면 10개의 테마 존이 차례로 펼쳐진다. 천장, 바닥, 벽 모두가 바다여서 내가 바닷속에 들어와 있는 느낌을 받을 수 있으며, 남녀노소 모두 신기해할 만한 곳이다.

꼭 가 봐야 할 워터 테마파크
어드벤처 코브 워터파크 Adventure Cove Waterpark

주소 8 Sentosa Gateway, Resorts World Sentosa **위치** 센토사 익스프레스 워터프런트역에서 도보 약 7분 후 원형 광장 우측으로 시 아쿠아리움 지나 바로 **시간** 10:00~18:00 **요금** S\$38(성인), S\$30(4~12세 및 60세 이상) *원데이 패스로 재입장 가능, 10S\$~(익스프레스 패스) **홈페이지** www.rwsentosa.com/en/attractions/adventure-cove-waterpark **전화** (65)6577-8888

수족관과 함께 있는 워터 파크로 우리나라의 캐러비안 베이나 오션월드를 생각하면 된다. 가장 인기 있는 물놀이 기구는 누구나 함께 즐길 수 있는 파도 풀 블루워터 베이(Bluewater Bay), 2만 마리 이상의 물고기 위에서 스노클링하는 레인보우 리프(Rainbow Reef), 14개의 테마를 가진 수족관에서 튜빙하는 느낌의 어드벤처 리버(Adventure River) 그리고 가장 인기가 많고 신나는 워터 롤러코스터 립타이드 로켓(Riptide Rocket)이다. 이 정도만 즐겨도 본전은 뽑는다. 사물함은 S\$10과 S\$20짜리가 있으며, 하루 종일 수시로 개폐가 가능하다. 워터 파크 안에서는 전자 팔찌에 태그해 후결제도 할 수 있다. 만약 가족 여행이라면 편히 쉬면서 즐길 수 있는 방갈로 형태의 카바나 대여를 추천한다. 가격은 S\$68이고 시즌에 따라 가격이 변한다. 그럼에도 불구하고 늘 인기가 좋아서 매진이 될 수 있으니, 아침에 가서 카바나를 먼저 대여하자. 카바나에는 개인 사물함 1개와 타월 2장, 물 2병이 서비스된다. 구명조끼는 사이즈별로 구비돼 있어 무료로 이용할 수 있다. 생수와 이유식, 의료 목적의 음식물 외에는 음식물 반입이 불가하니 참고하자.

© Soisayampoo

싱가포르 No.1 테마파크
유니버설 스튜디오 Universal Studios Singapore

주소 8 Sentosa Gateway, Resorts World Sentosa **위치** 센토사 익스프레스 타고 워터프런트역 하차 후 도보 2분 **시간** 10:00~18:00(일~금), 10:00~22:00(토) *종료 시간이 달라질 수 있으니 사전에 홈페이지 확인 **요금** S$81(성인), S$61(4~12세), S$43(60세 이상) **홈페이지** www.rwsentosa.com/en/attractions/universal-studios-singapore

영화를 배경으로 한 무비 테마파크로 총 7개의 테마 영역을 가지고 있으며, 그 안에 다양한 놀이 기구와 쇼가 있다. 입장 시 받는 S$5의 밀 쿠폰으로 유니버설 스튜디오 내 어디서든지 음식물을 구매할 수 있으나, 간단한 스낵 외에는 먹을 만한 것을 찾기 힘들다.

★ 인사이드 **유니버설 스튜디오**

'**할리우드** Hollywood' 테마

할리우드 스타일의 거리 분위기가 나는 곳으로 주로 캐릭터 숍이 몰려 있다. 할리우드 호수에서는 불꽃놀이 쇼를 하는데 공연 일정은 홈페이지를 참고하면 된다. 그 외에 일정에 따라 댄스 공연도 감상할 수 있다. 이 테마 존의 특징은 마릴린 먼로나 미니언과 같은 캐릭터들과 함께 사진을 찍을 수 있다는 점이니 천천히 산책하면서 사진도 찍고 기념품도 구매하자.

유니버설 스튜디오 인기 어트랙션

어트랙션	특징
❶ Human vs. Cylon 휴먼 대 사일론	· 2개의 롤러코스터가 교차하는 스릴 만점 No.1 인기 놀이 기구 · 레일에 매달려 달리는 파란 라인(Cylon)이 스릴 2배며, 두 라인이 동시 출발 · 일반 롤러코스터인 빨간 라인(Human)부터 타고, 파란 라인(Cylon)을 타는 것을 추천 · 부딪칠 것 같은 스릴을 느끼기 위해 눈 뜨고 타야 하며, 짐 보관은 필수
❷ Transformers The Ride 트랜스포머 3D	· 3D 안경을 끼고 실감 나게 영화 속 배틀을 체험하는 트랜스포머가 있는 곳 · 맨 앞자리에 앉아야 앞사람 머리가 안 보여서 더 실감 남
❸ Shrek 4-D Adventure 슈렉 4D	· 4D로 업그레이드돼 오감을 만족시키는 슈렉을 만나볼 수 있는 곳 · 상영 시간을 미리 체크해 관람하는 것이 팁
❹ Revenge of the Mummy 미라의 복수	· 피라미드 실내에서 롤러코스터를 타는 곳 · 두 번째까지가 재미있으며, 세 번째부터는 단지 어두움의 스릴만 있음 · 급강하게 떨어지는 구간이 있어, 카메라 등 짐 보관 필수
❺ WaterWorld 워터월드	· 영화 '워터월드'를 재현한 쇼로, 물에 흠뻑 젖어 보는 곳 · 상영 시간을 미리 체크해 관람하는 것이 팁
❻ Jurassic Park Rapids Adventure 쥬라기 공원 래피드 어드벤처	· 보트 타고 쥬라기 공원을 관람하는 곳으로 물에 젖을 수 있음 · 입장 영역에 우의 자판기가 있으나 비쌈, 미리 우의를 준비하거나 젖어도 되는 옷으로 준비 · 운동화도 젖을 수 있으니 벗고 타는 게 좋으며, 출구에 건조기가 있으나 효과가 매우 약함

'뉴욕 New York' 테마

미국 대중문화의 역동적인 공연과 캐릭터를 볼 수 있는 곳이다. 스티븐 스필버그가 재난 영화를 어떻게 찍었는지에 대한 소개나, 세서미 스트리트의 친구들이 하는 공연도 감상할 수 있고 뉴욕의 거리를 걷는 듯한 느낌을 느낄 수 있다.

'공상 과학 도시 Sci-fi city' 테마

'휴먼(HUMAN)', '사일런(CYLON)'의 쌍둥이 롤러코스터는 이 테마의 가장 대표적인 놀이 기구다. 이 롤러코스터는 세계에서 가장 긴 듀얼 롤러코스터로 롤러코스터를 좋아한다면 탑승하기를 추천한다. 3D 전투를 즐길 수 있는 트랜스포머나 빙글빙글 돌아가는 엑셀레이터와 같은 놀이 기구도 만날 수 있다.

'고대 이집트 Ancient Egypt' 테마

이집트 탐험의 황금 시대를 만날 수 있는 이집트 존에서 가장 인기 있는 것은 '미라의 복수'다. 실내 롤러코스터로 피라미드를 탐험하는 놀이 기구다. 그 외에 이집트 발굴을 하는 젊은 탐험가 느낌으로 지프를 타고 이동하는 '트레저 헌터스'가 있다.

'잃어버린 세계 The Lost World' 테마

영화 '쥬라기 공원'과 '워터월드' 속을 탐험하는 테마로 구성돼 있다. 어트랙션으로는 화석을 보면서 암벽을 등반하는 앰버 록 클라임, 쥬라기 공원 위로 날아가는 캐노피 플라이어, 스릴 넘치는 강에서 뗏목을 타고 건너는 느낌을 주는 쥬라기 공원 래피드 어드벤처가 있다. 또한 이곳에서는 시원하고 화려한 워터월드 쇼를 감상할 수 있는데 맨 앞에 앉으면 튀는 물에 옷이 젖을 수도 있다.

'머나먼 왕국 Far Far Away' 테마

애니메이션 영화 '슈렉'을 테마로 한다. 입구에 커다란 성을 만날 수 있는데 캐릭터 숍이나 피오나 공주의 성에서 즐겁게 사진을 찍을 수 있다. 용 모양의 롤러코스터를 탈 수 있고 4D로 슈렉 영화를 감상할 수도 있다. 그리고 4D 숍에서는 다양한 슈렉 캐릭터 상품을 만날 수 있다.

'마다가스카 Madagascar' 테마 ⚙

애니메이션 영화 '마다가스카'의 다양한 주인공을 만날 수 있는 곳으로, 아이들에게 가장 인기 있는 곳이다. 다크라이더나 회전목마를 탈 수 있고 마다가스카 영화의 캐릭터들이 나와서 춤추는 쇼도 감상할 수 있다.

북서부 & 동부
NORTHWEST & EAST

도심을 벗어나 자연에서 즐기기

싱가포르 북서부에 위치한 싱가포르 동물원, 리버 사파리, 나이트 사파리, 주롱 새 공원은 자연과 동물이 어우러진 애니멀 테마파크다. 1973년 개장한 싱가포르 동물원은 철창 없는 개방형 동물원으로 유명하며, 가장 최근인 2012년에 개장한 리버 사파리에서는 전 세계 8개의 강에 서식하는 야생 동물들을 볼 수 있다. 1994년에 개장한 나이트 사파리는 야간에 동물 탐험을 할 수 있고, 1968년에 개장한 주롱 새 공원은 싱가포르 최초의 애니멀 테마파크로 전 세계 380종, 5,000여 마리 새의 소리를 느낄 수 있다. 4개 애니멀 테마파크가 제각기 다른 색을 가지고 있어 시간이 넉넉하다면 모두 가 보는 것이 좋겠지만, 그게 어렵다면 자신이 좋아하는 동물이나 평소에 보지 못한 동물이 있는 곳을 골라서 방문하면 된다. 철창을 사이에 두고 멀찍이 보는 것이 아니라 바로 코앞에서 보며 교감을 나누어 보자. 싱가포르 동부에는 관광 명소가 별로 없지만, 창이 공항 방향에 펼쳐진 15km의 해변 공원인 이스트 코스트 파크는 현지인들의 레저 활동이 활발하고 시푸드 레스토랑이 있는 곳으로 유명하다.

COURSE

싱가포르 동물원 코스

코스별로 2~4시간 정도 소요되는데, 자신의 일정에 맞게 코스를 선택하면 된다. 단, 아이 동반 유무에 따라 피딩 타임(feeding time)을 즐기거나 물놀이 공원을 추가 이용하면 좋다.

걷기 2시간 소요

⭐ 입구(10:00) — ⭐ 백호 — ⭐ 오랑우탄 — ⭐ 파충류 정원 — ⭐ 침팬지

⭐ 입구 — ⭐ 긴코원숭이 먹이 주기(11:30) — ⭐ 북극곰 — ⭐ 야생 아프리카 — ⭐ 보존 우림 (에어컨 있음)

> 피딩 타임(Feeding time)
> 긴코원숭이 11:30 / 영장류 왕국 11:30 / 흰코뿔소 13:15

> 쇼 타임(Show time)
> 물개 쇼 10:30
> 열대 우림 쇼 11:00
> 코끼리 쇼 11:30

트램 & 쇼 관람 2시간 30분~3시간 소요

⭐ 입구(10:00) — ⭐ 트램 (1~2구간) — ⭐ 보존 우림 (에어컨 있음) — ⭐ 트램 (2~4구간) — ⭐ 열대 우림 쇼(11:00) 또는 코끼리 쇼(11:30)

⭐ 입구 — ⭐ 북극곰 — ⭐ 오랑우탄 — ⭐ 트램 (4~1구간) — ⭐ 영장류 왕국 먹이 주기(11:30)

나이트 사파리 코스

나이트 사파리를 트램을 이용해 관람하는 코스로 총 1시간 30분 정도 소요된다.

트램 & 쇼 관람 1시간 10분 소요

⭐ 입구 — ⭐ 쇼 관람 — ⭐ 입구 트램 승차 — ⭐ 히말라야 구릉 — ⭐ 인도 아대륙 — ⭐ 이스트 로지 정류장

⭐ 입구 하차 — ⭐ 버마 산비탈 — ⭐ 네팔 계곡 — ⭐ 아시아 강변 정글 — ⭐ 인도-말레이 지역 — ⭐ 적도 아프리카

리버 사파리 코스

동선이 한 방향으로 정해져 있어서 코스가 하나뿐이다. 총 1시간 10분 정도 소요된다.

걷기 & 보트 타기 1시간 10분 소요

입구 — 미시시피강 — 콩고강 — 나일강 — 갠지즈강 — 메콩강

입구 — 와일드 아마조니아 (다람쥐원숭이, 아마존 수족관) — 아마존 리버 퀘스트 보트 — 자이언트 판다 숲 — 양쯔강

주롱 새 공원 코스

자신의 일정에 맞게 코스를 선택하면 되는데 총 2~4시간 정도 소요된다. 아이를 동반하고 있다면 물놀이 공원을 추가하여 코스를 정하면 된다.

트램 & 쇼 관람 2시간~2시간 30분 소요

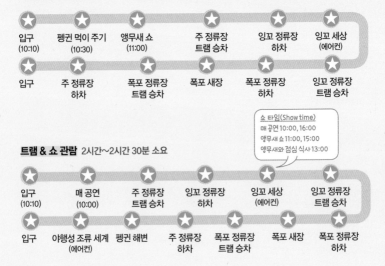

입구 (10:10) — 펭귄 먹이 주기 (10:30) — 앵무새 쇼 (11:00) — 주 정류장 트램 승차 — 잉꼬 정류장 하차 — 잉꼬 세상 (에어컨)

입구 — 주 정류장 하차 — 폭포 정류장 트램 승차 — 폭포 새장 — 폭포 정류장 하차 — 잉꼬 정류장 트램 승차

> **쇼 타임(Show time)**
> 매 공연 10:00, 16:00
> 앵무새 쇼 11:00, 15:00
> 앵무새와 점심 식사 13:00

트램 & 쇼 관람 2시간~2시간 30분 소요

입구 (10:10) — 매 공연 (10:00) — 주 정류장 트램 승차 — 잉꼬 정류장 하차 — 잉꼬 세상 (에어컨) — 잉꼬 정류장 트램 승차

입구 — 야행성 조류 세계 (에어컨) — 펭귄 해변 — 주 정류장 하차 — 폭포 정류장 트램 승차 — 폭포 새장 — 폭포 정류장 하차

현지인들의 주말 레저 공원

이스트 코스트 파크 East Cost Park

주소 East Coast Park Service Rd, S 449876 위치 시내에서 베독역까지 이동 후 택시 타면 약 10분 소요 시간 24시간 요금 무료 홈페이지 www.nparks.gov.sg 전화 (65)1800-471-7300

이스트 코스트 파크는 싱가포르 시내에서 창이 공항 가는 방향의 해변에 총 15km로 펼쳐진 해변 공원이다. 현지인들에게 자전거, 롤러보드, 비치 발리볼, 바비큐 파티, 캠핑 등을 즐기는 장소로 애용되는 생활 속 공원이다. 곳곳에 숲과 쉼터, 식당들이 있다. 특히 이스트 코스트의 시푸드 센터는 싱가포르 안에서도 바닷바람을 맞으며 칠리 크랩과 시푸드 요리를 즐길 수 있는 곳으로 유명하다. 이스트 코스트 파크는 여행 일정이 모두 끝난 후

시푸드를 먹고 공항으로 가고자 할 때, 또는 현지인들의 주말 레저 활동을 함께 느끼고 싶을 때 가면 좋은 곳이다. 그러나 단순히 관광 목적으로 가기에는 이동도 힘들고 뜨거운 태양 아래 걷는 양도 많아 그다지 추천하지 않는다. 이동 시간이나 더운 날 걷는 양을 줄이면서 효율적으로 이스트 코스트 파크를 방문하고 싶다면, 베독 역에서 택시를 타고 이스트코스트 시푸드 센터로 가서 공원을 둘러보는 것을 추천한다.

파클랜드 그린 Parkland Green

주소 920 ECP, S 449875 **위치** 차이나타운(People's Pk Cplx) 12번, 오차드(Lucky Plaza) 14번, 시티홀 (Raffles Hotel) 14번, 부기스(Bugis Stn) 32번 버스 타고 카통 플라자 부근에서 하차 후 도보 20분 **시간** 스타 벅스 7:30 오픈/카페나 펍 23:00~24:00 종료 **홈페이지** nparks.gov.sg **전화** (65)6348-2696

이스트코스트 파크 옆쪽에 있는 공원으로, 지하차도를 이용해 도로를 넘어갈 수 있다. 넓은 바다와 새, 모래사장이 있으며 저 멀리 배들이 떠 있는 것이 보인다. 스타벅스를 비롯해 커피숍, 편의점 등이 있으며 오후에는 맥주를 마실 수 있는 바들이 있다. 시야가 막히는 곳이 없으며 조깅하는 사람, 자전거 타는 사람, 소풍 온 사람 등 대부분이 외국 사람이다. 조용히 바닷가 근처를 산책하고 싶다면 갈 만하다. 지하차도로 다시 건너가면 바로 카통으로 연결된다.

사진 찍기 좋은 알록달록한 집들
카통 쿤셍 로드 Katong Koon Seng Road

주소 1 Koon Seng Rd, S 426951 **위치** 시티 홀(Raffles Hotel) 14번, 부기스(Bugis Stn) 33번 버스 타고 마라 나타 홀(Opp Maranatha Hall) 건너편 하차 후 도보 이동(시내 위치에 따라 30~40분 소요) **요금** 무료

쿤셍 로드 양쪽으로 알록달록한 페라나칸 하우스들이 늘어서 있다. 하지만 사람들이 살고 있어서 들어가 볼 수는 없고 그냥 건물을 구경하고 사진 찍기 좋다. 이 길 외에도 2층짜리 집이 알록달록하게 있는 곳들이 많다.

현지인들의 주거 지역이기도 한 카통은 아기자기하니 보기 좋고 여유로운 곳이다. 천천히 걸으면서 카통에서의 기념사진을 남기며 112카통몰 쪽으로 이동해 식사를 하거나 이스트 코스트 파크로도 연계해서 보면 좋다.

미쉐린 락사로 유명한 맛집
328 카통 락사 328 Katong Laksa

주소 51 East Coast Road, S 428770 **위치** 차이나타운(People's Pk Cplx) 12번, 오차드(Lucky Plaza) 14번, 시티 홀(Raffles Hotel) 14번, 부기스(Bugis Stn) 32번 버스 타고 록시(Opp Roxy Sq) 건너편 하차 후 도보 이동 (시내 위치에 따라 30~60분 소요) **시간** 10:00~22:00 **가격** S\$6 정도(락사) **홈페이지** 328katonglaksa.sg **전화** (65)9732-8163

싱가포르 락사 맛집으로 역사와 전통이 있으며 최근에는 미쉐린 맛집으로 등극한 곳이다. 에어컨이 있으며 문을 열고 들어가면 육수의 생선 비린내가 확 난다. 만약 비린 냄새를 싫어하면 밖에서 먹을 것을 추천한다. 처음은 약간 고소하고 중간은 생선 육수 맛이 느껴지고 끝맛은 시큼하다. 전체적으로 매운맛이 나고 중간중간 고수 향이 난다. 조개

와 새우, 어묵이 들어 있고 면들이 잘려져 있어서 숟가락으로 떠먹으면 된다. 현지인들은 밥을 함께 주문해서 먹는다. 더 맵게 먹을 사람을 위해 소스를 함께 준다. 외국 사람들에게도 알려져서 외국 사람들과 우리나라 사람들도 간간히 들르는 곳이 됐다. 락사와 함께 오탁(어묵과 비슷함)을 주문해서 먹어도 좋다.

토스트와 커피를 먹으며 쉬어 가는 집
더 레드 하우스 The Red House

주소 63 E Coast Rd, S 428776 **위치** 차이나타운(People's Pk Cplx) 12번, 오차드(Lucky Plaza) 14번, 시티 홀(Raffles Hotel) 14번, 부기스(Bugis Stn) 32번 버스 타고 록시(Opp Roxy Sq) 건너편 하차 후 도보 이동(시내 위치에 따라 30~60분 소요) **가격** S\$5(카야 토스트 세트) **홈페이지** theredhouse.sg **전화** (65)6883-1114

카통 거리에서 빨간색 건물이 눈에 띄는 역사와 전통이 살아 있는 베이커리다. 이곳은 1920년대 서양식 3단 웨딩 케이크를 만든 최초의 베이커리이자 스위스롤과 커리퍼프로 유명했던 곳이다. 지금은 예전 빵집을 현대식으로 복원해 나름 분위기는 편한 곳으로 젊은 사람들이 많이 와서 커피와 빵을 먹는다. 날이 더워서 구경하다가 지치면 들러서 차 한잔하기 좋다. 카야 토스트는 바삭한 토스트, 부드러운 토스트 다양하게 있다.

철창이 없는 자연 친화 동물원
싱가포르 동물원 Singapore Zoo

주소 80 Mandai Lake Rd, S 729826 **위치** ❶ 앙 모 키오역에서 138번, 초아 추 캉역에서 927번 버스로 이동, 각 역에서 버스 인터체인지 표지판 따라 이동해 탑승 후 20~30분 소요(총 1시간 20분 소요) ❷ 셔틀버스 이용 시 탑승 위치에 따라 30~60분 소요 ❸ 택시 이용 시 30~40분 소요 **시간** 8:30~18:00 **요금** S$39(성인), S$26(어린이 3~12세) / 트램 S$5(성인), S$3(3~12세) *싱가포르 동물원, 나이트 사파리, 리버 사파리, 주롱 새 공원 중 2개 이상 이용 시 통합 입장권 구매 추천 **홈페이지** wrs.com.sg/en/singapore-zoo/ **전화** (65)626 9-3411

싱가포르 동물원은 1973년에 개장했으며 300종이 넘는 동물이 있다. 희귀 동물들이 많으며, 우리나라 동물원과 달리 철창 없는 자연 친화적 동물원으로 유명하다. 동물을 좋아하거나 아이가 있는 경우 오랜 시간을 투자해도 좋은 곳이다. 싱가포르 동물원을 제대로 즐기기 위해서는 트램을 타는 것보다

동물 쇼가 열리는 곳곳을 걸어 다니면서 보는 것이 좋으며, 특히 피딩 타임에는 먹이를 구매해서 직접 동물에게 먹여 주는 것도 좋은 체험이다. 아멩 레스토랑에서 매일 아침에 열리는 동물들과의 아침 식사에 참가하거나, 아이가 있다면 관람 후 물놀이 동산을 이용하는 것도 추천한다.

TIP 셔틀버스(Singapore Attraction Express)

시내(오차드, 리틀 인디아) → 동물원
시간 9:00, 10:00, 12:00 오차드 호텔 출발(약 1시간 소요)
픽업 위치 오차드 호텔(9:00)-그랜드 하얏트 호텔/오차드역(9:10)-리틀 인디아 아케이드/리틀 인디아역(9:25)-패러 파크역(9:30)-싱가포르 동물원 도착(10:00)
시내(시티 홀) → 동물원
시간 9:00, 12:00 라벤더역(약 1시간 소요)
픽업 위치 라벤더역(9:00)-싱가포르 플라이어(9:15)-만다린 오리엔탈 호텔(9:17)-스위소텔 스탬포드/시티 홀역(9:20)-스위소텔 머천트 코트/클락 키역(9:25)-홍림 공원(9:27)-싱가포르 동물원 도착(10:00)
동물원 → 시내
14:40, 16:30, 17:30, 18:30 싱가포르 동물원 출발(약 30분 소요)
• 스케줄 확인 및 예약 www.saex.com.sg/transfer

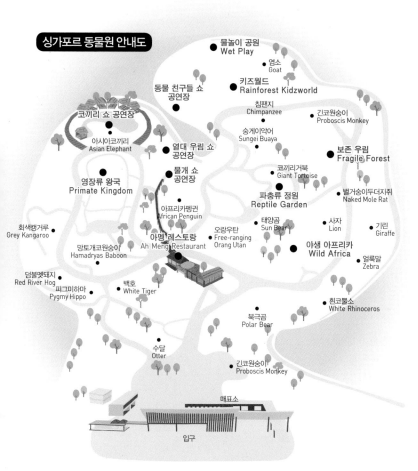

싱가포르 동물원 안내도

물놀이 공원
Wet Play

염소
Goat

동물 친구들 쇼
공연장

키즈월드
Rainforest Kidzworld

침팬지
Chimpanzee

긴코원숭이
Proboscis Monkey

코끼리 쇼 공연장

아시아코끼리
Asian Elephant

숭게이악어
Sungei Buaya

열대 우림 쇼
공연장

보존 우림
Fragile Forest

물개 쇼
공연장

코끼리거북
Giant Tortoise

영장류 왕국
Primate Kingdom

파충류 정원
Reptile Garden

벌거숭이두더지쥐
Naked Mole Rat

아프리카펭귄
African Penguin

태양곰
Sun Bear

사자
Lion

기린
Giraffe

회색캥거루
Grey Kangaroo

아멩 레스토랑
Ah Meng Restaurant

오랑우탄
Free-ranging
Orang Utan

야생 아프리카
Wild Africa

얼룩말
Zebra

망토개코원숭이
Hamadryas Baboon

덤불멧돼지
Red River Hog

백호
White Tiger

피그미하마
Pygmy Hippo

흰코뿔소
White Rhinoceros

북극곰
Polar Bear

수달
Otter

긴코원숭이
Proboscis Monkey

매표소

입구

*공연

공연	시간 & 장소
물개 쇼 Splash Safari Show	10:30, 17:00 쇼 재단 원형 극장
동물 친구들 쇼 Animal Friends Show	11:00, 16:00 키즈월드 원형 극장
코끼리 쇼 Elephants at Work & Play Show	11:30, 15:30 아시아의 코끼리
열대 우림 쇼 Rainforest Fights Back Show	12:30, 14:30 쇼 재단 원형 극장

*먹이 주기

직접 먹이를 줄 수 있는 동물	시간
코끼리	9:15, 13:30, 16:30
기린	10:45, 13:50, 15:45
염소	11:30, 15:30
흰코뿔소	13:15
망토개코원숭이	14:30, 17:00
코끼리거북	13:15(주말, 공휴일만)

수중과 수변 동물을 테마로 한 아시아 최초의 동물원

리버 사파리 River Safari

주소 80 Mandai Lake Rd, S 729826 **위치** ❶ 앙 모 키오역에서 138번, 초아 추 캉역에서 927번 버스로 이동 후 각 역에서 버스 인터체인지 표지판 따라 이동해 탑승 후 20~30분 소요(총 1시간 20분 소요) ❷ 셔틀버스 이용 시 탑승 위치에 따라 30~60분 소요 ❸ 택시 이용 시 30~40분 소요 **시간** 10:00~19:00/ 아마존 리버 퀘스트 10:30~18:00, 리버 사파리 크루즈 11:00~18:00 **요금** S\$36(성인), S\$24(어린이 3~12세) / 아마존 리버 퀘스트 S\$5(성인), S\$3(3~12세)(리버 사파리 크루즈 탑승 포함) / 아마존 리버 퀘스트 S\$5(성인), S\$3(어린이 3~12세) *싱가포르 동물원, 나이트 사파리, 리버 사파리, 주룽 새 공원 중 2개 이상 이용 시 통합 입장권 구매를 추천함 **홈페이지** www.wrs.com.sg/en/river-safari/ **전화** (65)6269-3411

리버 사파리는 2012년에 개장하였으며, 전 세계 8대 강에 서식하는 300여 종, 5,000여 마리의 수중 및 육상 동물을 볼 수 있는 곳이다. 강을 주제로 하는 동물원은 아시아에서 최초이며, 우리나라에서 쉽게 접할 수 없는 테마형 동물원이다. 미시시피강, 아마존강, 양쯔강 등 유명한 강을 구역별로 재현해 그곳에 사는 동물들을 한자리에서 볼 수 있을 뿐 아니라 귀여운 판다도 감상할 수 있다. 아마존 리버 퀘스트(Amazon River Quest)와 리버 사파리 크루즈(River Safari Cruise)라는 보트 체험도 있는데, 아마존 리버 퀘스트는 놀이 기구처럼 역동적이어서 더 인기 있다. 이곳은 동선이 한 방향으로 정해져 있으며, 전체 관람하는 데 1시간 10분 정도 소요된다. 또한, 곳곳에 에어컨이 나오는 실내 관람이라 매우 쾌적한 느낌을 준다. 리버 사파리 내에 추천할 만한 식당이 없어서 간단한 음료는 가지고 들어가면 좋다.

> **TIP 셔틀버스(Singapore Attraction Express)**
>
> **시내(오차드, 리틀 인디아) → 리버 사파리**
> **시간** 9:00, 10:00, 11:00, 12:00 오차드 호텔 출발(약 1시간 소요)
> **픽업 위치** 오차드 호텔(9:00)-그랜드 하얏트 호텔/오차드역(9:10)-리틀 인디아 아케이드/리틀 인디아역(9:25)-패러 파크역(9:30)-리버 사파리 도착(10:00)
>
> **시내(시티홀) → 리버 사파리**
> **시간** 9:00, 10:00. 12:00 라벤더 역(약 1시간 소요)
> **픽업 위치** 라벤더역(9:00)-싱가포르 플라이어(9:15)-만다린 오리엔탈 호텔(9:17)-스위소텔 스탬퍼드/시티홀역(9:20)-스위소텔 머천트 코트/클락 키역(9:25)-홍림 공원(9:27)-리버 사파리 도착(10:00)
>
> **리버 사파리 → 시내**
> 14:40, 16:30, 17:30, 18:30 리버 사파리 출발(약 30분 소요)
>
> • 스케줄 확인 및 예약 www.saex.com.sg/Transfer.aspx

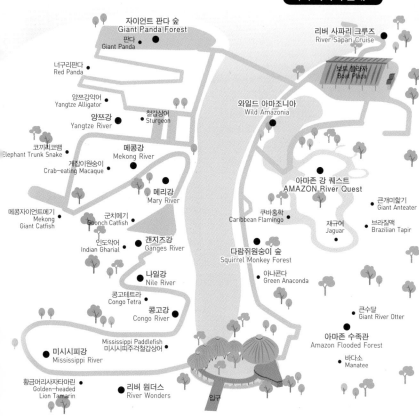

리버 사파리 안내도

자이언트 판다 숲
Giant Panda Forest
판다
Giant Panda

너구리판다
Red Panda

양쯔강악어
Yangtze Alligator

철갑상어
Sturgeon

양쯔강
Yangtze River

리버 사파리 크루즈
River Sapari Cruise

보트 플라자
Boat Plaza

와일드 아마조니아
Wild Amazonia

코끼리코뱀
Elephant Trunk Snake

메콩강
Mekong River

게잡이원숭이
Crab-eating Macaque

아마존 강 퀘스트
AMAZON River Quest

큰개미핥기
Giant Anteater

메리강
Mary River

메콩자이언트메기
Mekong Giant Catfish

군치메기
Goonch Catfish

쿠바홍학
Caribbean Flamingo

재규어
Jaguar

브라질맥
Brazilian Tapir

인도악어
Indian Gharial

갠지즈강
Ganges River

다람쥐원숭이 숲
Squirrel Monkey Forest

나일강
Nile River

아나콘다
Green Anaconda

콩고테트라
Congo Tetra

콩고강
Congo River

큰수달
Giant River Otter

미시시피강
Mississippi River

Mississippi Paddlefish
미시시피주걱철갑상어

아마존 수족관
Amazon Flooded Forest

바다소
Manatee

황금머리사자타마린
Golden-headed
Lion Tamarin

리버 원더스
River Wonders

입구

*8대 강 구역

강	주요 동물	강	주요 동물
미시시피강 Mississippi River	미시시피주걱철갑상어, 악어거북	메리강 Mary River	호주폐어, 바라문디, 머리대구
콩고강 Congo River	콩고테트라, 주얼시클리드, 자이언트 민물복어	메콩강 Mekong River	메콩자이언트메기, 자이언트민 물가오리, 게잡이원숭이
나일강 River Nile	아프리카아로와나, 타이거피시, 기린메기	양쯔강 Yangtze River	양쯔강악어, 중국왕도롱뇽, 철갑상어
갠지즈강 Ganges River	인도악어, 개구리얼굴거북, 군치 메기	와일드 아마조니아 Wild Amazonia	바다소, 큰수달, 피라냐, 아라파이마

세계 최초의 야간 동물원

나이트 사파리 Night Safari

주소 80 Mandai Lake Rd, S 729826 **위치 ❶** 앙 모 키오역에서 138번, 초아 추 캉역에서 927번 버스로 이동 후 각 역에서 버스 인터체인지 표지판 따라 이동해 탑승 후 20~30분 소요(총 1시간 20분 소요) **❷** 셔틀버스 이용 시 탑승 위치에 따라 30~60분 소요 **❸** 택시 이용 시 30~40분 소요 **시간** 19:15~24:00(입장 마감 23:15) **요금** 입장료(트램 포함) S\$51(성인), S\$34(어린이 3~12세)(온라인 입장 시간 사전 예약 시 할인) / S\$10(한국어 포함 다국어 익스프레스 트램) *싱가포르 동물원, 나이트 사파리, 리버 사파리, 주룽 새 공원 중 2개 이상 이용 시 통합 입장권 구매 추천 **홈페이지** www.wrs.com.sg/en/night-safari / **전화** (65)6269-3411

나이트 사파리는 1994년에 개장한 세계 최초의 야간 동물원이며, 아프리카, 남미, 아시아 등 전 세계 곳곳에서 모인 115종의 1,000여 마리의 동물이 있는 곳이다. 나이트 사파리는 관람객에게 에티켓이 매우 강조가 되는데, 소리를 지르거나 셔터를 터트려서는 안된다. 나이트 사파리를 제대로 즐기기 위해서는 트램과 걷기를 적절히 이용하고, 야행성 동물 쇼와 입구의 불 쇼를 절대 빠트려서는 안된다. 한국어 가이드가 없고, 동물들의 움직임이 없어 여행자들에 따라 지루해하는 경우도 있다.

> **TIP** 셔틀버스(Singapore Attraction Express)
>
> **시내(오차드, 리틀 인디아, 하버 프런트) → 나이트 사파리**
> **시간** 17:30, 18:00, 19:00 오차드 호텔 출발(약 1시간 소요)
> **픽업 위치** 오차드 호텔(17:30)-그랜드 하얏트 호텔/오차드역(17:40)-리틀 인디아 아케이드/리틀 인디아역(17:55)-패러 파크역(18:00)-나이트 사파리 도착(18:30)
>
> **시내(시티 홀, 차이나타운) → 나이트 사파리**
> **시간** 17:30, 18:30 라벤더 역(약 1시간 소요)
> **픽업 위치** 라벤더역(17:00)-싱가포르 플라이어(17:45)-만다린 오리엔탈 호텔(17:47)-스위소텔 스탬포드/시티 홀역(17:50)-스위소텔 머천트 코트/클락 키역(17:55)-홍림 공원(17:57)-나이트 사파리 도착(18:30)
>
> **나이트 사파리 → 시내**
> 21:15, 21:45, 22:00, 22:15, 22:30, 23:00, 23:30 나이트 사파리 출발(약 30분 소요)
>
> • 스케줄 확인 및 예약 www.saex.com.sg/Transfer.aspx

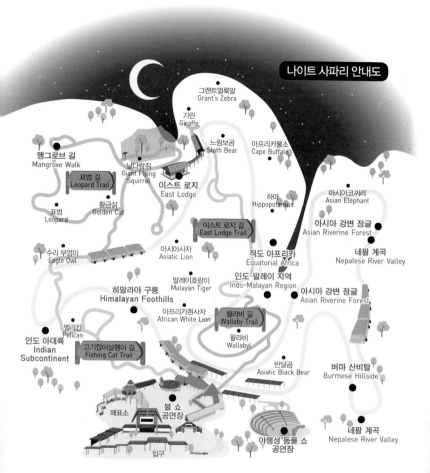

나이트 사파리 안내도

그랜트얼룩말 Grant's Zebra
기린 Giraffe
느림보곰 Sloth Bear
아프리카물소 Cape Buffalo
맹그로브 길 Mangrove Walk
날다람쥐 Giant Flying Squirrel
표범 길 Leopard Trail
이스트 로지 East Lodge
하마 Hippopotamus
아시아코끼리 Asian Elephant
표범 Leopard
황금삵 Golden Cat
이스트 로지 길 East Lodge Trail
아시아 강변 정글 Asian Riverine Forest
네팔 계곡 Nepalese River Valley
수리 부엉이 Eagle Owl
아시아사자 Asiatic Lion
적도 아프리카 Equatorial Africa
인도-말레이 지역 Indo-Malayan Region
아시아 강변 정글 Asian Riverine Forest
히말라야 구릉 Himalayan Foothills
말레이호랑이 Malayan Tiger
인도 아대륙 Indian Subcontinent
펠리칸 Pelican
아프리카흰사자 African White Lion
왈라비 길 Wallaby Trail
왈라비 Wallaby
고기잡이살쾡이 길 Fishing Cat Trail
반달곰 Asiatic Black Bear
버마 산비탈 Burmese Hillside
불 쇼 공연장
매표소
야행성 동물 쇼 공연장
입구
네팔 계곡 Nepalese River Valley

* 공연

공연	시간 & 장소
불 쇼 Thumbuakar Performance	19:00, 20:00, 21:00 (금·토·공휴일 전날 22:00 추가) 입구 마당
야행성 동물 쇼 Creatures of the Night Show	19:30, 20:30, 21:30, 22:30 원형 극장

* 걷기 코스

코스	주요 동물
고기잡이살쾡이 길 Fishing Cat Trail	고기잡이살쾡이, 천산갑, 아시아수달, 인도악어, 날여우 등
표범 길 Leopard Trail	표범, 구름무늬표범, 아시아사자, 사향고양이, 늘보원숭이, 기린, 얼룩말 등
이스트 로지 길 East Lodge Trail	말레이호랑이, 바비루사, 큰귀여우, 점박이하이에나, 서발 등
왈라비 길 Wallaby Trail	왈라비, 개구리입쏙독새, 흰입비단구렁이, 유대하늘다람쥐, 주머니여우 등

버터 크랩을 맛볼 수 있는 현지인 맛집

멜번 시푸드 Mellben Seafood

주소 232 Ang Mo Kio Ave 3, S 560232 **위치 ①** 앙 모 키오역에서 도보 20분 **②** 앙 모 키오역 버스 인터체인지 표지판 따라 이동해 166, 169번 버스 탑승 후 4번째 정류장 하차(20분 소요) **시간** 17:00~22:30 **가격** S$ 70~(700g 기준) **전화** (65)6285-6762

싱가포르 북부의 주거 지역에 위치한 버터 크랩 맛집으로, 한국인 여행자들에게도 입소문을 탄 곳이다. 칠리 크랩은 이미 많이 먹어보고 색다른 크랩을 맛보고 싶을 때 버터 크랩을 먹기 위해 가는 곳이다. 크랩은 무게에 따라서 파는데 작은 걸로 칠리와 버터 크랩 각각 하나씩 시켜서 먹는 것을 추천한다. 중국식 분위기의 식당이라서 사람들이 몰릴 때는 굉장히 시끄럽다. 그리고 주변에 주택가라서 찾아가기도 힘들다. 전철역에서 20분이나 가야 해서 대부분 택시를 타고 간다. 주변에 아무것도 없고 식당도 이것뿐이라 정말 크랩 하나만 먹으러 가야 한다. 하지만 크랩은 오전에 매일 공수해 와서 신선하고 맛도 좋고 무게에 따라서 가격이 다르기 때문에 작은 걸 여러 가지 시켜서 나누어 먹기 좋다. 이왕이면 싱가포르 동물원에 다녀오는 길에 들르는 것을 추천하며, 이곳은 항상 사람이 많은 곳으로 가급적 이른 저녁 시간에 가거나 미리 예약을 하면 좋다.

멜번 씨푸드 분점으로 버터 크랩 맛집

켈리제 시푸드 Kelly Jie Seafood

주소 Blk 211 Toa Payoh Lorong 8, #01-11/15, S 310211 **위치 ①** 브래들역 C 출구에서 도보 15분 **②** 브래들역 C 출구에서 길 건너 59번 버스 탑승 후 2번째 정류장 하차(20분 소요) **시간** 12:00~14:30, 17:30~22:30 **가격** S$ 77(약 700g) **홈페이지** kellyjie.sg **전화** (65)6353-3120

멜번 씨푸드의 분점으로 두 곳의 거리가 가까운건 아니다. 켈리제는 주택가에 있기는 하지만 옆에 호커 센타가 있다. 시내에서는 거리가 있는 곳이어서 찾아가는 것이 쉽지는 않지만 현지 맛집이라서 가는 사람들이 조금 있다. 약 700g에 S$77 정도이므로 칠리크랩과 버터크랩을 작은 걸 주문해서 둘 다 맛보는 것을 추천한다. 오로지 크랩 하나 먹기 위해 가야 하는 곳이지만 현지 느낌으로 먹고 싶다면 시도할 만하다. 그리고 멜번 시푸드 보다는 시내랑 가깝기 때문에 조금 더 편하게 갈 수 있다.

새와 함께 거닐 수 있는 테마 정원

주롱 새 공원 Jurong Bird Park

주소 2 Jurong Hill, S 628925 **위치** ❶ 분 레이역에서 길 건너 쇼핑몰의 버스 인터체인지 표지판 따라 이동해 194, 251번 버스 탑승 후 10분 소요 ❷ 셔틀버스 이용 시 탑승 위치에 따라 30~70분 소요 **시간** 8:30~18:00 **요금** 입장료 S$32(성인), S$21(어린이 3~12세) / 트램 S$5(성인), S$3(3~12세) *싱가포르 동물원, 나이트 사파리, 리버 사파리, 주롱 새 공원 중 2개 이상 이용 시 통합 입장권 구매 추천 **홈페이지** www.birdpark.com.sg **전화** (65)6265-0022

주롱 새 공원은 1968년 싱가포르의 장관이 국제 회의 참석차 브라질을 방문했다가 공원 내 큰 새장 속의 자유로운 새들 모습을 보고 착안하여, 새를 테마로 세계 최대의 동물원을 만든 것이다. 주롱 새 공원에는 전 세계 380종, 5,000여 마리의 새가 있다. 주롱 새 공원을 제대로 즐기기 위해서는 트램을 이용해 잉꼬 세상과 폭포 새장을 구경하고 새 공연을 관람하는 것을 추천한다. 아이가 있다면 물놀이장도 이용하면 좋을 것이다. 공원의 역사가 오래된 만큼 시설이 조금 낡기는

했으나, 하나의 정원같이 아름다운 새 공원에서 여유 있게 자연을 느껴 보자. 돌아가는 길에 현지인들에게 더 유명한 분레이 역 앞 주롱 포인트 쇼핑몰에서 쇼핑을 즐긴다면 더 알찬 여행이 될 것이다.

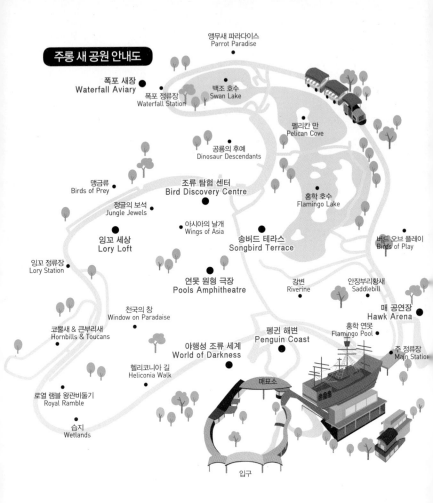

주롱 새 공원 안내도

앵무새 파라다이스
Parrot Paradise

폭포 새장
Waterfall Aviary

폭포 정류장
Waterfall Station

백조 호수
Swan Lake

펠리칸 만
Pelican Cove

공룡의 후예
Dinosaur Descendants

맹금류
Birds of Prey

조류 탐험 센터
Bird Discovery Centre

홍학 호수
Flamingo Lake

정글의 보석
Jungle Jewels

아시아의 날개
Wings of Asia

잉꼬 세상
Lory Loft

송버드 테라스
Songbird Terrace

버드 오브 플레이
Birds of Play

잉꼬 정류장
Lory Station

연못 원형 극장
Pools Amphitheatre

강변
Riverine

안장부리황새
Saddlebill

매 공연장
Hawk Arena

천국의 창
Window on Paradaise

홍학 연못
Flamingo Pool

코뿔새 & 큰부리새
Hornbills & Toucans

펭귄 해변
Penguin Coast

주 정류장
Main Station

야행성 조류 세계
World of Darkness

헬리코니아 길
Heliconia Walk

로열 램블 왕관비둘기
Royal Ramble

습지
Wetlands

매표소

입구

*공연

공연	시간 & 장소
하늘의 왕 쇼 Kings of the Skies	10:00, 16:00 매 공연장
고공 비행 쇼 High Flyers Show	11:00, 15:00 연못 원형 극장
앵무새와 점심 식사 Lunch with Parrots	13:00 송버드 테라스

*먹이 주기

직접 먹이를 줄 수 있는 곳	시간
잉꼬 세상	8:30~18:00
폭포 새장	10:30, 14:30
펭귄 해변	10:30, 15:30
홍학 연못	13:30(주말, 공휴일만)
공룡의 후예(타조)	13:40
펠리컨 해변	14:00

먹거리도 다양한 쇼핑몰
주롱 포인트 쇼핑몰 Jurong Point

주소 1 Jurong West Central 2, #03-07 Jurong Point Shopping Centre, S 648886 **위치** 분레이역과 연결
시간 10:00~22:00 **홈페이지** jurongpoint.com.sg **전화** (65)6792-5662

싱가포르 쇼핑몰들 중에서 가장 특색이 있는 곳이다. 지하 1층에는 일본 음식 거리, 2층에는 홍콩 거리를 꾸며 놓았다. 분레이역에서 바로 있기 때문에 주롱 새 공원에 가기 전이나 후에 들려서 땀도 식히고 식사를 하기에도 좋다. 일본 거리에 고코쿠(Gokoku)라는 빵집도 맛이 있으니 들려서 몇 개 사서 간식으로 먹자. 판매1위인 고고쿠 시치푸쿠 팬(Gokoku Shichifuku Pan)은 굉장히 쫄깃하면서 부드러운 빵으로 담백한 맛을 자랑한다. 그리고 애플 크림 치즈(Apple Cream cheese)도 맛있다. 자신이 선호하는 빵의 종류를 찾아서 먹어 보자. 그 외에 2층 홍콩 거리 가기 전에 사탕수수 주스도 가격도 저렴하고 맛도 괜찮다.

TIP 주롱 포인트 쇼핑몰에서 추천하는 숍과 레스토랑

레스토랑	A-One Claypot House (에이-원 클레이팟 하우스)	중국식 덮밥	3층 9번
	Bengawan Solo (뱅완 솔로)	빵, 쿠키	지하 1층 5번
	Boost Juice Bar (부스트 주스 바)	건강한 과일 주스	지하 1층 25번
	Din Tai Fung (딘 타이 펑)	딤섬	지하 1층 68번
	Gokoku Japanese Bakery (고코쿠 제패니즈 베이커리)	일본 빵집	지하 1층 79번
	Hokkaido Baked Cheese Tarts (홋카이도 베이크드 치즈 타트)	일본식 치즈 타르트	지하 1층 k2번
	Hong Kong Egglet (홍콩 에그렛)	홍콩 에그렛	3층 10번
	Ichiban Boshi (이치반 보시)	회, 초밥, 스키야키 등	지하 1층 75번
	Koi (코이)	밀크티	2층 41c번
	Men-Ichi Japanese Ramen (멘-이치 재패니즈 라멘)	일본 라면	지하 1층 53번
	Monster Curry (몬스터 커리)	튀김 올린 카레	3층 57번
	Old Chang Kee (올드 창 키)	튀김, 꼬치	1층 37번
	Patbingsoo Korean Dining House (팥빙수 코리안 다이닝 하우스)	팥빙수	3층 56번
쇼핑	Valu$ (벨류달러)	과자, 초콜릿, 생필품	지하 1층 17번
	Miniso (미니소)	인테리어 소품, 생필품	지하 1층 24번
	kiddy Palace(키디 팰리스)	장난감	2층 50번
	Lego Certified Store (레고 서티파이드 스토어)	레고 장난감	지하 1층 86번
	Pandora (판도라)	액세서리	1층 21번

아이들을 위한 체험 과학관

사이언스 센터 Science Centre Singapore

주소 15 Science Centre Rd, S 609081 **위치** 주롱이스트역 A 출구에서 직진으로 도보 10분 **시간** 10:00~18:00(화~일) **휴무** 월요일 **요금** S$10~18(성인), S$8~23(3~12세) *각 관별로 입장권 별도 **홈페이지** science.edu.sg **전화** (65)6665-8288

현지인들과 외국인들이 아이들을 데리고 많이 온다. 하지만 입장료가 너무 많이 올라서 바쁜 여행 일정을 쪼개서 가기에는 좀 무리가 있다. 과학관의 입장권은 어른은 S$12이고 아이들은 S$8이다. 구성은 과학관, 나비 체험, 극장, 스노우시티, 키즈스탑으로 구성되는데 모두 따로 돈을 받기 때문에 원하는 것만 티켓을 따로 끊으면 된다. 전체적인 수준은 초등학생보다는 유치원생을 위한 수준으로 되어 있다.

먹거리도 다양한 쇼핑몰
아이엠엠 아웃렛 IMM Outlet

주소 2 Jurong East Street 21, S 609601 **위치** 주롱이스트역에서 제이-워크(J-walk)로 도보 10분 **시간** 10:00~22:00 **홈페이지** imm.sg **전화** (65)6665-8288

싱가포르에서 가장 큰 대형 아웃렛으로 여러 브랜드가 모여 있다. 1층 고객 서비스 카운터에서 여권을 보여 주면 5~10% 추가 할인이 되는 쿠폰북을 준다. 찰스앤키스뿐만 아니라 코치나 투미 매장도 있는데 천천히 쇼핑하고 싶다면 들러 보자. 허쉬파피 매장이 있는데

신발과 가방이 생각보다 저렴하니 꼭 들러 보자. 주롱이스트역에서 제이-워크(J-walk)라고 해서 여러 개의 쇼핑몰과 병원이 직접 다 연결돼 있다. IMM표시를 따라 제이 워크(J-walk)를 걸으면 횡단보도를 건널 필요 없이 바로 갈 수 있어 쉽게 찾아갈 수 있다.

TIP 아이엠엠 아울렛에서 추천하는 숍과 레스토랑

쇼핑 & 레스토랑	adidas Outlet (아이다스 아웃렛)	아이다스	2층 14번
	Charles & Keith (찰스앤키스)	신발, 가방 등	2층 13번
	Cotton on Kids Outlet (코튼 온 키즈 아웃렛)	아이 옷	1층 33번
	fitflop Outlet (핏플랍 아웃렛)	신발	2층 11번
	Fox Kids & Baby Outlet (폭스 키즈 앤 베이비 아웃렛)	아이 옷	2층 57번
	Pedro Outlet (페드로 아웃렛)	신발, 가방 등	2층 48번
	Clarks Outlet (클락스 아웃렛)	신발	1층 115번
	Coach Outlet (코치 아웃렛)	가방, 신발	1층 104번, 2층 8번
	Tumi BuyBye Valiram Fashion Outlet (투미 바이바이 발리람 패션 아웃렛)	가방	1층 107번
	Ajisen Ramen (아지센 라멘)	일본식 라멘	1층 113번
	BaliTtha (발리타이)	태국음식점	1층 21번
	Haidilao Hot Pot (하이디라오 핫 팟)	중국식 샤부샤부	3층 1번
	Ichiban Sushi (이치반 스시)	회, 초밥	2층 23번
	Old Chang Kee (올드 창 키)	튀김, 꼬치	1층 35번

Singapore

추 천 숙 소

SINGAPORE

Hotel &
Hostel

숙소는 크게 호텔과 호스텔로 나눌 수 있다. 싱가포르 호텔은 다른 동남아에 비해 비싼 편이므로 여행 목적과 자신의 경제적 상황에 맞춰 적절한 곳으로 정하는 것이 좋다. 만약 친구들과 가볍게 가는 여행이라면 호텔보다는 저렴한 호스텔에서 보내는 것이 부담되지 않고 여행에 좀 더 경비를 사용할 수 있어서 좋다. 자신의 상황에 맞게 호텔이나 호스텔을 선정해 여행을 즐겨 보자.

호텔 선택 팁

싱가포르 호텔은 대체적으로 다른 동남아에 비해 비싼 편이다. 자유 여행자는 가장 우선 주머니 사정을 고려해야 할 것이고, 그 다음 밤늦게까지 여행할 계획이라면 호텔 시설보다 위치가 중요하다. MRT역과 가까운 곳에 있거나, 시내를 도보로 이동하기 편한 곳에 있으면 여행 중 호텔에서 휴식을 취하기 좋다. 아이가 있는 가족이라면 수영장이 잘 갖춰져 있는 호텔이 유용하다.

호텔 알뜰 예약 팁

싱가포르는 해외 출장 여행자가 많아서, 시내에 있는 호텔들은 주중 요금보다 주말 요금이 더 저렴하다. 마리나 베이 샌즈 호텔과 센토사 내 호텔들은 주말보다 주중 요금이 더 저렴하다. 시내 호텔과 마리나 베이 샌즈 또는 센토사 내 호텔을 나눠 투숙하는 경우 주중은 마리나 베이 샌즈나 센토사 내 호텔을 이용하고, 주말은 시내 호텔을 예약하는 것이 좋다. 전체 일정에서 각 호텔 요금을 확인한 후 투숙 일정을 정하고 예약하는 것이 좋다.

호텔 예약 사이트
국내외 호텔 전문 예약 사이트와 여행사 사이트, 호텔 홈페이지에서도 예약할 수 있다. 해외 사이트의 경우 세금와 봉사료가 별도 표기되고, 환불이 까다로울 수 있다는 점을 참고하자.
호텔 패스 www.hotelpass.com (카페 '싱가폴 사랑' 회원은 5~7% 할인, 카페에서 확인)
호텔스 닷컴 kr.hotels.com 부킹 닷컴 www.booking.com 익스피디아 www.expedia.co.kr
아고다 www.agoda.co.kr 호텔스 컴바인 www.hotelscombined.co.kr

호스텔 선택 팁

호텔에 많은 돈을 쓰기보다 자신이 좋아하는 여행에 더 투자하겠다는 여행자들도 있다. 이를 위해 호텔보다 저렴한 호스텔을 찾기도 한다. 호스텔에 숙박을 하면 글로벌 여행 친구를 만날 수 있다는 것은 덤이다. 호스텔을 선택할 시에는 이동이 편리해야 하고, 많은 여행자와 공동으로 사용하는 것이 많다 보니 청결도와 보안이 중요하다.

호스텔 예약 사이트
호스텔 예약 사이트와 호텔 전문 예약 사이트, 호스텔 홈페이지에서도 예약할 수 있다.
호스텔 닷컴 www.hostels.com
호스텔 월드 www.korean.hostelworld.com
호스텔 부커스 www.hostelbookers.com

🏠 올드 시티

페닌슐라 엑셀시어 호텔 Peninsula Excelsior Hotel

주소 5 Coleman St, S 179805 **위치** 시티 홀역에서 도보 5분 **요금** S$210~ **홈페이지** www.peninsulaexcelsior.com.sg **전화** (65)6337-2200

싱가포르 관광의 중심지 시티 홀에서 가장 경제적인 호텔로, 시티 홀역에서 5분 거리에 있다. 최근 리노베이션을 통해 보다 쾌적해졌다. 과거 싱가포르 항공이 운영하는 시아 홀리데이 에어텔 상품에서 가장 경제적인 호텔로도 인기가 좋았으며, 현재도 친구나 연인끼리 온 여행자, 나 홀로 여행자 중 관광을 중심으로 하는 여행자들에게 추천하는 호텔이다. 오차드 로드의 쇼핑가, 래플즈 시티, 선텍 시티, 에스플레이네이드 극장까지 10분 정도면 갈 수 있어서 쇼핑을 즐기기에도 적당하다. 클락 키와 보트 키가 가까워 클럽을 즐기기에도 좋은 곳이다.

팬 퍼시픽 호텔 Pan Pacific Hotel

주소 7 Raffles Blvd, Marina Square, S 039595 **위치** 프롬나드역에서 도보 5분 **요금** S$380~ **홈페이지** www.panpacific.com **전화** (65)6336-8111

한국의 코엑스와 같은 컨벤션 센터가 있는 선텍 시티에 위치한 최고급 호텔로, 2012년 리노베이션을 통해 새단장했다. 호텔의 시설, 조식, 서비스는 만족도가 매우 높으며, 하버 스튜디오 객실에서는 마리나 베이의 시뷰(Sea view)를 감상할 수 있는 호텔이다. 또한 선텍 내 쇼핑과 맛집 등 각종 편의 시설을 편리하게 이용할 수 있다.

스위소텔 스탬포드 Swissotel The Stamford

주소 2 Stamford Rd, S 178882 **위치** 시티 홀역과 연결 **요금** S$310~ **홈페이지** www.swissotel.com **전화** (65)6338-8585

스위소텔 스탬포드는 고층의 클래식 하버 객실에서 하버 뷰와 마리나 베이 샌즈 호텔의 전망을 감상할 수 있으며, 시티 홀역과 래플즈 시티가 바로 연결돼 교통과 쇼핑, 맛집, 편의 시설 이용이 편리하다. 올드 시티 내에 있어 관광지 구경하기에도 최적의 위치다. 트윈은 더블 사이즈 침대 2개로 구성돼 성인 2명과 아동 2명이 한 객실에 투숙할 수 있다. 창이 공항에서 20분 정도의 거리에 있으며 커다란 스파와 두 개의 옥외 수영장, 테니스 코트 등도 마련돼 있다.

🏠 마리나 베이 & 마리나 베이 샌즈

만다린 오리엔탈 호텔 Mandarin Oriental Hotel

주소 5 Raffles Avenue, Marina Square, S 039797 **위치** 시티 홀역에서 도보 15분(마리나 스퀘어의 일부분으로 지하도로 연결돼 있음) **요금** S$360~ **홈페이지** www.mandarinoriental.com **전화** (65)6338-0066

만다린 오리엔탈 호텔은 마리나 베이에 위치해 있다. 최고의 시설과 서비스, 조식으로도 잘 알려져 있고, 마리나 베이 야경을 가장 잘 볼 수 있는 호텔로도 유명하다. 마리나 베이 뷰 객실에서 하버 뷰와 마리나 베이 샌즈 호텔 전망을 감상할 수 있으며, 수영장에서도 마리나 베이 샌즈 호텔을 볼 수 있다. 어린이 수영장이 따로 있으며 햇빛을 가려 주는 프라이빗 카바나를 무료로 이용할 수 있다.

리츠칼튼 밀레니아 Ritz-Carlton Millenia Singapore

주소 7 Raffles Ave, S 039799 **위치** 프롬나드역에서 도보 5분 **요금** S$360~ **홈페이지** www.ritzcarlton.com **전화** (65)6337-8888

리츠칼튼 호텔은 마리나 베이에 위치한 고급 호텔로서, 마리나 베이 뷰 객실에서 마리나 베이 및 시티 뷰 감상이 가능하고, 넓은 객실과 주변 호텔에 비해 탁 트인 전망이 최고다. 무엇보다 욕실에서도 로맨틱한 전망을 감상할 수 있어 연인에게 추천하는 호텔이다. 창이 공항에서 호텔까지 20분 정도 소요되며 비즈니스 모임을 위한 실내외 연회장, 회의실, 비즈니스 센터도 운영하고 있다.

플러튼 베이 호텔 The Fullerton Bay Hotel

주소 80 Collyer Quay, S 049326 **위치** 래플즈 플레이스역에서 도보 5분 **요금** S$590~ **홈페이지** www.fullertonbayhotel.com **전화** (65)6333-8388

싱가포르 초기 항구 시대의 클리포드 부둣가(Clifford Pier)에 세워진 6성급 호텔로, 평화롭고 럭셔리한 분위기가 느껴진다. 루프톱 수영장 또는 베이 뷰 객실에서 마리나 베이 전망을 감상할 수 있다. 특히 루프톱 수영장에 붙어 있는 랜턴 바(Lantern Bar)는 야경 감상 추천 장소로 유명하다. 마리나 베이 바로 앞에 있고 맞은편에 마리나 베이 샌즈 호텔이 있어서 레이저 쇼도 관람하기 좋으니 야경을 감상하기에는 그만이다.

플러튼 호텔 The Fullerton Hotel

주소 1 Fullerton Square, S 049178 **위치** 래플즈 플레이스역에서 도보 5분 **요금** S$360~ **홈페이지** www.fullertonhotel.com **전화** (65)6733-8388

싱가포르를 대표하는 최고급 호텔로, 과거 우체국 건물을 개조해 만들었다. 호텔 외관이 고전적이라 그 자체가 관광지가 됐으며, 바로 앞에 머라이언 파크가 있어 관광을 하기에도 최적의 위치다. 또한, 호텔의 키 (Quay) 객실에서 마리나 베이 또는 싱가포르강의 아름다운 풍경과 야경을 감상할 수 있다.

마리나 베이 샌즈 호텔 Marina Bay Sands

주소 10 Bayfront Ave, S 018956 **위치** 베이프런트역에서 연결 **요금** S$580~ **홈페이지** www.marinabaysands.com **전화** (65)6688-8868

마리나 베이 샌즈 호텔은 호텔 자체가 싱가포르를 대표하는 랜드마크이다. 시티 뷰 객실에서는 머라이언 파크, 싱가포르강이 보이는 시내 전망을 감상할 수 있으며, 일반 객실은 전망이 없는 저층이거나 가든스 바이 더 베이 전망을 감상할 수 있다. 또한 57층의 레스토랑과 바, 인피니티 풀에서 싱가포르를 대표하는 스카이라인을 360도로 감상할 수 있다.

© SurangaSL

스위소텔 머천트 코트 Swissotel Merchant Court

주소 20 Merchant Rd, S 058281 **위치** 클락 키역 바로 옆 **요금** S$250~ **홈페이지** www.swissotel.com **전화** (65)6337-2288

클락 키역과 센트럴 쇼핑몰이 바로 앞에 있는 환상적인 위치에서 나이트라이프, 맛집, 쇼핑 모두를 즐길 수 있는 곳이다. 객실에 따라 클락 키 야경을 바라볼 수 있고, 무엇보다 아이들이 즐길 수 있는 수영장 시설을 잘 갖추고 있어, 가족 단위 여행자들에게 추천하는 호텔이다. 하지만 조금 오래된 호텔이어서 욕실이나 그 외 시설이 조금 낡았다는 평이 있다.

🏠 부기스

호텔 G 싱가포르 Hotel G Singapore

주소 200 Middle Rd, S 188980 **위치 ❶** 벤쿨렌역에서 도보 3분 **❷** 부기스역에서 도보 10분 **요금** S$150~ **홈페이지** www.hotelgsingapore.com **전화** (65)6809-7988

2013년에 오픈한 호텔로, 위치는 부기스에 있으나, 부기스역에서 조금 거리가 있다. 그러나 주변에 부기스 시장과 올드 시티로 도보 이동하기는 비교적 용이한 편이고, 오차드 로드와 리틀 인디아도 가까이에 있어 관광이 편리하다. 객실은 깔끔하고 모던한 느낌을 주지만, 크기가 작고 트윈 베드가 없어서 2인이 머물기에 불편할 수 있다. 잠만 자는 여행자, 나 홀로 여행자에게 추천하는 호텔이다.

🏠 클락 키

노보텔 클락 키 Novotel Clarke Quay (구 New Otani)

주소 177A River Valley Rd, S 179031 **위치** 클락 키역에서 도보 10분 **요금** S$230~ **홈페이지** www.novo telclarkequay.com **전화** (65)6338-3333

클락 키 나이트라이프 지구 바로 옆에 있는 호텔로, 객실도 쾌적하고 수영장도 즐길 수 있다. 무엇보다 주변에 맛집과 편의 시설, 볼거리가 많고 포트 캐닝 공원이나 싱가포르강도 산책할 수 있어 추천하는 곳이다. 이 호텔의 장점은 오차드 거리의 유명한 쇼핑 지역, 선텍 시티, 클락 키, 보트 키, 로버트슨 키와 가까운 지역에 위치해 있다는 점이

다. 쇼핑과 유흥을 즐기고 싶다면 이곳에서 묵으며 마음껏 자유를 즐겨 보자.

홀리데이 인 익스프레스 Holiday Inn Express

주소 2 Magazine Rd, S 059573 **위치** 클락 키역에서 도보 12분 **요금** S$230~ **홈페이지** www.ihg.com **전화** (65)6733-0222

2014년 4월에 오픈한 호텔로, 방 크기는 비교적 작지만 가격이 경제적이고 객실이 깔끔하다. 클락 키역에서 살짝 거리가 있지만, 클락 키와 차이나타운을 도보로 이동할 수 있어 젊은 여행객에게 적합한 호텔이다. 온수욕조, 헬스장, 실외 수영장에서 편안한 분위기로 하루를 보낼 수 있다는 장점도 가지고 있다.

파크 레지스 호텔 Park Regis Hotel

주소 23 Merchant Rd, S 058268 **위치** 클락 키역에서 도보 5분 **요금** S$220~ **홈페이지** www.parkregissingapore.com **전화** (65)6818-8888

나이트라이프가 유명한 클락 키에 위치하며, 클락 키역과 차이나타운과도 가까워 시내 어디를 이동하더라도 편리하다. 방 크기는 비교적 작지만 객실이 깔끔하고, 가격이 저렴해 여행자에게 추천하는 호텔이다. 2층에 아담한 수영장도 있는데 방 예약 시 풀 뷰(Pool view)가 가능한 곳을 선택하면 시원하게 내려다볼 수 있다.

🏠 오차드

젠 오차드게이트웨이 호텔
Hotel Jen Orchardgateway

주소 277 Orchard Rd, S 238858 **위치** 서머셋역과 연결 **요금** S$270~ **홈페이지** www.hoteljen.com **전화** (65) 6708-8888

싱가포르 쇼핑의 중심가 오차드에 위치한 4성급 호텔로, 2014년 리노베이션해 객실이 깔끔하고 루프톱 수영장에서 도시 전경을 감상할 수 있다. MRT 서머셋역과 연결돼 교통이 편리하고 쇼핑하기에도 좋다. 전 객실 무료 와이파이 이용이 가능하며 헬스장, 실외 수영장을 이용할 수 있다.

콩코드 오차드 호텔 Concorde Hotel Orchard (구 Le Meridien)

주소 100 Orchard Rd, S 238840 **위치** 서머셋역에서 도보 10분 **요금** S$230~ **홈페이지** www.concordehotelsresorts.com **전화** (65)6733-8855

오차드에 위치해 주변에 편의 시설이 많다. 호텔 객실은 넓으나 좀 오래된 느낌이 있다. 그러나 오랜 역사만큼 싱가포르 동물원이나 주롱 새 공원으로 가는 셔틀버스가 이 호텔을 정류 기점으로 삼고 있기 때문에 이동이 편리하다. 약간의 차액으로 이그제큐티브 룸으로 업그레이드하면 차액 이상의 값어치를 하는 호텔이다.

🏠 센토사

하드 록 호텔 RWS Hard Rock Hotel

주소 8 Sentosa Gateway, S 098269 **위치** 하버 프런트역과 연결된 비보시티 쇼핑몰 3층에서 센토사 익스프레스로 환승 후 워터프런트역 하차 **요금** S$270~ **홈페이지** www.rwsentosa.com **전화** (65)6577-8888

리조트 월드 센토사 복합 단지 내에 있는 호텔로, 전 세계 하드 록 체인이다. 페스티브 호텔이 포근한 가족형 분위기라면, 하드 록은 톡톡 튀는 연인 취향의 호텔이다. 하드 록 호텔은 무엇보다 수영장 시설을 매우 잘 갖추고 있어 유명한데, 준 놀이공원처럼 되어 있으며 라이프 가드도 친절해서 수영장에서 즐거운 시간을 보낼 수 있다. 리조트 월드 센토사의 다양한 놀이 시설과 편의 시설을 즐기기에도 최적의 호텔이다.

페스티브 호텔 RWS Festive Hotel

주소 8 Sentosa Gateway, S 098269 **위치** 하버 프런트역과 연결된 비보시티 쇼핑몰 3층에서 센토사 익스프레스로 환승 후 워터프런트역 하차 **요금** S$220~ **홈페이지** www.rwsentosa.com **전화** (65)6577-8888

리조트 월드 센토사 복합 단지 내에 있는 호텔로, 디럭스 패밀리 룸이 가족 여행에 추천할 만하다. 하드 록 호텔 수영장도 함께 이용할 수 있으며, 유니버설 스튜디오 및 어드벤처 코브 워터파크 등 다양한 놀이 시설과 리조트 월드 센토사의 편의 시설을 즐기기 위한 호텔이다. 밤에는 지하에서 카지노를 운영하며 1층의 레스토랑과 지하 푸드 매장을 이용하면 조식을 추가하지 않아도 괜찮다.

샹그릴라 라사 센토사 리조트 앤 스파 Shangri-La Rasa Sentosa Resort & Spa

주소 101 Siloso Road Sentosa, S 098970 **위치** ❶ 하버 프런트역과 연결된 비보시티 쇼핑몰 3층에서 센토사 익스프레스로 환승 후 비치역에서 하차 후 비치 트램 이용 ❷ 비보시티 1층 로비 F 출구에서 리조트 무료 셔틀버스 이용 **요금** S$350~ **홈페이지** www.shangri-la.com **전화** (65)6275-0100

센토사에서 가장 잘 알려진 자연 친화적 호텔로, 2011년에 리노베이션해 아동용 풀장, 어린이용 미끄럼틀, 키즈 클럽이 보다 좋아졌다. 무엇보다 전용 해변을 보유하고 있어 조용한 분위기에서 휴양을 즐기기에 좋다. 키즈 클럽(Cool Zone)에는 대형 슬라이드와 여러 색깔의 예쁜 볼풀이 설치돼 있고, 야외 수영장, 공중그네(The Flying Trapeze), 해양 스포츠 센터와 같은 레크리에이션 시설도 운영하고 있다. 또한, 한 객실에 성인 2명과 아동 2명 동반 투숙이 가능해 가족 여행 시 좋은 호텔이다. 센토사 섬에 들어올 때 숙박권이 있으면 입장료는 면제되므로 섬에서 나갔다가 들어올 때는 미리 호텔에서 리엔트리 티켓(Re-entry Ticket)을 받아 가는 것이 좋다.

카펠라 싱가포르 호텔 Capella Singapore Hotel at Sentosa

주소 1 The Knolls, Sentosa Island, S 098297 **위치** 하버 프런트역과 연결된 비보시티 쇼핑몰 3층에서 센토사 익스프레스로 환승 후 임비아역에서 하차한 다음 도보 12분 **요금** S$660~ **홈페이지** www.capellahotels.com **전화** (65)6377-8888

2009년 오픈한 카펠라 호텔은 센토사 숲속 언덕에 위치해 있으며, 2018년 북미 정상회담 장소이기도 하다. 호텔 내 수영장인 인피니티 풀은 숲으로 둘러싸여 있어 고요하고 은밀한 느낌을 주는 분위기로 유명하다. 최고급 시설과 편안한 서비스, 레스토랑도 음식의 질과 서비스가 편안해서 만족도가 높은 편이다. 무엇보다 번잡하지 않은 최고급 리조트로서 시설을 잘 갖추고 있으며, 전용 길로 10분 정도만 걸어가면 해변으로 갈 수 있다.

W 싱가포르 센토사 코브 W Singapore Sentosa Cove

주소 21 Ocean Way Sentosa, S 098374 **위치** 하버 프런트역과 연결된 비보시티 쇼핑몰 3층에서 센토사 익스프레스로 환승 후 임비아역에서 하차한 다음 도보 12분 **요금** S$410~ **홈페이지** www.wsingapore sentosacove.com **전화** (65)6808-7288

2012년에 오픈한 고급스럽고 트렌디한 호텔이다. 객실 분위기가 현대적이고 화려한 조명이 더해져 환상적인 분위기를 내는 수영장이 24시간 운영되고 있다. 카바나를 무료로 사용(2시간 제한)할 수 있다는 장점이 있다. 또한 센토사에서도 비교적 조용한 곳에 자리 잡아 휴양을 즐기기에도 좋으며, 무료 셔틀을 이용해 리조트 월드 센토사와 비보시티까지 편리하게 이동할 수 있다.

🏠 북서부 & 동부

빌리지 호텔 카통 Village Hotel Katong

주소 25 Marine Parade, S 449536 **위치** 공항과 시내에서 36번 버스 타고 파크웨이 퍼레이드(Parkway Parade) 정류장 하차 **요금** S$200~ **홈페이지** www.stayfareast.com **전화** (65)6344-2200

시내와 공항 사이 카통 지구에 위치한 호텔로, 객실도 넓고 깔끔하며, 수영장 시설도 괜찮다. 주변에 현지인들이 찾는 맛집도 많고, 편의 시설도 다 갖추고 있다. 무엇보다 조용한 주택 지구여서 가족 단위 여행자들에게 추천하는 곳이다. 시내로 이동할 때는 호텔 앞에서 36번 버스를 타면 시티 홀까지 가며, 공항까지는 무료 셔틀버스를 이용할 수 있다. 공항에서는 15분 정도 걸리며 전 객실 무료 와이파이, 24시간 프런트 데스크 이용, 여행 가방 보관 등의 서비스를 이용할 수 있다.

MRT역과는 도보로 힘들어서 항상 버스나 택시를 이용해야 한다.

아톤 호텔 Arton Hotel

주소 176 Tyrwhitt Rd, S 207576 **위치 ❶** 벤데미어역에서 도보 5분 **❷** 라벤더역에서 도보 10분 **요금** S$100~ **홈페이지** www.artonhotel.com **전화** (65)6571-9100

라벤더 지역에 위치한 경제적인 호텔로, 객실의 크기는 매우 작다. 그러나 깔끔한 시설과 편리한 시스템으로 만족도가 높아 관광 위주의 여행자나 나 홀로 여행자에게 추천하는 호텔이다. 위치가 라벤더역에서 꽤 많이 걸어야 하는 단점이 있으나, 리틀 인디아의 무스타파, 부기스 정션, 시티 스퀘어 몰까지 도보로 이동 가능하고 주변에 편의 시설도 잘 갖춰져 있다.

이비스 노베나 Ibis Novena

주소 6 Irrawaddy Road, S 329543 **위치** 노베나역에서 도보 10분 **요금** S$150~ **홈페이지** www.accorhotels.com **전화** (65) 6808-9888

2011년에 오픈한 이비스 체인 호텔로, 객실은 작지만 깔끔한 환경과 시설을 갖추고 있다. 노베나역에서 살짝 걸어야 하나, 노베나의 각종 편의 시설을 충분히 이용할 수 있는 거리며, 호텔 주변의 발레스티어 로드 (Balestier Rd)는 주거 지역으로 맛집이 많은 곳이라 모험, 탐험을 좋아하는 여행자에게 추천하는 호텔이다. 호텔 앞이 싱가포르 동물원으로 가는 셔틀버스 중간 정류장이기도 하다.

라마다 호텔 종산 파크 Ramada Hotel at Zhongshan Park

주소 16 Ah Hood Rd, S 329982 **위치** 노베나역에서 도보 12분(노베나역까지 호텔 무료 셔틀버스 운행) **요금** S$200~ **홈페이지** www.ramadasingapore.com **전화** (65)6808-6888

2013년 오픈해 가족 여행 단위의 여행자들에게 경제성과 도심 속 편안함을 주는 호텔이다. 성인 2명과 아동 2명이 한 객실에 동반 투숙할 수 있고 아이들이 즐기기에 충분한 수영장이 있다. 노베나역에서 조금 떨어져 있지만, 셔틀버스가 있으며, 주변 발레스티어 로드에 현지인 맛집과 편의 시설이 충분히 있다.

오아시아 호텔 Oasia Hotel Singapore

주소 8 Sinaran Dr, S 307470 **위치** 노베나역과 연결 **요금** S$220~ **홈페이지** www.stayfareast.com **전화** (65)6664-0333

오아시아 호텔은 노베나역과 바로 연결돼 있고, 쇼핑몰도 함께 있어 도심에서 조금 벗어난 지역에서는 최적의 위치를 자랑하는 호텔이다. 고층에서 바라보는 풍경도 괜찮고, 수영장도 평화로우며, 전반적인 시설도 모던하고 깔끔하고, 객실도 넓다. 무엇보다 직원들의 서비스가 뛰어나다.

🏠 부기스

파이브 풋웨이 인(부기스점)
5footway inn

주소 10 Aliwal St, S 199903 **위치** 부기스역에서
도보 10분 **요금** S$37(4인 믹스 룸 기준) **홈페이지**
www.5foot wayinn.com

각 방에 화장실이 있어서 편하지만 곰팡이 냄
새가 난다는 평이 있다. 하자 파티마 모스크,
말레이 헤리티지 센터, 술탄 모스크 같은 명
소를 방문하기 좋은 위치에 있으며, 부기스
의 이국적 건물도 감상할 수 있다. 직원이 친
절하며 조식으로 시리얼 2종류와 과일, 우유,
버터, 커피 등이 제공된다. 보증금으로 S$20
을 내야 하며 엘리베이터가 없어서 여행 가방
을 들고 올라가야 하는 불편함이 있다.

파이브 스톤즈 호스텔
Five Stones Hostel

주소 285 Beac h Rd, S 199550 **위치** 부기스역에
서 도보 10분 **요금** S$35(4인 믹스룸 기준) **홈페이
지** www.fivestoneshostel.com **전화** (65)6535-
5607

우리나라보다 해외 후기가 많으며 전반적으
로 평가가 좋다. 하지만 샤워 시설이 조금 부
족하다는 평이 있다. 대신 와이파이와 세탁
기 및 건조기를 무료로 사용할 수 있으며, 개
인 캐비닛이 마련돼 있다. 조식은 토스트와
시리얼이 무료로 제공된다. 바로 앞에 버스
정류장이 있어서 교통이 편리하다는 장점이
있다.

더 팟 호스텔 The Pod Hostel 캡슐형

주소 289 Beach Rd, S 199552 **위치** 부기스역에서 도보 10분 **요금** S$40(4인 믹스 룸 기준) **홈페이지** www
.thepod.sg **전화** (65)6298-8505

한 명을 위한 최소한의 공간을 제공하는 캡슐형 호
스텔로, 조식이 매일 바뀌고 매일 생수와 수건을
제공해 주며 1박당 옷 한 벌을 클리닝해 주는 서비
스도 있다. 전 객실 무료 와이파이 이용이 가능하
며, 친절하고 깨끗해서 괜찮은 숙소지만 지하철역
과 거리가 있다는 단점이 있다. 호스텔에서 멀지
않은 곳에 비치 로드(Beach Rd)와 세인트 그레고리
스파(St. Gregory Spa)가 있다.

🏠 차이나타운

시크 캡슐 오텔 Chic Capsule Otel 캡슐형

주소 13 Mosque St, Chinatown, S 059493 **위치** 차이나타운역에서 도보 2분 **요금** S$45(4인 믹스 룸 기준)
홈페이지 www.facebook.com/chic.capsules.otel

한 명을 위한 최소한의 공간을 제공하는 캡
슐형 호스텔로, 수건과 조식을 제공하며, 화
장실과 샤워실은 남녀 공용이다. 직원이 매
우 친절하고, 차이나타운에 위치해 있어서
관광을 하거나 다른 지역으로 이동하기도 편
하다. 전 객실에서 무료 와이파이를 사용할
수 있고 여행 가방 보관이 가능하며 공항 셔
틀 서비스를 하고 있다.

파이브 풋웨이 인(차이나타운 1, 2호점) 5footway inn

주소 1호점 63 Pagoda St, S 0592229 / **2호점** 227 South Bridge Rd, S 058776 **위치 1호점** 차이나타
운역에서 도보 2분/ **2호점** 차이나타운역에서 도보 5분 **요금** S$30~32(4인 믹스 룸 기준) **홈페이지** ww
w.5footwayinn.com

전 객실 무료 와이파이와 24시간 프런트 데스크 이용이 가능하
며, 여행 가방 보관과 사물함 이용 서비스를 제공한다. 가격은 저
렴하나 모든 지점의 방이 작다는 평이 많다. 체크인 시 S$20의
보증금을 내야 하는데 투숙하는 동안 발생할 수 있는 파손이나
기타 비용에 대한 보증금으로, 사용한 금액이 없으면 전액 환불
된다. 1호점은 차이나타운역과 가까이 있어 접근성이 뛰어나다.

윙크 호스텔 Wink Hostel

주소 8A Mosque St, Chinatown, S 059488 **위치** 차이나타운역에서 도보 2분 **요금** S\$40~45(4인 믹스 룸 기준) **홈페이지** winkhostel.com **전화** (65)6222-2940

한 명을 위한 최소한의 공간을 제공하는 캡슐형 호스텔로, 방에만 에어컨이 가동되고 그 외 구역은 덥다. 화장실과 샤워실은 3층에만 있으며 방에서 음식물 섭취는 금지다. 리셉션은 24시간 가능하지만 엘리베이터가 없어서 짐이 무거운 여행객은 다소 불편할 수 있다. 하지만 주변에 차이나타운이 있어서 관광이 용이하며 어디로든 이동하기 편한 곳에 위치해 있다.

🏠 클락 키

파이브 풋웨이 인(보트 키점) 5footway inn

주소 76 Boat Quay, S 049864 **위치** 클락 키역에서 도보로 10분 **요금** S\$34(4인 믹스 룸 기준) **홈페이지** www.thepod.sg **전화** (65)9062-3335

파이브 풋웨이 인 체인 중에서 상태는 가장 좋지 않다. 개미가 출몰하고 곰팡이 냄새가 나는 등 청결하지 않다. 하지만 클락 키에 위치해 야경과 전망이 좋다. 24시간 리셉션을 운영하므로 클럽에서 놀다가 편하게 들어올 수 있다. 클락 키, 보트 키, 래플즈 석상을 관광하기 좋으며, 전 객실 무료 와이파이, 여행가방 보관 서비스 등을 이용할 수 있다.

쿼터스 호스텔 Quarters Hostel

주소 12 Circular Rd, S 049368 **위치** 클락 키역에서 도보 10분 **요금** S\$40(4인 믹스 룸 기준) **홈페이지** www.stayquarters.com **전화** (65)6438-5627

파이브 풋웨이 인보다 넓지만 다른 호스텔보다는 좁은 편이다. 화장실과 샤워실이 남녀 공용이고 전반적으로 후기 평가가 좋다. 도심에서 멀지 않고 공항까지도 26분 정도 걸린다. 전 객실 무료 와이파이와 복사기, 프린터, 택시 서비스를 이용할 수 있다. 바로 앞에 클럽이 있어서 밤에 시끄러우니 참고하자.

Singapore

여 행 노하우

여행 준비하기 7단계

STEP 1

내 여권이
어디 있지?

싱가포르로 여행 가기로 결정했다면, 여권의 유효 기간이 충분한지 살펴보자. 특히 싱가포르 입국 시 최소 6개월 이상 사용할 수 있는 여권이 필요하다. 여권이 없거나 유효 기간이 부족하다면, 서울 시내 모든 구청 및 지방의 관공서에서 여권을 새로 만들자. 여권 발급처는 전국에 240개가 있으며, 자신과 가장 가까운 여권 발급처는 아래 사이트에서 쉽게 찾을 수 있다. 신청할 때는 본인이 직접 가야 하며, 수령은 위임장을 써서 대리인이 받을 수 있다.

※여권 발급처 www.passport.go.kr/issue/agency.php

> **싱가포르는 무비자!**
> 싱가포르는 90일 미만은 무비자인데 간혹 왕복 항공권을 가지고 있지 않을 때 입국 불허를 당할 수 있으니 상황마다 미리 체크해 두는 것이 좋다. 장기간 체류하기 위해 비자를 받으려는 사람은 국내 싱가포르 영사관에 문의하자.

STEP 2

싱가포르를
어떤 스타일로
여행할까?

싱가포르 여행 스타일은 본인의 취향이나 여건, 동반자가 누구냐에 따라 조금씩 달라질 수 있으며, 이에 따라 준비 사항도 조금씩 다르다. 어떤 여행 스타일이 절대적으로 맞다고 할 수 없고, 서로 장단점이 있으니 자신에게 맞는 여행 스타일을 신중히 선택하자.

완전 자유 여행
항공, 숙박, 식사, 관광지, 일정 등 여행의 모든 것을 여행자가 직접 선택하고 구매하는 것으로, 인터넷에서 얼마나 품을 파느냐에 따라 여행 경비도 절약 정도도 달라진다. 나만의 여행 스타일을 만들 수 있어서 여행 준비하는 재미가 있으나 에너지와 시간이 더 많이 필요하며, 자율성이 큰 만큼 현

지 여행 경비도 더 많이 들 수 있다. 싱가포르는 여행하기에 안전하고 시스템이 잘 갖춰진 나라로 유명해서 첫 해외여행이라도 어렵지 않게 다닐 수 있을 것이다. 너무 걱정하지 말고, 자유 여행을 준비해 보자.

에어텔 자유 여행

항공과 숙박이 조합된 형태로 구매하며, 식사, 관광지, 일정은 여행자가 직접 선택하고 구매해야 한다. 특정 호텔에는 여행사 특가가 있어, 개별로 예약 구매하는 것보다 에어텔이 저렴한 경우도 있다. 항공과 숙박 통합 구매 외에는 완전 자유 여행과 차이가 없다.

패키지여행

항공과 숙박, 식사, 관광지, 일정을 조합해 여행사가 만들어 놓은 상품을 구매하는 것으로, 단기간에 가이드 설명과 함께 많은 관광지를 볼 수 있다. 일정 중 하루는 자유 여행을 하는 상품도 있다. 해외여행이 익숙하지 않아 부담스럽거나, 여행 동반자가 필요한 경우 추천한다.

STEP 3

항공권과
숙소 예약!

여행 스타일을 정했다면 그에 맞춰 항공권과 숙소를 예약해야 한다. 자유 여행일 경우 항공과 숙소를 자신이 직접 예약해야 하기 때문에 간혹 항공권이 없어서 계획한 여행을 포기해야 하는 경우도 있다. 우선 인터넷으로 항공권을 구매하고, 항공권 구매가 끝나면 숙소에 대한 평가를 보면서 자신의 예산과 일정에 맞는 숙소를 예약하자. 에어텔 자유 여행과 패키지여행은 항공권과 숙소를 직접 예약하지 않아도 되니 자신의 시간에 맞는 여행상품을 고르면 된다.

항공권 구매

자신의 일정에 적합하거나 항공권이 저렴하게 나오는 시기에 맞춰 항공권을 구매하자. 싱가포르로 가는 항공편은 직항부터 경유편까지 매우 다양하다. 짧은 일정으로 여행을 하고자 한다면 직항편 특가 항공권을 일찌감치 구매하자. 만일 마일리지가 충분히 있다면, 항공사 마일리지 좌석을 미리 예약하자. 똑같은 5일 일정이라도 항공편 시간대에 따라 최소 $2+\frac{2}{3}$일부터 최대 $4+\frac{1}{3}$일까지 여행을 위해 쓸 수 있으니, 항공권을 구매할 때 현지 출발·도착 시간도 꼼꼼히 살펴보자. 항공권 구매는 여행사 홈페이지를 통해 예약 구매하는 것이 일반적으로 가장 저렴하다.

항공스케줄

• 현지 출발·도착 시각은 싱가포르에서 식사 가능 여부를 기준으로 아침/ 오전(낮) / 오후(저녁) / 밤으로 구분한다.

- 모든 항공사에서 사전 온라인 예약 시 좌석 선택이 가능하다(단, 여행사 그룹 좌석에 따라 불가한 경우도 있음).
- 항공사 사정과 시즌에 따라 시간 및 기종 변동 가능하다.

항공권 예약 사이트
하나투어 www.hanatour.com
인터파크투어 tour.interpark.com
스카이스캐너 www.skyscanner.com(항공권 비교)

마일리지 적립하기
항공사마다 마일리지 적립이 되는 것은 물론이고, 공동 운항편의 마일리지 적립도 가능하니, 미리 항공사 홈페이지를 통해 마일리지 회원 가입을 하자. 참고로, 싱가포르 항공은 일부 운임 좌석을 제외하고 아시아나 마일리지로 적립이 가능하다.

항공사 사이트
대한항공 www.koreanair.com
아시아나항공 www.flyasiana.com
싱가포르항공 www.singaporeair.com
스쿠트항공 www.flyscoot.com

STEP 4

싱가포르 여행 정보는 어디서 찾지?

싱가포르 여행 정보는 인터넷으로 얼마든지 쉽게 찾을 수 있다. 이 책의 정보를 기본으로, 아래의 방법 중 자신에게 맞는 방법을 추가해 정보를 찾아보자.

네이버 카페 '싱가폴 사랑'
cafe.naver.com/singaporelove
싱가포르 여행을 대표하는 커뮤니티로 여행자들의 솔직한 후기와 정보가 많고, 자신의 계획을 점검해 볼 수 있으며, 실시간으로 여행 경험자, 여행 준비자, 현지 거주자와 소통할 수도 있다. 일 년에 2차례(4월, 7월) 여행 설명회 정도도 이루어져, 싱가포르 여행을 준비하는 데 유용한 사이트다.

싱가포르 관광청 공식 사이트 'Passion made possible(패션 메이드 파시블)'
www.visitsingapore.com/ko_kr
공식적인 여행 정보 제공 창구로서 관광청 사무소와 온라인 웹사이트에서 정보를 구할 수 있으며, 서울에 있는 관광청 사무소를 방문해 지도와 브로셔를 구할 수 있다. 싱가포르 축제나 이벤트에 대한 정보도 확인할 수 있다.

블로그 리뷰
인터넷 검색을 통해 꼼꼼한 블로거들의 리뷰가 있는 블로그에서 정보를 구할 수 있다.

해외 여행 정보 사이트

아래의 해외 여행 정보 사이트 2곳은 모두 스마트폰 앱으로도 있다. 모두 현지인 기준으로 평점이 매겨져 있어 외국인인 우리의 취향과는 일치하지 않을 수도 있으니, 너무 맹신하지는 말자.

· **트립어드바이저** : 전 세계 가장 유명한 여행 정보 사이트 중 하나로, 여행지 별 다양한 국적의 후기가 있다. www.tripadvisor.com

· **헝그리고웨어** : 싱가포르에서 가장 유명한 맛집 정보 사이트로, 싱가포르인 들의 맛집 평가와 후기가 있다. www.hungrygowhere.com

현지 공휴일 정보 사이트

www.mom.gov.sg/employment-practices/public-holidays

나의 여행 일정이 현지 공휴일과 겹치는 경우, 싱가포르인뿐만 아니라 현 지 외국인 노동자들도 모두 휴일이라 가는 곳곳마다 인파가 넘친다. 이 때 문에 현지 공휴일 일정을 잘 파악하는 것은 무엇보다 중요하다.

STEP 5

현지 여행 일정은 어떻게 잡지?

나만의 여행 스타일로 항공권과 숙소를 예약했으며, 충분한 여행 정보까 지 갖추었다면, 본격적으로 나만의 싱가포르 여행 일정을 아래와 같이 만 들어 보자.

☑ 싱가포르 버킷리스트 작성

이 책의 '하이라이트' 파트를 참고해 싱가포르에서 꼭 하고 싶은 것을 적어 본다.

☑ 관광 일정 짜기

여행 일수에 맞춰 오전, 오후, 야간으로 나누어 꼭 봐야 할 관광지를 정한다.

☑ 세부 일정 짜기

관광지와 숙소의 위치와 이동 시간을 고려해 자세한 동선을 그려 보고, 식사와 휴식까지 감안해서 일정을 짠다.

☑ 쇼핑 리스트 작성

나에게 필요한 것과 선물할 것으로 구분해 리스트를 작성한다.

싱가포르 여행 일정 짤 때 요령

오전에는 애니멀 파크나 테마파크와 같은 야외로, 오후에는 더위를 피할 수 있는 도 심 쪽으로 잡고 꼭 가야 할 관광지와 숙소의 위치를 지도에 표시하자. 그 주변으로 동 선을 고려해 맛집과 추가 관광지를 정하면 일정 짜기가 쉽다.

STEP 6

여행 경비는 얼마만큼 잡아야 하지?

전체 일정에 맞게 어느 정도 여행 예산을 잡아야 하는지 비용 기준에 대해 알아보자.

항공료

저렴한 특가나 저비용 항공사 이용 시 40만 원짜리 항공권도 구할 수 있지만, 성수기에는 70~80만 원대까지 오른다. 일반적으로 50만 원 정도로 구매 가능하다.

숙박료

저렴한 호스텔은 2만 원대부터 있고, 가장 비싸다고 할 수 있는 마리나 베이 샌즈 호텔은 40~50만 원이다. 일반적으로 S$200(약 18만 원) 정도로 호텔에서 투숙할 수 있다.

관광지 입장료

일반 관광지 할인 요금 기준 S$10 내외부터 유니버설 스튜디오 S$62까지 관광지에 따라 다양해, 자신의 일정에 맞게 예산 책정하면 된다.

관광지 입장권 구매 팁

싱가포르에서 입장권을 구매하는 방법이 다양해졌다. 일정에 맞춰 사전 및 현지에서도 편리하게 구매 가능하다. 해외 입장권 판매 여행사 사이트 및 오픈마켓, 소셜커머스, 현지 여행사에서도 구매 가능하며, 때에 따라 특가와 쿠폰, 마일리지 혜택에 따라 가격이 천차만별일 수 있으니, 인터넷으로 구매 후기를 확인해 보자.

❶ 여행 전 or 여행 중 모바일로 입장권 구매하기 (*모바일 어플 다운받아 사용)

 하나투어 (Hanatour)
www.hanatour.com

 마이리얼트립 (My Real Trip)
www.myrealtrip.com

 클룩 (KLOOK)
www.klook.com/ko

 와그트래블 (WAUG)
www.waug.com

❷ 싱가포르 현지에서 입장권 구매하기

한국촌 (Hankookchon)
주소 #03-18 Orchard Plaza, S 238841
홈페이지 blog.naver.com/hankookchon

헤리티지 호스텔 (Heritage Hostel)
주소 293 South Bridge Road, S 058837
홈페이지 www.heritagehostel.net

시휠 트래블 (Sea Wheel Travel)
주소 #03-61 People's Pk Centre, S 058357
전화 (65)6538-5557
홈페이지 www.seawheel.com.sg

❸ 무료를 확인하자!

싱가포르 여행 전에 미리 무료로 받을 수 있는 것이 있는지 혜택이 있는지 찾으면 좋다. 예를 들어 싱가포르는 굉장히 많은 미술관, 박물관 등이 있다. 일정 중 하루는 투어를 하는 것이 좋은데 무료 박물관 투어가 있으니 미리 날짜를 확인해 보는 것이 좋다. 이런 무료 투어에 대한 정보는 '싱가폴 사랑' 네이버 카페에서 받을 수 있다. 박물관이 아니더라도 카페에서 제공하는 다른 무료나 혜택을 찾아 활용하자.

©Lodimup

교통비

시내 여행 시 1회 대중교통 이용료가 S$2 내외며, 이지링크 카드로 S$22(약 2만 원)이면 3박 5일 기준으로 충분히 여행할 수 있다(보증금 S$5+최초 잔액 S$7+추가 충전 S$10). 택시비는 기본 S$3~3.4이며, 시내이동 기준으로는 S$10~15 내외 예상하면 된다.

식비

저렴한 곳은 S$5 내외부터 있지만 비싼 레스트랑은 가격 책정조차 어려울 수 있으니, 1회 평균 식비를 S$20로 책정한다. 점심 때 호커 센터를 이용하면 S$10 미만으로도 저렴하게 식사할 수 있다. 예를 들어 3박 4일 야간 출발·도착 스케줄의 경우, 호텔 조식 3회 + 점심 3회(S$60)+저녁 3회(S$90)로 잡아 총 S$150(약 12만 원) 정도로 잡으면 된다.

음주 유흥비

편의점 기준 맥주 한 캔에 S$4 내외, 호커 센터 기준 한 병에 S$7~8 내외, 레스토랑에서 맥주 한 병의 가격은 S$20 내외며, 스카이라인을 감상하는 클럽 이용 시 맥주 한 병을 포함한 S$30 내외의 입장료가 있다. 여행자마다 비용 차이가 있겠지만 여행지에서 과도한 음주는 안전이나 비용면에서 바람직하지 않으므로 스스로 제한을 두고 즐겨야 하며, 보통 3박 5일 기준으로 S$50(약 4만 원) 내외로 예산을 잡는다.

쇼핑

쇼핑의 기준은 개인의 성향마다 천차만별이라 특별한 기준이 없다. 선물의 경우 차이나타운 냉장고 자석은 S$10(8,500원)에 7개 구매 가능한 것부터 상품에 따라 점차 금액이 커진다.

기타

편의점 생수는 S$1 내외, 푸드 코트의 과일 음료는 S$2~4, 현지 선불 유심 카드 S$15(약 1만3천 원) 정도다.

전체 경비(3박 5일, 2인 여행 시 1인 기준)

항공료 50만 원+숙박료 27만 원+관광지 입장료 9만 원+교통비 2만 원+식비 12만 원+음주 유흥비 4만 원=약 104만 원(쇼핑, 기타 비용 제외)

환전 팁

여행 경비는 모두 싱가포르 달러로 환전을 해야 하며, 혹시 가지고 있는 미국 달러나 유로 등을 사용할 계획이라면, 데일리 환율(https://cashchanger.co/singapore) 확인 후 가장 환율이 좋고, 가까운 사설 환전소에서 환전하면 된다. 시내에서는 래플즈 플레이스 아케이드가 가장 환율이 좋다. 일반적인 여행자의 패턴으로는 아래와 같이 여행 경비를 준비하면 유용하다.

- 계획된 여행 경비만큼 사전에 국내에서 환전 우대를 받아 환전한다.
- 여행 일정에 따라 현금을 주로 사용하고, 필요 시 신용카드를 사용하여, 현금 보유 비율을 조절한다.
- 현지 환전이 필요한 경우, 씨티은행 국제 현금카드를 사용해 현지 인출을 한다.

은행 환전

나의 주거래 은행에서 환전을 하면, 환전 우대를 해준다. 여행사 홈페이지나 여행 커뮤니티, 인터넷 검색을 하면 환전 우대 쿠폰을 찾을 수 있으니, 환전 우대 쿠폰을 인쇄해 가서 환전 수수료를 절감하자. 단, 은행에 따라 싱가포르 달러가 없는 경우도 있으니, 사전에 전화해 해당 통화가 있는지 확인하자. 인터넷 환전은 인터넷에서 사전에 환전을 한 후 공항에서 받는 방법이다. 그러나 공항 내 은행을 찾아가는 번거로움이 있으니, 시내에서 사전 환전을 하는 것을 추천한다.

사설 환전소

서울 명동과 남대문, 인사동에는 사설 환전소가 곳곳에 있으며, 일반 은행의 환전 우대보다 조금 더 우대를 받을 수 있는 환전소다. 그러나 환전 금액이 크지 않다면, 보다 편안하게 가까운 일반 은행에서 환전 우대를 받는 것을 추천한다.

씨티은행 국제 현금카드

미리 환전을 하지 않았거나, 현지에서 부족해진 경비를 추가로 환전하고자 한다면, 씨티은행의 국제 현금카드를 추천한다. 현지에서 싱가포르 달러가 바로 인출되고, 한국 내 자신의 씨티은행 계좌에서

인출 금액만큼 전신환율로 돈이 빠진다. 단, 인출할 때마다 미화 $1의 수수료가 있어, 소액을 자주 뽑는 것보다 계획적으로 최소 횟수로 인출을 해야 한다. 씨티은행 ATM 기기는 싱가포르 시내 곳곳에 많이 있다. 싱가포르에서 내 주변 ATM 기기를 찾고자 한다면, 싱가포르 씨티은행 앱을 깔거나 아래 사이트에서 내 주변 지역명을 넣고 위치를 확인하자.

싱가포르에서 씨티은행 찾기

www.findmyciti.com/sg/

신용카드

싱가포르는 신용카드를 편하게 쓸 수 있는 환경과 시스템을 가지고 있다. 그래서 국내에서 쓰는 것과 마찬가지로 식사를 하거나 마트를 가거나, 신용카드로 결제해도 아무 무리가 없다. 다만 출국 전 자신이 가지고 있는 신용카드에 대해 알아보고 가는 것이 좋다. 자신이 가지고 있는 카드가 국내와 해외 겸용 신용카드인지 확인하기 위해서는 국제 신용카드 체인 마크가 있는지 보면 된다. 국제 신용카드 체인으로는 비자와 마스터, 아메리칸 익스프레스, 유니온페이, JCB가 있으며, 신용카드 하단 우측에 마크가 있다. 국내·해외 겸용 신용카드라도, 해외 사용이 막혀 있는 경우가 있으니, 사전에 카드사를 통해 해외 사용이 허용돼 있는지 확인하자.

© Vytautas Kielaitis

여행 일정과 예상 여행 경비까지 나왔다면, 이제 여행에 필요한 준비물이 뭐가 있을지 알아보자.

짐을
어떻게 싸지?

준비물	체크사항	체크
여권	여권 만료일이 6개월 이상인지 미리 체크하자.	○
여행 경비	여행지에서 사용할 금액을 예상해 국내에서 환전 우대를 받아 싱가포르 달러로 환전한다. 여행 경비는 현금과 카드, 가지고 있는 달러를 모두 이용할 수 있는데, 자세한 내용은 환전 팁에서 확인하자.	○
옷	여름 옷과 수영복, 기내와 건물 안의 에어컨 바람을 피할 긴 팔 옷을 준비한다. 더운 날씨에 땀을 많이 흘리니 갈아입을 수 있는 여벌 옷(겉옷과 속옷)도 준비한다.	○
자외선 차단용품	선크림, 선스프레이, 선글라스, 모자 등 햇빛을 막기 위한 물건들을 준비한다.	○
기기	스마트폰과 카메라 그리고 충전 어댑터와 보조 배터리를 준비한다. (플러그 모양은 한국과 다르나 숙소는 일반적으로 멀티 콘센트로 되어 있으니 그대로 사용할 수 있다. 요즘과 같이 스마트 기기를 많이 사용할 경우 멀티탭을 가져가면 더 유용하게 사용할 수 있다.)	○
비상약	두통약, 진통제, 지사제, 소화제 등을 챙기고 혹시 다칠 경우를 대비해 상처 연고를 챙겨 가면 좋다.	○
기타 용품	세면도구, 화장품, 헤어용품, 물티슈 등을 준비한다.	○

**데이터
이용하기**

스마트폰은 우리 생활에 있어 매우 중요한 소지품이 됐다. 여행 중이면 그 이용 가치는 더욱 커진다. 특히 스마트폰으로 실시간 정보 검색과 지도 확인을 할 때가 많으니, 현지에서 무선 데이터를 이용하는 방법을 알아보자.

데이터 로밍하기

가장 일반적이고 손쉽게 현지에서 데이터를 사용할 수 있는 방법이다. 한국에서 쓰는 번호 그대로 쓰고, 한국으로 전화할 때도 전화기에 내장된 번호 그대로 통화하기를 누르면 되며, 유심 교체의 번거로움도 없다. 한국에서 꼭 받아야 하는 전화나 문자가 있다면 데이터 로밍을 하자. 단, 편한 만큼 요금이 만만치 않다. 1일 데이터 무제한 요금제가 9,900원에서 11,000원까지며, 무제한이긴 하나 100MB를 초과한 경우 속도는 200KB 이하로 제한된다.

국내 통신사 로밍 정보 사이트
SK텔레콤 로밍(9,900원) www.tworld.co.kr
KT올레 로밍(11,000원) globalroaming.kt.com
LG U+ 로밍(11,000원) lguroaming.uplus.co.kr

현지 선불 심 카드 이용

현지에서 저렴하게 데이터 이용과 전화를 이용할 수 있는 방법이다. 7일간 1GB 데이터를 약 7천 원 정도의 요금으로 이용하며, 쓰던 앱 그대로 가져가서 저렴하게 이용할 수 있고, 전화도 함께 이용할 수 있다는 장점이 있다. 그러나 현지에서 새로운 전화번호를 부여받기 때문에, 한국에서 꼭 받아야 하는 전화나 문자를 놓칠 수 있고 유심칩 구매, 데이터 플랜 설정이 번거롭거나 어려울 수 있다.

- 자신의 스마트폰에 맞는 심의 크기를 확인(스탠다드, 마이크로, 나노)
- 최초 선불 심 카드 구매 시, 여권 반드시 지참
- 각 통신사별 추가 데이터 제공량이나 무료 통화 등 프로모션 정보 확인
- 여행자용 심 카드나 데이터 전용 심 카드는 설정이 따로 필요 없이 심을 끼워 바로 사용
- 일반 선불 심 카드는 반드시 데이터 사용을 'off' 한 후 심 카드 장착 및 데이터 플랜 설정(요금 과다 주의)
- 구매는 각 통신사 매장, 우체국, 편의점(치어스, 세븐일레븐), 부기스와 리틀 인디아의 휴대 전화 숍에서 가능하며, 창이 공항 편의점에서도 입국 시 구매 가능
- 심 카드 설치, 데이터 플랜 설정이 어려운 경우, 직원에게 도움 요청

현지 선불 심 카드 판매 통신사

싱텔(SingTel) www.singtel.com
스타허브(StarHub) www.starhub.com
엠원(M1) www.m1.com.sg

일반 선불 심 카드 데이터 플랜 설정 방법

1. 데이터 사용 off → 심 카드 장착(각 통신사 네트워크 연결 확인)
2. 각 통신사 접속 번호를 누르고 대화형 문자 시작
- 통신사별 대화형 문자 접속 번호: 싱텔 *363 / 스타허브 *123# / M1 #100#
3. 대화형 문자 내용에 따라 데이터 플랜 설정
4. 데이터 플랜 설정이 됐다는 문자 확인 → 데이터 사용 on
5. 잔여 데이터 양, 잔여 충전금, 유효 기간 등 확인 가능
- 통신사별 확인 번호: 싱텔 *100# / 스타허브 *123# / M1 #100#

현지 선불 심 카드 종류 및 추천 데이터 플랜

2주 이하 단기간 여행자이면 여행자용 심 카드를 적극 추천한다. 일반 선불 심 카드 구매 시 충전된 금액 내에서 데이터 플랜을 설정하고, 해당 데이터나 기간 만료 시 추가 데이터 플랜을 설정하고 사용하는 방식으로 단기간 여행자가 사용하기에 매우 번거롭다.

싱텔(SingTel) 선불 심 카드

추천 데이터 플랜: 여행자용 유심 7일 100GB 데이터 S$15

판매 가격	종류	제공 사항
S$15	hi! Tourist $15 여행자용 심 카드	7일 100GB 데이터, 500분 시내 전화, 100문자, 1GB 데이터 로밍, 30분 국제전화 제공
S$30	hi! Tourist $30 여행자용 심 카드	10일 100GB 데이터, 시내 전화/문자 무제한, 90분 국제전화, 말레이시아/인도네시아 2GB 데이터 로밍 제공
S$50	hi!Tourist $50 Twin Pack 여행자용 심 카드 트윈팩	2개의 심 카드가 각각 10일 100GB 데이터, 시내 전화/문자 무제한, 90분 국제전화, 말레이시아/인도네시아 5GB 데이터 로밍 제공
S$8/15/50	일반 선불 심 카드	S$10~50 충전, 500MB~5GB 데이터 무료, 데이터 플랜 설정 필요

스타허브(StarHub) 선불 심 카드
추천 데이터 플랜: 여행자용 유심 7일 100GB 데이터 S$12

판매 가격	종류	제공 사항
S$12	$12 Travel SIM 여행자용 심 카드	7일 100GB 데이터, 500분 시내 전화, 100문자, 1GB 데이터 로밍, 30분 국제전화 제공
S$32	$32 Travel SIM 여행자용 심 카드	12일 100GB 데이터, 3,000분 시내 전화, 5,000문자, 90분 국제전화, 3GB 데이터 로밍 제공
S$8/15/50	Happy Prepaid 일반 선불 심 카드	S$10~50 충전, 800MB~100GB 데이터 무료, S$50 구매 시 5GB 데이터 로밍 무료, 데이터 플랜 설정 필요

엠원(M1) 선불심카드
추천 데이터 플랜: 여행자용 유심 10일 100GB 데이터 S$30

판매가격	종류	제공 사항
S$12	Prepaid Tourist 여행자용 심 카드	7일 100GB 데이터, 500분 시내 전화, 100문자, 20분 국제전화 제공
S$30	Prepaid Tourist 여행자용 심 카드	10일 100GB 데이터, 3,000분 시내 전화, 5,000문자, 50분 국제전화, 말레이시아/인도네시아 3GB 데이터 로밍 제공
S$50	Prepaid Tourist 여행자용 심 카드	14일 100GB 데이터, 3,000분 시내 전화, 5,000문자, 50분 국제전화, 말레이시아/인도네시아 5GB 데이터 로밍 제공
S$5/15	일반 선불 심 카드	S$5~15 충전, 500MB~2GB 데이터 무료, 데이터 플랜 설정 필요

**유용한 앱
사용하기**

싱가포르 여행 중에 사용할 수 있는 유용한 앱을 미리 다운받아서 가자. 지도와 교통 정보 앱은 자신의 위치와 목적지까지의 경로, 위치를 확인시켜 준다. 그리고 내 주변의 역과 정류장에서 이동하는 방법에 따라, 버스 앱 또는 MRT 앱을 이용해 상세 버스 번호와 요금, 차가 오는 시간 등을 함께 확인하며 유용하게 사용할 수 있다.

Google Maps (구글 맵)

싱가포르에서 현재 나의 위치와 목적지까지 가는 방법과 소요 시간, 요금 등을 확인할 수 있다. 주요 여행지에 대해 별표로 저장하기 등의 여러 기능이 있다. 싱가포르 여행 시 가장 유용한 앱이며 특히 버스 이용 시 가장 유용하다. 하지만 가끔 위치가 정확하지 않은 경우도 있다. IOS와 Android 운영 체제에서 모두 사용 가능하다.

Singapore Map (싱가포르 맵)

싱가포르 지도 앱으로, 목적지까지의 이동 방법, 시간, 요금 등이 나오며, 구글 맵보다 가독성이 좋다. 앱 다운로드 후 스마트폰 앱에는 Singapore Maps로 나온다. IOS & Android 모두 사용 가능하다.

gothere.sg (이동 방법 비교)

MRT, 버스, 택시를 이용한 소요 시간과 요금 정보를 비교할 수 있다. IOS & Android 모두 가능하다.

ComfortDelGro (컴포트델그로)

싱가포르에서 가장 큰 택시회사인 컴포트델그로 차량을 연결해서 택시 서비스를 받을 수 있는 앱이다. IOS & Android 모두 사용 가능하다.

Grab (그랩)

내 주변의 그랩 차량과 택시를 동시에 선택해 호출할 수 있는 대표 어플이다. IOS & Android 모두 사용 가능하다.

MRT 앱

MRT앱은 여러 가지가 있다. 'Singapore Rail Map Lite'는 IOS에서만 사용 가능하고, 'Explore Singapore MRT map'은 Android에서만 가능하다.

버스 앱

버스 앱도 여러 가지가 있다. 'bus@sg'는 IOS & Android 모두 사용 가능하다. 'SG Buses Legacy'는 IOS에서만 사용 가능하고 'SG Buses Delight 2'는 Android에서만 사용 가능하다.

iChangi (창이 공항)

창이 공항의 항공기 출발·도착 정보 및 청사 정보를 확인할 수 있다. IOS & Android 모두 사용 가능하다.

Rain Map Singapore (날씨 정보)

실시간 우천 상황 정보 앱으로, 창이 공항 레이더 정보를 이용한다. 덕분에 5분 단위로 정보가 갱신돼 싱가포르의 어느 지역에서 비가 오고 있는지 확인할 수 있다. IOS & Android 모두 사용 가능하다.

MySentosa Plan your Staycation (센토사)

센토사 지도 및 어트랙션 위치와 시간, 요금, 교통 정보를 알 수 있다. IOS & Android 모두 사용 가능하다.

SQ Mobile (싱가포르 항공)

싱가포르 항공 예약부터 스케줄 확인, 사전 좌석 선택까지 모두 가능하다. IOS & Android 모두 사용할 수 있다.

Citibank SG (씨티은행)

씨티은행 국제 현금카드가 있는 경우 싱가포르의 씨티은행 ATM 기기 및 지점의 위치를 알 수 있다. IOS & Android 모두 가능하다.

싱가포르 출입국하기

입국 심사

6시간 넘게 비행기를 타고 싱가포르 창이 공항에 도착하면, 우리나라와 다르게 싱가포르는 출입국 신고서를 작성해야 한다. 출입국 신고서는 기내에서 승무원이 나눠 주며, 1인당 1장씩 작성해야 한다. 아래 그림을 참고해 부담 없이 작성해 보자. 싱가포르 입국 심사는 그리 까다롭지 않으니 무난히 통과할 수 있다. 입국 심사 때 여권에 끼워 주는 출국 카드는 한국으로 돌아갈 때 필요하니, 여권 사이에 잘 보관하자.

출입국 신고서 작성하기

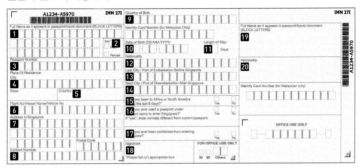

① 여권상의 영문 이름
② 성별 (Male: 남성, Female: 여성)
③ 여권 번호
④ 거주지 (도시)
⑤ 거주지 (국가)
⑥ 싱가포르 입국 항공편명
⑦ 싱가포르 내 주소 (호텔)
⑧ 싱가포르 내 연락처 (호텔 전화번호)
⑨ 출생 국가
⑩ 생년월일 (일-월-년도 순서)
⑪ 싱가포르 체류 기간
⑫ 국적
⑬ 싱가포르 입국 전 출발지
⑭ 싱가포르 출국 후 목적지
⑮ 지난 6일간 아프리카 또는 남미에 방문한 적이 있나요?
⑯ 현재와 다른 이름의 여권으로 싱가포르에 입국한 적 있나요?
⑰ 과거 싱가포르에 입국 거부가 된 적이 있나요?
⑱ 자필 서명
⑲ 여권상의 영문 이름
⑳ 국적

공항에서 시내 가기

자유 여행자는 처음부터 대중교통을 이용해야 한다. 그때 필요한 것이 이지링크 교통 카드다. 창이 공항 MRT 역의 안내 창구로 가서 구매할 수 있다. 그러나 늦은 밤부터 이른 새벽까지 MRT 운행이 안 될 때는 안내 창구가 문을 닫아 구매할 수 없다.

MRT
창이 공항역에서 타나 메라(Tanah Merah)역까지 이동해 주 쿤(Joo Koon) 행 MRT로 환승한다. 시내까지 약 30~40분 소요된다. 첫차는 5:31, 마지막 차는 23:18에 있다.

버스

창이 공항 시내버스 승차장에서 36번 버스를 타고 시내의 선텍 시티, 에스 플러네이드 극장, 올드 시티, 오차드로 이동할 수 있다. 약 1시간 소요되며 첫차는 6:00, 마지막 차는 23:00에 있다.

택시

시간에 구애받지 않고, 가장 편하게 이동할 수 있는 방법으로, 차가 밀리지 않는 새벽 시간대는 20~30분이면 시내 호텔로 이동 가능하다. 요금은 거리, 할증 시간, 시내 혼잡 통행료(ERP)에 따라 S$20~40 정도 예상된다.

대형 택시

인원수가 많고 한 번에 다 같이 이동을 원하는 경우 대형 택시 이용을 추천한다. 교통 안내 데스크(Ground Transport Desks)에 문의하면 되고, 최대 4명에 S$55과 최대 7명 좌석에 S$60의 고정 요금으로 이용 가능하다.

공항 셔틀버스

호텔까지 비교적 편안하고 저렴하게 갈 수 있는 방법으로, 24시간 운행을 한다. 피크 시간에는 15분 간격, 피크 시간이 아닌 경우 30분 간격으로 운행된다. 요금은 성인 S$9, 어린이는 S$6이고, 탑승권 구매는 교통 안내 데스크(Ground Transport Desks)에 문의하면 된다. 시내 경유하는 호텔이 많을수록 1시간 이상 걸릴 수도 있다.

창이 공항에서 해야 할 일

창이 공항에 입국 심사까지 잘 마쳤다면, 창이 공항에서 해야 할 3가지 일이 있다. 첫째, 싱가포르는 술이 비싼 만큼, 입국 면세점에서 한 캔에 S$2 정도로 맥주를 사서 호텔 냉장고에 넣어 두자. 둘째, 요즘 여행자들은 스마트폰 로밍보다 현지에서 1만 원 내외로 저렴하게 데이터를 이용하려는 만큼, 편의점에서 선불 심 카드를 구매하자. 셋째, 공항에서부터 버스와 MRT(지하철)를 자유롭게 이용할 수 있는 이지링크 카드를 창이 공항역에서 구매하자.

시내에서 공항 가기

출국 시 시내에서 공항으로 이동할 때는 입국 시와 같은 방법으로 MRT, 버스, 택시, 대형 택시, 셔틀버스를 이용하면 된다. 대부분 출국할 때는 짐이 늘어나 이동이 힘들 수 있으니 편하게 택시를 이용하는 것이 좋다. 오후나 밤 출국일 때는 짐을 숙소에 맡기고 일정을 소화한 후 숙소로 돌아와 짐을 찾아 바로 앞에서 택시를 타면 힘들지 않게 공항으로 이동할 수 있다.

GST
(Goods and
Services Tax)
환급받기

싱가포르 내에서 S$100 이상 물품을 구매한 16세 이상의 여행자인 경우 GST 리펀드 영수증를 받아, 공항 출국 시 세금을 환급받을 수 있다.

- 한 쇼핑 매장에서 누적 합산 S$100 이상 지불한 경우 GST 리펀드 영수증 받기
- 공항의 항공사 데스크가 있는 지역 또는 출국 심사를 받고 면세 구역 내 GST 리펀드 등록 데스크 찾기
- 셀프 GST 리펀드 키오스크에서 여권과 영수증으로 GST 리펀드 등록하기(한국어 가능)
- 등록 완료 후 현금 또는 신용카드로 환급받기 선택(현금 환급일 경우 수수료 있음)
- 현금 환급일 경우 키오스크에서 발급된 GST 리펀드 확인서를 가지고, 출국 심사 후 면세 구역 내 GST 리펀드 데스크에서 확인 후 현금 환급
- 신용카드일 경우 10일 이내 해당 신용카드 계좌로 환급

위기 상황 극복하기

**몸이 아플 때
대처 방법**

여행 계획을 세울 때는 항상 즐겁지만, 막상 현지에서는 어떠한 긴급 사항이 발생할지 모른다. 그중 몸이 아픈 상황은 의외로 흔히 있다. 여행 전 두통, 복통, 찰과상 연고 정도의 구급약은 챙겨 가는 경우가 있지만, 외상을 크게 당한 경우, 귀에 문제가 생기는 경우, 피부 염증이 심한 경우, 열이 심한 경우, 특히, 아이들이 아픈 경우에는 대처하기 힘들다. 미리 대처 방안을 숙지했다가 침착하게 행동하자.

- 가지고 온 상비약을 이용한다.
- 약이 없거나 위급하지 않은 경우, 호텔 구급약을 문의하거나 왓슨(Watson)이나 가디언(Guardian)에서 약을 구매한다.
- 병원을 가야 하는 경우, 호텔 내 직원에게 가깝게 갈 수 있는 메디컬 클리닉 병원을 물어본다.
- 긴급으로 병원을 가야 하는 경우, 한국인 의사나 코디네이터가 있는 병원으로 간다.
- 사전에 여행자 보험을 가입한 경우, 진료비 계산서를 받아 와서, 한국으로 돌아와서 보험사에 청구한다.

※싱가포르 긴급 의료 지원(구급차) 전화는 국번 없이 995번

한국인 코디네이터 또는 의사가 있는 종합 병원

Thomson Medical Centre 톰슨 메디컬 센터 – 소아과 유명
주소 339 Thomson Rd, S 307677(노베나역 앞) 전화 대표번호 (65)6520-2222, 한국어 (65)9630-6707(8:30~17:30) 홈페이지 www.thomsonmedical.com/category/korean-service-at-tmc/

Raffles Hospital 래플즈 병원 – 싱가포르 대표 병원
주소 585 North Bridge Rd, S 188770 (부기스역 앞) 전화 대표번호 (65) 6311-1111, 한국어 (65)9611-2087(8:30~18:00) 홈페이지 www.rafflesmedicalgroup.com/ko/hospital

Tan tok seng Hospital 탄톡셍 병원 – 한국인 전용 클리닉 있음
주소 11 Jalan Tan Tock Seng, S 308433 (노베나역 앞) 전화 대표번호 (65) 6256-6011, 한국어 (65)6357-2233 홈페이지 www.ttsh.com.sg/patient-guide/page.aspx?id=3606

분실·도난 당했을 때 대처 방법

현지에서 여행 소지품이나 현금, 신용카드, 여권을 분실하는 경우가 종종 있다. 그때 당황하지 말고 아래와 같이 방법을 찾아보자.

여행 소지품

여행 중 내가 어디서 분실을 했는지 기억을 한다면, 해당 업체로 이메일을 보내 분실물을 보관하고 있는지 확인한다. 만일 있다면 '싱가폴 사랑' 카페 내 다른 여행자들을 통해 도움을 받을 수 있다. 그러나 도난 시에는 되찾을 가능성이 없다고 생각하면 된다. 그래서 여행 중 소지품 분실·도난 시에는 가까운 경찰서로 가서, 분실이 아닌 도난 신고를 하고 폴리스 리포트(경찰서 신고서)를 받아 둔다. 출발 전 한국에서 여행자 보험을 가입한 경우에는, 폴리스 리포트를 가지고 한국으로 돌아와서 보험사에 청구한다.

※싱가포르 범죄, 도움 요청 등 경찰 전화는 국번 없이 999번

돈으로 보상하기 어려운 여행 소지품은 스마트폰과 사진기일 것이다. 스마트폰은 항상 잠금 기능을 설정해 두고, 사진기는 넥스트랩을 하여 목에 걸어서, 스마트폰과 사진기를 항상 내 몸 가까이 두자.

신용카드

신용카드의 분실·도난 시에는 사용 정지를 시켜야 제2의 문제가 생기지 않으니, 빠르게 카드사 해외 전용 콜센터로 분실 신고를 하자.

롯데카드 82-2-2280-2400, **비씨카드** 82-2-330-5701, **삼성카드** 82-2-2000-8100, **신한카드** 82-1544-7200, **씨티카드** 82-2004-1004, **우리카드** 82-2-2169-5001, **하나SK카드** 82-2-3489-1000, **현대카드** 82-2-3015-9200, **KB국민카드** 82-2-6300-7300, **외환카드** 82-2-524-8100, **NH농협카드** 82-2-6942-6478

현금

현금을 분실·도난당한 경우는 찾는 것도, 보상을 받는 것도 불가하다. 그러나 신용카드와 현금이 모두 없는 경우 여행 자체가 더 이상 어려우니, 싱가포르 내 한국 은행을 통해 송금을 받아 보자.

KEB 하나은행 싱가포르 지점
주소 30 Cecil St #24-03/08 Prudential Tower, S 049712 전화 (65)6536-1633

우리은행 싱가포르 지점
주소 0 Marina Blvd #13-05 MBFC Tower 2, S 018983 전화 (65)6422-2000

신한은행 싱가포르 지점
주소 1 George St #15-03, S 049145 전화 (65)6536-1144

여권

여권을 분실한 경우, 경찰서로 가서 여권 분실에 대한 폴리스 리포트(경찰서 신고서)를 받는다. 그리고 폴리스 리포트와 사진 2장을 가지고 한국 대사관(영사과)에 가서 임시 여권을 발급받으면 된다. 임시 여권은 몇 시간 안에 발급해 주기도 하나, 공휴일과 영사관 상황에 따라 시간이 더 걸릴 수도 있다. 혹시 경찰서를 찾기 어렵거나 의사소통이 어렵고 사진도 없다면, 우선 한국 대사관(영사과)에 바로 연락하자. 친절한 안내를 받아 임시 여권을 보다 빠르게 처리할 수도 있다.

싱가포르 주재 한국 대사관 (영사과)

주소 47 Scotts Road #16-03, 04 Goldbell Tower, S 228233 전화 (65)6256-1188 홈페이지 sgp.mofa.go.kr

항공권

전자 항공권(E-Ticket)은 비록 분실이나 도난을 당하더라도, 공항에서 여권을 보여 주거나 스마트폰으로 전자 항공권 확인만 해 주면 된다. 요즘은 항공권이 아닌 항공편을 놓치는 경우가 있다. 자정 전후로 출발하는 항공편이 많다 보니, 자정과 정오를 착각하는 경우다. 그럴 땐 우선 항공사에 연락을 취하거나 공항의 항공사 데스크로 가서 이야기하면, 규정에 따른 스케줄 변경 수수료를 내고 좌석이 있는 다음 편 비행기로 탑승할 수 있다.

대한 항공 싱가포르 지사 (65)6542-0623
아시아나 항공 싱가포르 지사 (65)6545-2584
싱가포르 항공 싱가포르 콜센터 (65)6223-8888

Singapore
여행 회화

🍸 인사하기

안녕./안녕하세요.	Hi. / Hello.
좋은 하루 보내세요.	Have a nice day.
행운을 빌어요.	Good luck!
천만에요.	You're Welcome.
그것에 대해서는 걱정하지 마세요.	Don't worry about it.
저도 그렇게 생각해요.	I think so, too.
당신이 틀린 것 같아요.	I think you are wrong.
아니요, 고마워요.	No, thank you.

🍸 도움 청하기

좀 도와주시겠어요?	Could you help me?
부탁 좀 해도 될까요?	May I ask you a favor?
확인 좀 해 주세요.	Please make sure.
영어를 조금밖에 못해요.	I speak just a lttle bit of English.
좀 더 천천히 말씀해 주세요.	Please speak more slowly.
좀 써 주세요.	Please write it down.

🍸 기내에서

제 자리를 찾고 있는데요.	I'm looking for my seat.
담요 부탁합니다.	Can I have a blanket?
제 입국 신고서 좀 봐 주시겠어요?	Would you check my entry card?
밥 먹을 때 깨워 주세요.	Wake me up for meals, please.

식사는 필요 없어요.	No thanks for the meal service.
물 한 컵 주세요.	A glass of water, please.
한 잔 더 주시겠어요?	Could I have another glass?
몸이 안 좋은데요.	I feel sick.
멀미약 좀 주세요.	Please give me some medicine for airsickness.

공항에서

비행기는 어디서 갈아타죠?	Where do I go to change planes?
탑승 수속은 어디에서 합니까?	Where do I check in?
입국 목적은 무엇입니까?	What's the purpose of your visit?
관광하러요.	For sightseeing.
어디에서 짐을 찾으면 되나요?	Where can I get my luggage?
제 짐을 찾을 수가 없어요.	I can't find my luggage.
이 근처에 환전소가 있나요?	Is there a currency exchage office around here?

호텔에서

체크인해 주세요.	I'd like to check in, please.
빈방 있나요?	Do you have any vacancies?
1박에 얼마예요?	How much is it a night?
더 싼 방은 없나요?	Is there anything cheaper?
7시 모닝콜 부탁합니다.	Give me a wake-up call at 7, please.
택시를 불러 주시겠어요?	Would you call a taxi for me?
인터넷을 사용할 수 있나요?	Can I use the Internet?
와이파이 비밀번호가 뭐예요?	What's the password for wi-fi?

🍸 교통 이용하기

국립 박물관으로 가려면 어느 출구로 나가야 하나요?	Which exit should I take for the National Museum?
어디에서 갈아타야 하나요?	Where should I transfer?
이 버스가 싱가포르 동물원으로 가는 버스인가요?	Is this bus going to Singapore Zoo?
어디에서 내려야 하는지 알려 주시겠어요?	Could you tell me where to get off?
다음 버스는 몇 시인가요?	What time is the next bus?
얼마나 걸리나요?	How long does it take?
표를 잃어버렸어요.	I've lost my ticket.
기차에 짐을 놓고 내렸어요.	I left something on the train.

🍸 식당, 술집에서

근처에 좋은 식당을 하나 소개해 주시겠어요?	Could you recommend a good restaurant around here?
이 고장 음식을 먹고 싶은데요.	I'd like to have some local food.

센토사 비치

두 사람인데 자리가 있나요?	Do you have a table for two?
지금 주문해도 되나요?	Can we order now?
추천을 해 주시겠어요?	What would you recommend?
그걸로 하겠습니다.	I'll have that.
계산서 주세요.	Check, please.
계산을 따로 할게요.	Seperate checks.

🍸 긴급 상황

문제가 생겼어요.	I have a problem.
길을 잃어버렸어요.	I've lost my way.
한국어 할 줄 아는 사람 있으세요?	Does anyone speak Korean?
경찰서가 어디죠?	Where is the police station?
지갑을 도둑맞았어요.	I had my wallet stolen.
한국 대사관이 어디죠?	Where is the Korean Embassy?
한국 대사관 전화번호가 어떻게 되나요?	What's the number for the Korean Embassy?

찾아보기 INDEX

식당&카페

Photo by Chen Hu on Unsplash